U0850766

冶金工业出版社

普通高等教育“十四五”规划教材

有机化学实验

（第2版）

主　编　计志娜　陈章培　王宏光
副主编　陈　锋

北京
冶金工业出版社
2025

内 容 提 要

本书在第1版的基础上，新增了29个具有知识性、趣味性、实用性的实验，使实验更贴近生产、生活和科研实践；介绍了有机化学文献资料及互联网数据库；引入了新的实验仪器及实验技术，从有机物的合成、分离提纯到结构分析，形成完整的知识体系。全书共分8章，主要内容包括：有机化学实验的基础知识、基本操作和实验技术，有机化合物的波谱分析、基本合成实验、非常规条件的有机合成方法，以及综合性、设计性和研究性实验。

本书可作为高等院校化学、生物和环境工程等专业有机化学的实验教材，也可供有关专业的科研人员和工程技术人员参考。

图书在版编目（CIP）数据

有机化学实验 / 计志娜，陈章培，王宏光主编.
2版. -- 北京 : 冶金工业出版社，2025. 7. --（普通高等教育“十四五”规划教材）. -- ISBN 978-7-5240-0273-4

Ⅰ. O62-33

中国国家版本馆CIP数据核字第2025HY2408号

有机化学实验（第2版）

出版发行 冶金工业出版社 **电　话**（010）64027926
地　址 北京市东城区嵩祝院北巷39号 **邮　编** 100009
网　址 www. mip1953. com **电子信箱** service@ mip1953. com

责任编辑 高　娜 美术编辑 吕欣童 版式设计 郑小利
责任校对 葛新霞 责任印制 禹　蕊
三河市双峰印刷装订有限公司印刷
2013年7月第1版，2025年7月第2版，2025年7月第1次印刷
710mm×1000mm 1/16；13. 75印张；265千字；206页
定价39. 00元

投稿电话 （010）64027932 投稿信箱 tougao@ cnmip. com. cn
营销中心电话 （010）64044283
冶金工业出版社天猫旗舰店 yjgycbs. tmall. com
（本书如有印装质量问题，本社营销中心负责退换）

第2版前言

“有机化学实验”是化学、化工及相关专业的一门重要基础课程，是培养学生动手能力和创新能力的实践课程。通过本课程的学习，学生能够掌握有机化学实验的基本知识和基本技能，掌握有机化合物合成及产物分离的一般方法，掌握有机化合物的结构鉴定和光谱分析方法等，加深对理论知识的理解，提高观察分析、归纳总结和解决问题的能力。为了进一步适应上述要求，编者在实践教学的基础上，对《有机化学实验》第1版中的内容进行了增删和更新：(1) 引入新的实验仪器、实验操作和实验技术；(2) 强调实验过程的安全知识和安全操作规范；(3) 对原有实验内容进行修订和增删，以满足有机化学理论知识学习及学科发展的需求，同时开阔学生在有机化学实验技术方面的视野。

本次修订在框架上基本保留了第1版的章节布局，在内容上进行了如下修改：第1章增加了有机化学实验室安全知识、有机化学文献资料及互联网数据库，调整了第1章和第2章内容的顺序，使章节之间的逻辑性更强；后续章节均以实验实例的形式展开，增补了更多类别的有机化学实验，如增加了无水无氧操作、微波辅助合成、光化学反应、固态化学合成、不对称催化合成等代表性实验；增加了有机化合物的波谱分析内容，把仪器的使用和化学分析方法结合起来，系统地介绍了有机化合物的定性鉴定方法。

本次修订主要由计志娜实验师、陈章培副教授、王宏光高级实验师合力承担。其中，陈章培负责第1章、第5章的编写，陈章培和计志娜共同负责第2章的编写，计志娜负责第3章、第7章、第8章的编写和全书的图表制作，王宏光负责第4章和第6章的编写。陈锋老师对此次再版工作提出了很多宝贵的意见。王宏光、计志娜及研究生刘悦、吴映良、王宇琦、刘钒预做了新增的二苯基羟乙酸的制备、乙酸异戊酯的制备、二苯亚甲基丙酮的制备等有机实验，研究生姚慧、李圣源等在文字及图片编辑方面做了一些工作，在此对大家的支持和帮助表示衷心的感谢。另外，本书在编写过程中，参考了有关书籍和文献资料，在此对其作者表示感谢。

由于时间仓促和编者水平与经验所限，书中不足之处，敬请专家和读者批评指正，以使本书进一步完善。

编　者

2024 年 12 月

第1版前言

随着高等教育改革的不断深入，加强实验教学、提高学生的动手能力、增强学生的创新意识，已成为21世纪全面提高学生素质的迫切要求。为了适应这一要求，我们在多年的教学实践基础上，编写了本教材。

按照国家教育部有关化学实验改革的精神，本书安排了综合性实验和设计性实验等内容，其学时达到有机化学实验学时的80%以上。

全书分为6章，第1章为有机化学实验的基本知识，包括实验室安全规则和实验室守则、事故的预防及急救措施、有机化学实验常用仪器和设备、有机化学实验常用装置等；第2章为基本操作及实验技术，包括塞子的配置和钻孔、简单玻璃工操作、熔点的测定及温度计的校正、蒸馏及沸点的测定等；第3章为基本合成实验；第4章为综合性实验；第5章为设计性实验；第6章为研究性实验。在每一类实验的开始都说明了本类实验的要求。实验中涉及的仪器设备涵盖了高校常用的大型分析测试仪器，增加了红外光谱仪、紫外光谱仪、差示扫描量热仪和元素分析仪等仪器设备与有机合成实验的联合使用。书末附有常见有机化合物的物理常数。

本书由陈锋和王宏光老师主编，东北大学理学院分子科学与工程研究所的田梅、孟凡宝、贾迎刚、姚丹姝、何晓智和胡建设老师分别参编了2.3节中DSC法测定熔点、2.16节中的部分内容、2.18节、2.19节和实验31。在编写过程中，周爱娟、付昱等老师提出了很好的建议，在此向他们表示衷心的感谢。

由于编者水平与经验所限，书中不妥之处，恳请专家和读者批评指正。

编　者

2013年4月

目　录

1 有机化学实验的基础知识

1.1 有机化学实验室基本规则

有机化学是基于实验的基础性科学，有机化学实验是有机化学教学中的重要组成部分。“有机化学实验”是化学、化工及相关专业的一门重要基础课程，是培养学生动手能力和创新能力的实践课程。实验教学可帮助学生验证课堂所学的基本理论和原理，掌握有机化学实验的基本知识和基本技能，掌握有机化合物的合成及产物分离提纯的常用方法，掌握有机化合物的鉴定方法和光谱分析方法等，提高学生观察分析、归纳总结和解决问题的能力。然而，有机化学实验所用的药品种类很多，而且许多药品是易燃易爆、有毒或具有腐蚀性的物质；实验中可能出现玻璃器皿的破碎，控温设备或其他用电设备不当使用都会造成危险，甚至导致事故的发生，所以，在实验中要严格执行操作规程，遵守有机化学实验室安全规则和实验室守则。为保证课程安全、顺利地进行，必须遵守如下规则：

(1) “安全第一”，时刻注意实验室安全，了解实验事故的一般处理方法。学会正确使用安全防护用具，如灭火器、紧急喷淋装置等。

(2) 进入实验室前，充分预习，对实验目的、实验原理、仪器装置、操作步骤、注意事项、所用药品的性质等有清楚的认识，做到心中有数、思路清晰，并书写好实验预习报告。

(3) 进入实验室后，保持安静，集中精力，认真操作，仔细观察，如实记录实验现象，同时保持台面清洁有序。实验过程中不能擅自离开岗位，过程中如发现异常，应立即中断实验并报告老师。

(4) 取用药品前应仔细阅读药品标签，按需取用，取完药品后要及时盖好瓶盖。公用仪器、药品和工具应在指定的地点使用，用后立即放回。不要随意更换实验室公共仪器与药品的摆放位置。节约用水、用电，爱惜实验中使用到的各种工具和用品。

(5) 实验所用药品及实验过程中所产生的所有废液、废渣或产品都要倒入指定的回收容器中，不能随意丢弃以免酿成事故。

(6) 处理有毒或有强刺激性气体时要在通风橱中进行。减压操作、处理强腐蚀性及危险性物质时，应使用防护眼镜、面罩、手套等防护用品。

(7) 实验结束后，清理打扫个人实验台面，洗涤仪器，清点无误后放回原处。完成实验报告并上交。

(8) 值日生做好整个实验室的清洁工作，将实验器材和试剂放到指定位置，摆放整齐，并检查水、电是否安全，关闭门窗，告知老师后方可离开实验室。

(9) 实验室内必须穿实验服，不穿拖鞋，不穿露脚趾或脚面的鞋。禁止在实验室内进行与实验无关的活动，离开实验室前应认真洗手。

1.2 有机化学实验室安全知识

1.2.1 用水用电安全

进入有机化学实验室应熟悉水阀、电闸的位置。使用冷凝水时，水流不能过大，需要待水流稳定后再打开用电设备，也不要用湿的手开关电闸或插、拔电源插头。使用电器前还应仔细检查线路连接是否正确，电器内外要保持干燥和清洁，不能有水滴或有机物附着，附近也不能有可燃物。实验完成后应先关仪器电源开关，再去拔插头，最后关冷凝水开关。实验时还应注意：

(1) 电源线的插头要接触良好，注意观察是否有电器老化的现象，检查用电器是否过热或有焦煳气味散发等异常现象。如有，应及时报告老师。

(2) 在电器连接处或者开关电闸时容易产生电火花。若室内有易燃、易爆气体，应注意室内通风并防止产生电火花，以免发生意外。

(3) 如遇着火，应首先切断电源，用灭火毯、干粉灭火器、沙土或四氯化碳灭火器等灭火，而不能用导电的水或泡沫灭火器来灭火。

(4) 操作电器时，手必须干燥。如果有人触电，应首先切断电源，确保安全后及时将触电者送往医院。

1.2.2 火灾的预防及处理

为防止实验过程中着火，必须注意以下事项：

(1) 使用有机试剂时应远离火源，特别是使用低沸点、易燃有机溶剂时，不能用明火直接加热。应根据实验要求选择电热套，水浴、油浴锅等间接加热方式。

(2) 切勿用敞口容器存放、加热或蒸煮有机溶剂，否则挥发后的溶剂遇火花后易着火。实验室常见的易燃溶剂包括烃类（己烷、苯、甲苯等）、醇类（甲醇、乙醇等）、丙酮、二氯甲烷、四氢呋喃、乙醚及乙酸乙酯等。

(3) 蒸馏或回流液体时应先将冷凝水接通，否则大量蒸气来不及冷凝而逸出，易造成火灾。同时，保证受热处实验装置连接紧密，防止或减少有机物没有通过冷凝而外逸。

(4) 液体加热时应提前加沸石或进行搅拌，防止液体暴沸冲出，确保所有装置连接紧密且无张力。对于低沸点的物质（如乙醚），应在通风橱中进行，保证室内通风。

(5) 不得将易燃、易挥发溶剂直接倒入废液缸，应按化合物的性质分别专门回收处理。

(6) 实验室不得存放大量易燃、易挥发性试剂。如乙醚蒸气密度比空气大，会悬浮于桌面或地面上的低洼处，如果其蒸气不断积累，一旦接触到火源，很容易造成火灾。

(7) 进行放热反应时应备有合适的冷却装置或冷水浴，以防体系温度过高而出现意外。当采用间接加热装置时，应保证有足够的活动空间，以便在反应剧烈时能拆卸。

如果已经着火，应沉着冷静，并及时采取措施。首先，应立即切断电源，熄灭附近所有火源，迅速移开周围易燃物。很小面积的着火可用湿布盖灭。一般情况下严禁用水灭火，而是采用隔绝空气的办法，如采用灭火毯、沙土、干粉灭火器或四氯化碳灭火器等灭火。如果衣服着火，切勿奔跑，应立即用厚外衣或灭火毯包裹扑灭或用大量水冲灭。

1.2.3　爆炸的预防及处理

在有机化学实验室中，为了防止爆炸事故的发生，应严格注意下面几点：

(1) 做好室内通风，并禁止使用明火。因为空气中的易燃气体或易燃有机物的蒸气压达到一定极限时，遇到明火即发生燃烧爆炸。

(2) 使用易燃易爆物品时，应严格按照操作规程操作。例如，过氧化物、强氧化性试剂、叠氮试剂等受热或剧烈振动易发生爆炸，含过氧化物的乙醚在蒸馏时有爆炸的风险，乙醇和浓硝酸混合会引起爆炸等。

(3) 反应过于剧烈时，应控制加料速度和反应温度，并配备合适的冷却装置或冷水浴。

(4) 使用玻璃仪器前应先检查是否有裂纹或破损，大小是否合适，安装装置时玻璃仪器间不能有应力。

(5) 常压操作时，装置不能密闭，要经常检查实验装置是否被堵塞。如发现堵塞应立即停止加热或反应，待将堵塞处清理好后再进行后续操作。

(6) 减压蒸馏时，不能用不耐压容器作为接收瓶或反应瓶，如平底烧瓶、锥形瓶、三角烧瓶等。

(7) 蒸馏、加热液体时不能将液体蒸干，以免局部过热或浓度过高产生活泼的过氧化物而导致发生爆炸。

1.2.4 中毒的预防及处理

有机试剂的毒性与试剂本身的性质和使用剂量有关，在未真正了解有机物的性质之前应小心谨慎对待。有毒物质主要通过呼吸道和皮肤接触进入人体造成伤害，因此，在实验中需要注意：

(1) 实验时做好防护，戴好防护手套、护目镜，不能用手直接接触药品。使用完毕，应将药品密封保存，实验结束后应立即洗手，切勿让有毒试剂接触五官或伤口处。

(2) 实验中产生有毒或腐蚀性气体物质时，应在通风橱内操作并采用气体吸收装置。

(3) 所有沾染过有毒物质的仪器，都应在实验完毕后立即进行消毒和清洗处理。

一般有机试剂溅到皮肤上，可用大量的水冲洗 10 min 以上。如果有轻微中毒症状，应到空气新鲜的地方休息，最好平卧；如果出现头昏、呕吐等较严重的症状，应立即送往医院救治。如果有药品溅入口中，应当立即吐出并用大量的清水冲洗口腔；如已咽下，应根据毒物性质服用解毒剂，并立即送医院就诊。如果吸入了有毒气体，应立即将中毒者移至室外通风处，解开衣领纽扣，吸入新鲜的空气或者氧气。如果是轻度的中毒，仅仅有轻微的头晕、咳嗽、咽喉部不舒服，离开了中毒环境，症状很快就会缓解。如果出现剧烈咳嗽、呼吸困难甚至窒息，应当立即拨打急救电话送医院救治。

1.2.5 割伤的预防及处理

使用玻璃仪器时需要注意以下事项：

(1) 使用前应先检查是否有裂纹或破损，大小是否合适，安装时玻璃仪器间不能有应力。

(2) 不能直接用手捡打碎的玻璃仪器，也不要把碎玻璃倒入垃圾桶，应单独处理。

(3) 当需要将玻璃管、温度计等玻璃仪器套入橡胶塞时，切不可使用蛮力，应先用水或润滑剂润滑需要套入的一端，再边旋转边轻轻将其插入塞子中，以防玻璃管折断而伤手。拔出时，不应在薄弱处用力，必要时可以使用软布垫住再轻轻边旋转边往外拔。

(4) 使用核磁管时，应注意检查管口是否圆滑，如有破损应立即停止使用。在盖核磁管帽时，不能用力过猛，避免核磁管口被挤压破裂而伤手。新割断的玻璃管、玻璃铲、玻璃毛细管等的断口处特别锋利，使用时应小心划伤，必要时可以用小火烧至熔化，使断口处变得圆滑或通过打磨使其圆润。

如果发生轻微割伤可以先取出玻璃碎片，再挤出污血后用蒸馏水或生理盐水将伤口洗净，涂上“碘伏”后进行包扎，如果伤口较大时，应用纱布包好伤口后送医院处理。如果不慎割破静、动脉时，要及时止血，可在伤口上方 5~10 cm 处用绷带扎紧或用手掐住，并及时拨打急救电话尽快送医院救治。

1.2.6　烫伤或烧伤的预防及处理

为避免烫伤或烧伤应注意：

(1) 实验时应戴好防护手套和防护眼镜。根据所使用的试剂不同可以选择乳胶手套、丁腈橡胶手套和氯丁橡胶手套等，必要时需要戴多层手套，使用完药品后应立即清理干净，并及时洗手。

(2) 避免触碰高温物体，烘箱中的仪器应该等冷却后再取用，操作马弗炉等加热设备时要戴隔热手套，不要随便放置热的仪器和器具。

如果发生烧伤或烫伤，可分情况进行处理：

(1) 如果被碱烧伤可先用大量水冲洗，再用1%左右的醋酸水溶液或3%~5%的硼酸溶液清洗，然后再用清水冲洗后涂上京万红软膏或红霉素软膏。

(2) 如被酸烧伤可先用大量水冲洗，再用2%左右的碳酸氢钠溶液冲洗，最后涂上硼酸软膏或氧化锌软膏。

(3) 如果被蒸气灼伤，应立即用大量的冷水冲洗后冰敷。如被热水烫伤可涂上红花油或烫伤膏。

(4) 如果腐蚀性、刺激性或有毒化学物质溅到手上或衣服上，应立即用大量水清洗，必要时启动紧急喷淋并尽快脱去被污染的衣服。如果被溴烧伤，除了用大量水清洗外还应用酒精擦洗或用 2%的硫代硫酸钠溶液洗至烧伤处呈白色，最后涂上甘油加以按摩后包扎就医。

1.2.7　实验室急救用具

(1) 消防器材，包括灭火器、灭火毯、沙土等。灭火器包括泡沫灭火器、四氯化碳灭火器（弹）、二氧化碳灭火器、水基型灭火器等。灭火器使用时需要先拔掉保险栓，再将喷头对准火焰根部按压阀门灭火。

(2) 石棉布和淋浴用的水龙头也可以根据着火情况用于紧急救火。

(3) 紧急喷淋装置是一种常见的应急设备，一般包含淋浴装置和洗眼器，可冲洗身体及眼睛，如图 1-1 所示。应按时测试其运

(a)　(b)

图 1-1　急救装置

(a) 紧急喷淋装置；(b) 洗眼器

行状况，并确保任何时候都能正常工作。

（4）急救药箱应常备一些急救所需物资，如医用75%酒精、2%碳酸氢钠溶液、碘伏、甘油、烫伤膏、云南白药、硼酸软膏、创可贴、医用剪刀、镊子、消毒棉、纱布、胶布、绷带、棉签等。

1.3 实验预习、实验记录和实验报告

1.3.1 实验预习

实验预习认真与否，常常是实验做得是否成功、收获大小的关键之一。应当做到不了解一个实验的目的和操作原理以前不进行实验。因此，要求每位学生都准备一个实验记录本，在充分预习好实验内容的基础上，写出预习报告。预习报告应包括如下内容：（1）实验题目；（2）实验目的；（3）实验原理，反应方程式（包括主要副反应）和粗产物分离纯化原理；（4）主要试剂，主、副产物的物理常数；（5）实验装置图；（6）实验操作、现象和结果记录表；（7）对反应操作时间上的合理安排。

1.3.2 实验记录

进行实验时不仅要做到操作认真、观察仔细，而且要积极思考，并将观察到的现象（如变色、沉淀、气泡等）和测得的各种数据（如熔程、沸程、加热温度等）如实地及时记录于记录本中，不允许做回忆笔记。合成反应要记录产物的外观、物理状态和产量。记录要做到简明扼要，字迹清楚。实验结束后，将记录本交指导教师签字，并上交产物。

1.3.3 实验报告

写实验报告是完成实验工作不可或缺的环节。通过写实验报告、分析实验现象、归纳整理实验结果，可以把从实验中得到的感性认识上升到理性认识，这对今后的工作和科研是一种很好的训练，因此必须认真对待。

合成实验报告的内容包括：（1）实验目的；（2）实验原理（合成原理、分离原理）；（3）主要试剂及产物的物理常数；（4）仪器及药品规格、用量；（5）实验装置图；（6）实验步骤及反应现象；（7）结果与讨论；（8）思考题；（9）对本实验的感想及建议。

下面是乙醚的制备实验报告，可供参考。

乙醚的制备

一、实验目的

（1）了解酸催化下乙醇分子间脱水制备乙醚的原理。

（2）掌握低沸点化合物的蒸馏操作。

二、实验原理

（一）合成原理

低级伯醇在酸性脱水剂催化下，共热生成单醚。

主反应：

$$2CH_3CH_2OH \xrightarrow[\text{浓 } H_2SO_4]{135\sim145\ ℃} CH_3CH_2OCH_2CH_3 + H_2O$$

副反应：

$$CH_3CH_2OH \xrightarrow[\triangle]{\text{浓 } H_2SO_4} CH_2=CH_2 + H_2O$$

$$CH_3CH_2OH \xrightarrow[\triangle]{\text{浓 } H_2SO_4} CH_3COOH$$

（二）粗产物分离纯化原理

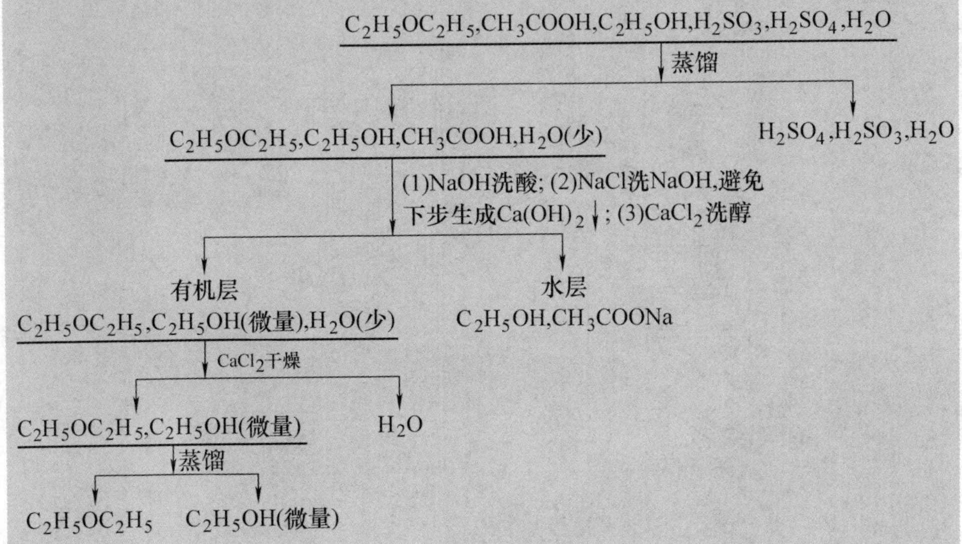

三、物理常数

名称	相对分子质量	性状	相对密度	熔点/℃	沸点/℃	溶解度		
						水	乙醇	乙醚
乙醇	46.07	无色液体	0.7898	−117.3	78.5	∞	∞	∞
乙醚	74.12	无色液体	0.7138	−116.2	34.51	微溶	∞	∞
乙酸	60.05	无色液体	1.0492	16.6	117.9	∞	∞	∞

四、仪器与药品

（一）仪器及规格

三颈瓶：100 mL；滴液漏斗：60 mL；分液漏斗：125 mL；直形冷凝管：20 mL；圆底烧瓶：50 mL；接引管。

（二）药品规格及用量

所用药品皆为分析纯，用量如下：

乙醇（95%）：37.5 mL（29.6 g，0.61 mol）；浓硫酸：12.5 mL；饱和氯化钠溶液：7.5 mL；饱和氯化钙溶液：7.5 mL；5%氢氧化钠：7.5 mL。

五、实验装置图

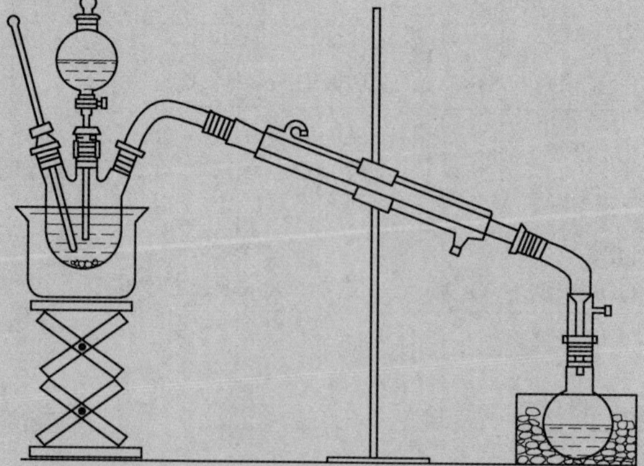

乙醚制备装置

六、实验步骤及现象

实验步骤	现象	备注
1. 用量筒取 12.5 mL 95%乙醇于三颈瓶中	溶液无色	
2. 边摇边缓慢加入 12.5 mL 浓 H_2SO_4	瓶内有少许白烟，瓶壁很热	
3. 取 25 mL 95%乙醇于滴液漏斗中，按实验装置图装好仪器。加入 1~2 粒沸石，用电热套加热，使温度迅速升到 140 ℃	温度迅速上升，溶液迅速变黄，瓶内有大量白烟（SO_3）	
4. 由滴液漏斗慢慢滴加乙醇使之与蒸馏液流出速度相等，大约每秒 1 滴，保持温度在 135~145 ℃之间	有馏分蒸出，温度保持不变（141 ℃）	
5. 乙醇加完，继续加热至 160 ℃，停火	温度上升，不再有馏分	
6. 馏出液转入 125 mL 分液漏斗中，加 7.5 mL 5% NaOH 溶液洗一次； 用 7.5 mL 饱和 NaCl 溶液洗涤有机层； 用 7.5 mL 饱和 $CaCl_2$ 溶液洗涤有机层	振荡后静置分层，上层澄清。分出下层，弃去； 上层、下层都澄清； 上层澄清、下层浑浊	
7. 分出下层，将醚层从分液漏斗上口倒入 100 mL 锥形瓶中，加约 2 g 无水氯化钙，塞上塞子，并不时振荡，放置 20 min	溶液无色澄清	
8. 将产物过滤到 50 mL 圆底烧瓶中，用热水浴（50~60 ℃）加热蒸馏，收集 33~38 ℃馏分	温度计读数为 34 ℃时，有馏分馏出，至 37 ℃时温度不再上升	
9. 产物外观、质量	无色澄清液，8.2 g	

七、结果与讨论

（一）产率

$$产率=\frac{实际产量}{理论产量}\times 100\%$$

$$理论产量=\frac{37.5\times 0.7893\times 95\%}{2\times 46.07}\times 74.12=22.6\ (g)$$

$$产率=\frac{8.2}{22.6}\times 100\%=36.3\%$$

（二）讨论

（1）本实验控制好温度很关键，如低于 130 ℃则不宜成醚，高于 160 ℃易生成烯。

（2）控制滴加乙醇的量等于蒸出乙醚的量最为合适，否则乙醇滴得过快反应来不及进行就将被蒸出，乙醇滴得过慢则会延长反应时间。

(3) 乙醚沸点低，故接收器放在冷水浴中以减少挥发损失，其支管接上橡胶管通入水槽或窗外，防止乙醚蒸气与空气形成爆炸极限，以保证安全。

(4) 本实验开始时将浓 H_2SO_4 往乙醇里加时，由于未充分冷却且加入速度太快，溶液颜色变黄（甚至变黑），说明有副反应发生。在粗产品洗涤时分层处受外界光线影响看不清，加之放液快了些，当发现时已有少量醚随水层放出。为回收这部分醚，将分出的水层放入另一分液漏斗中静置，但很长时间都没发现醚层出现，这可能是由于醚量少而溶解在水层中，另外也可能挥发掉了。由于上述补救办法没有成功，故计算产率偏低。今后在使用分液漏斗时，放液要慢，观察要仔细。

八、思考题

(1) 为什么不采用回流装置？

答：因为该实验为可逆反应，采用蒸出产物（醚和水）可改变平衡，有利正反应进行。

(2) 温度计和滴液漏斗为什么要插入液面下？

答：因为要测量反应液的温度，故必须把温度计插入液面以下。另外，反应时容器内压力较大，滴液漏斗颈如不插入液面以下，会使液体（乙醇）滴不下来。因此，建议以后用恒压滴液漏斗。

(3) 为什么在开始时乙醇-浓 H_2SO_4 混合液温度超过乙醇沸点而乙醇却蒸不出来？

答：因为此时乙醇和浓 H_2SO_4 已形成酸式硫酸酯。

九、对本实验的感想及建议

略。

1.4 有机化学实验常用仪器和装置

1.4.1 常用玻璃仪器

实验室中玻璃仪器有普通和标准磨口两种。其中普通玻璃仪器为非磨口玻璃仪器或其磨口为非标准磨口，不能与其他标准磨口玻璃仪器适配，使用时应当特别注意非标准磨口的玻璃仪器只能成套使用，不能与其他玻璃仪器混用，防止接触不紧密和出现应力而导致仪器破裂。图 1-2 为常用的普通玻璃仪器。

标准磨口玻璃仪器是采用国际标准制造的，其端口的尺寸是统一的，所以相

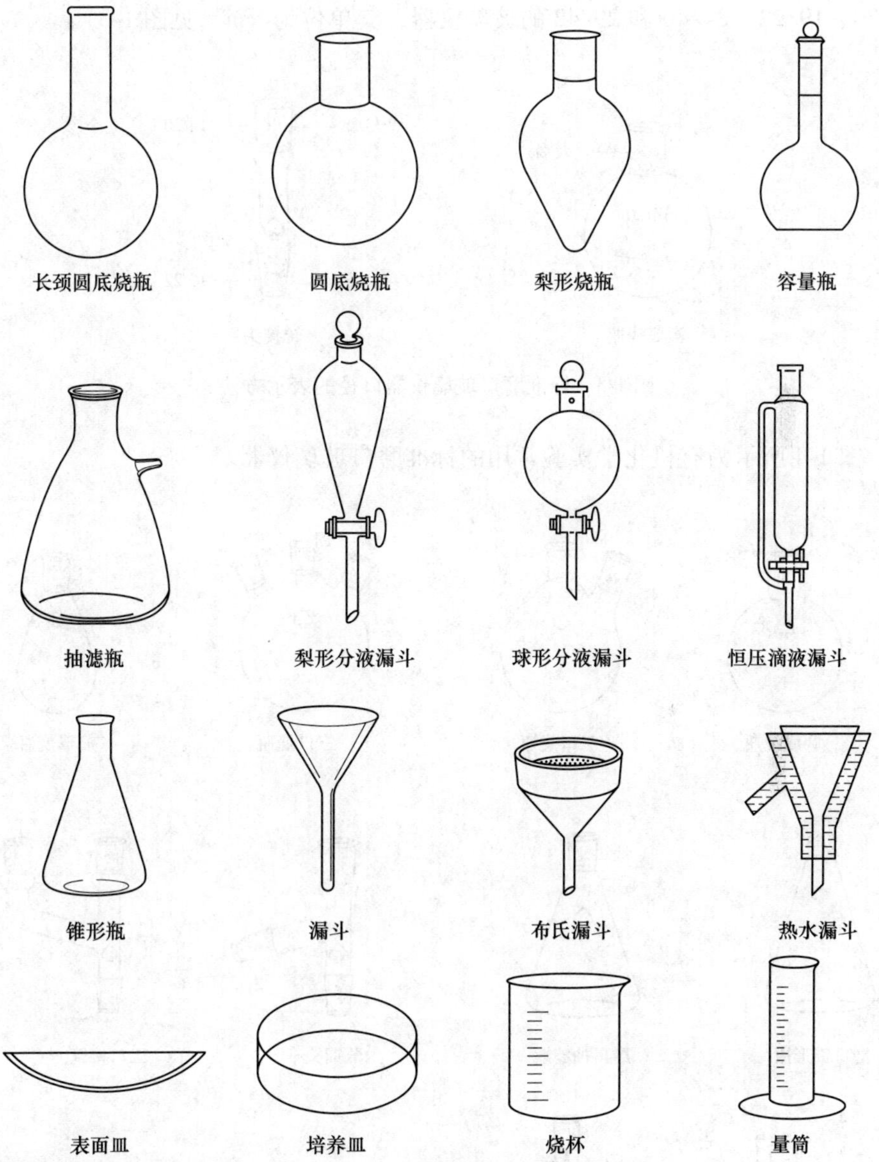

图 1-2　常用普通玻璃仪器

同型号的仪器之间可以相互连接且密封性好，不同型号的标准磨口玻璃仪器可以通过转接头连接，具有很好的通用性。

我国标准磨口玻璃仪器是依据《实验室玻璃仪器　磨口烧瓶》（GB/T 15725.6—1995）执行的，根据玻璃仪器内/外径和磨砂面深度进行分类，如 14

号、19 号、24 号和 29 号玻璃仪器，分别代表磨口大端的直径/磨砂锥面高度为 14/20、19/22、24/40 和 29/42 的玻璃仪器，其单位为 mm（见图 1-3）。

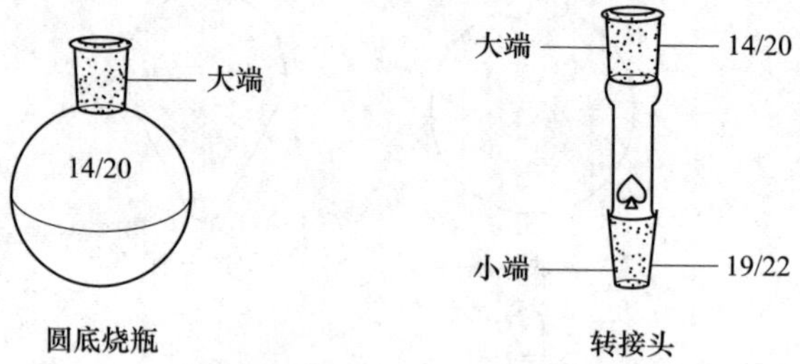

图 1-3 标准磨口玻璃仪器口径的表示方法

图 1-4 所示为有机化学实验常用的标准磨口玻璃仪器。

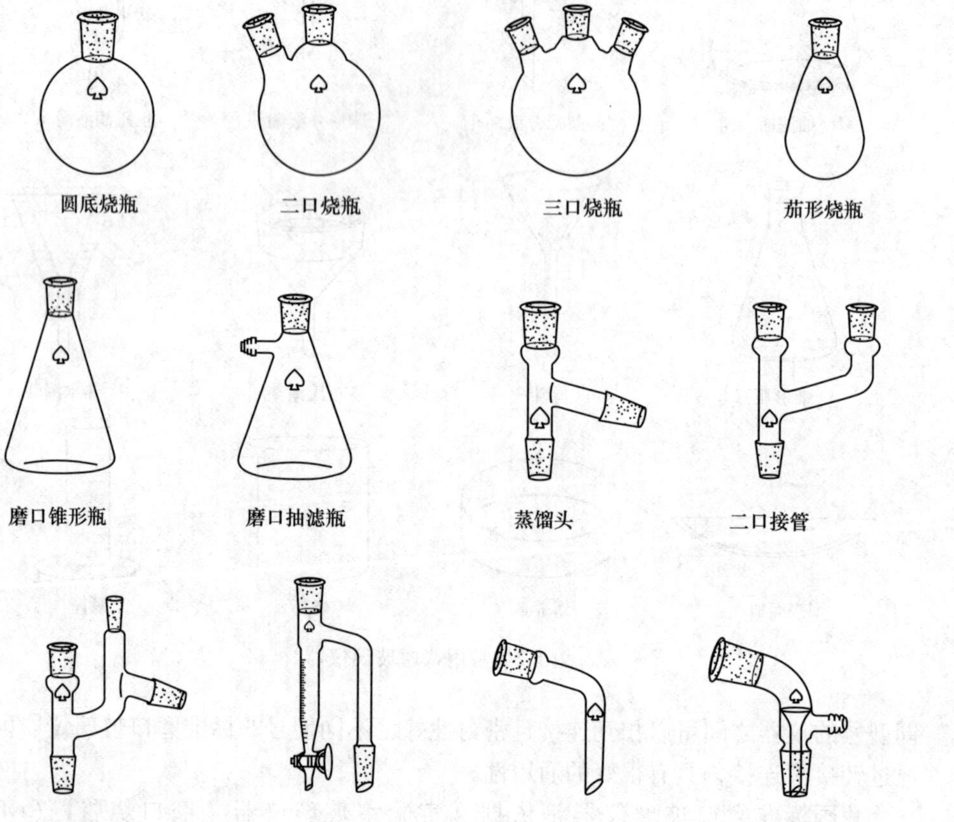

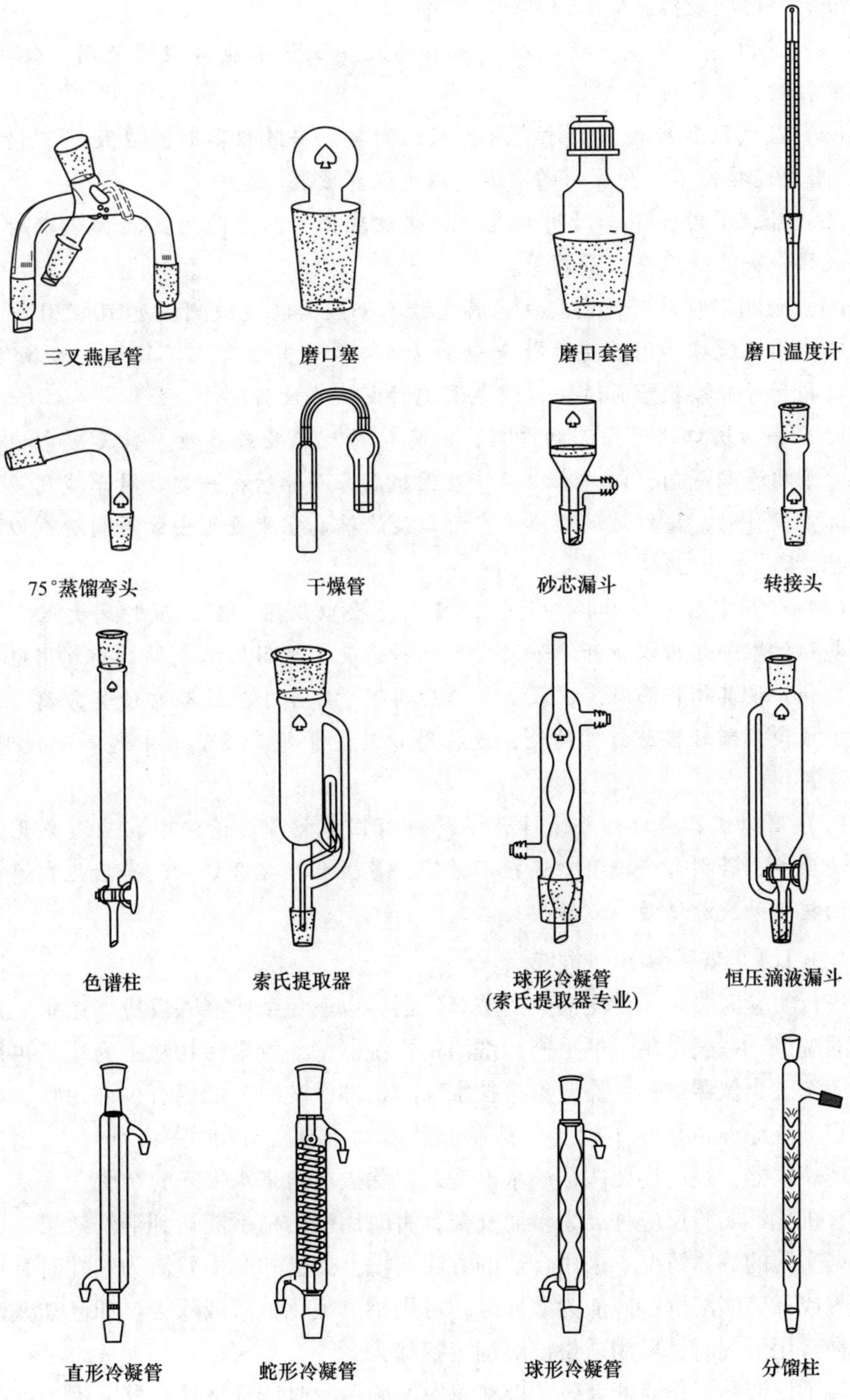

图 1-4　常用标准磨口玻璃仪器

安装、使用及拆卸玻璃仪器时应注意：

(1) 使用前先检查，有破损或裂痕的玻璃仪器不能再继续使用。使用时，应轻拿轻放，避免折断。

(2) 玻璃仪器应相匹配才能进行装配对接。安装仪器时，应做到“横平竖直”，磨口连接处不应受歪斜的应力，以免仪器破裂。

(3) 除试管外，不能用明火直接加热玻璃仪器。不能用高温加热不耐热的玻璃仪器，如普通漏斗、量筒等。

(4) 使用温度计时，需要注意其量程，一般需超过被测温度 10~20 ℃。温度计不能用来搅拌，用后要缓慢冷却，以防炸裂。当沾有浓硫酸等危险物质时，应先进行稀释或擦拭后再清洗，避免清洗时发热导致温度计破裂。

(5) 一般磨口处无须涂润滑剂，以免沾污反应物或产物。当反应中使用强碱时，则要涂润滑剂，以免磨口连接处因碱腐蚀而黏结在一起。对于减压蒸馏等涉及真空操作时，磨口玻璃仪器应在磨口处涂抹真空脂或凡士林等润滑剂以增强气密性。

(6) 使用完后应及时拆卸清洗，特别是磨口仪器，若放置时间太长，仪器间容易黏结在一起难以拆开。如果发生此种情况，可用热水煮黏结处或用电吹风吹磨口处，使其膨胀而脱落，或者加热后再置于冰水中急速冷却使其分离。还可以用小木块不断轻轻敲打黏结处，或将磨口处置于超声清洗器中超声一段时间，使其分离。

(7) 磨口仪器磨口处要干净，不得粘有固体物质。清洗时，应避免用去污粉擦洗磨口，否则，会使磨口连接不紧密，甚至会损坏磨口。洗净后应在塞子和磨口的接触处夹放纸片，以防黏结。

1.4.1.1 玻璃仪器的清洗

进行实验时，必须使用清洁的玻璃仪器，以避免杂质混入反应体系中。玻璃仪器的洗涤，一般是用长柄毛刷和洗洁精刷洗器壁，直至污物除去为止，再用自来水清洗。当仪器倒置，器壁不再挂水珠时，即已洗净。如仍有少许污物，则可用洗涤剂洗涤。在某些实验（如精制产品或用于有机分析实验）中，需用更洁净的玻璃仪器，最后还要用蒸馏水淋洗，以除去由自来水带来的杂质。

有机化学实验反应种类繁多而复杂，有时用洗洁精不能达到清洗效果，这时应根据实验的具体情况，采用合适的方法清洗。如已知瓶中残渣为碱性时，可用稀盐酸或稀硫酸溶解；残渣为酸性时，可用稀氢氧化钠溶液除去。如已知残渣溶于某种常用溶剂时，可用适量该溶剂溶解除去。

为了使清洁工作简便有效，应在每次实验后及时清洗玻璃仪器，因为这时对反应可能产生的污物的情况是清楚的，可采用合适的方法清洗。不清洁的仪器放置一段时间以后，常常会使清洗工作变得更加困难。必须反对盲目使用各种试剂和溶剂来清洗仪器，这样不仅浪费，而且还会带来危险。

常见的洗涤剂及洗涤方法有：

（1）商用洗涤剂，如洗衣粉、去污粉、洗衣液、洗洁精等。

（2）盐酸溶液可以洗涤附着在器壁上的碱性有机物或无机物。

（3）碱液洗涤，如氢氧化钠（钾）的乙醇和水混合溶液，可以清洗有机物（如有机酸）。必要时可以浸泡过夜后再洗涤，即所谓的泡“碱缸”。值得注意的是，浸泡时间不能过长，磨口仪器需要拆开后浸泡，避免碱的腐蚀导致仪器的粘连。

（4）有机溶剂洗涤。根据相似相溶原理，可以选择对特定有机物污垢有很好溶解性的有机溶剂进行洗涤，如采用丙酮、二氯甲烷、乙酸乙酯等溶剂进行清洗。

（5）采用特定试剂清洗，如铬酸洗液、食人鱼溶液、草酸溶液、氢氟酸的稀溶液等。注意，这些试剂往往带有一定的危险性和腐蚀性，需要做好防护。

（6）超声波清洗。也可将仪器泡在含有洗涤剂的溶液中，接通电源，利用超声波的振动和能量清洗一段时间后，再用自来水冲洗干净。

1.4.1.2　玻璃仪器的干燥

进行有机化学实验不仅需要洁净的仪器，常常还需要干燥的仪器，最简单的干燥办法是将仪器倒置一段时间，至干燥无水时即可。有些实验（如 Grignard 反应等）需严格无水，有水会阻碍反应进行。这时，需将仪器放在烘箱中烘干（注意，用有机溶剂淋洗过的玻璃仪器不能直接放入烘箱，否则会造成爆炸事故）。有时为节省时间，或着急使用，玻璃仪器可以先用溶剂（乙醇、丙酮等）淋洗后用电吹风吹冷风，待稍干后再吹热风使其干燥完全（直接吹热风可能会使有机蒸气燃烧造成危险），然后再吹冷风使仪器冷却。若任其冷却，有时会在器壁上凝结上一层水汽。

1.4.2　有机化学实验常用装置

有机化学实验中需要根据实验的具体要求选择合适的玻璃仪器，并装配到一起形成实验装置。装配实验装置需要兼顾美观性和实用性，并注意以下几点：

（1）装配仪器时，应首先确定主要仪器的位置，可以根据铁架台的高度、热源的高低等确定。然后按照“从下到上，从左到右”的顺序装配。尽量保持“横看一个面，竖看一条线”。

（2）固定仪器的铁夹应位于玻璃仪器厚实处，如烧瓶瓶口、冷凝管居中的位置等。横向固定的铁夹，其开口方向最好朝上，避免松动后仪器脱落。

（3）仪器间连接要紧密，不能有应力。常压下反应的装置，必须保证反应体系与大气相通，不能密闭。

（4）拆卸仪器时，应先停止加热并移走热源，待仪器稍微冷却后，按与安装时相反的顺序逐个拆除。

（5）选用烧瓶时，一般液体的体积应占总体积的1/3～1/2、最多不超过2/3。另外，水蒸气蒸馏实验要求烧瓶盛装的液体体积不超过总体积的1/3。

图1-5和图1-6为有机化学实验常用的实验装置图。

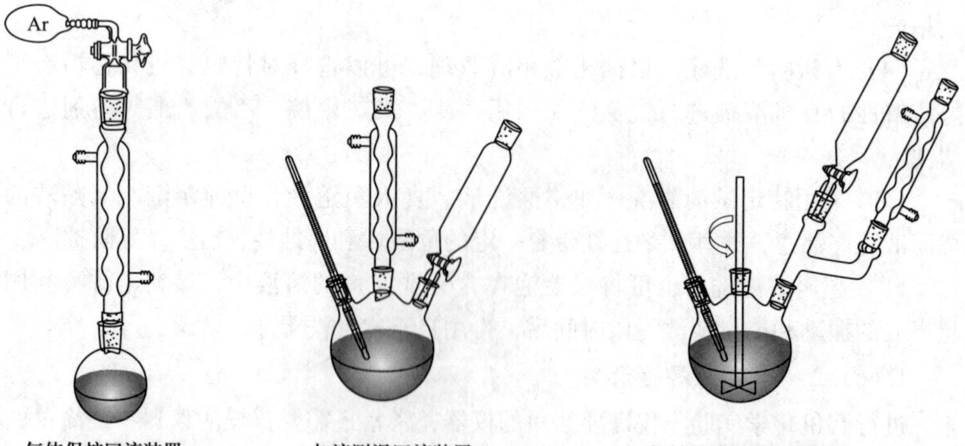

气体保护回流装置　　加液测温回流装置　　机械搅拌加液回流装置

图1-5　常用回流装置图

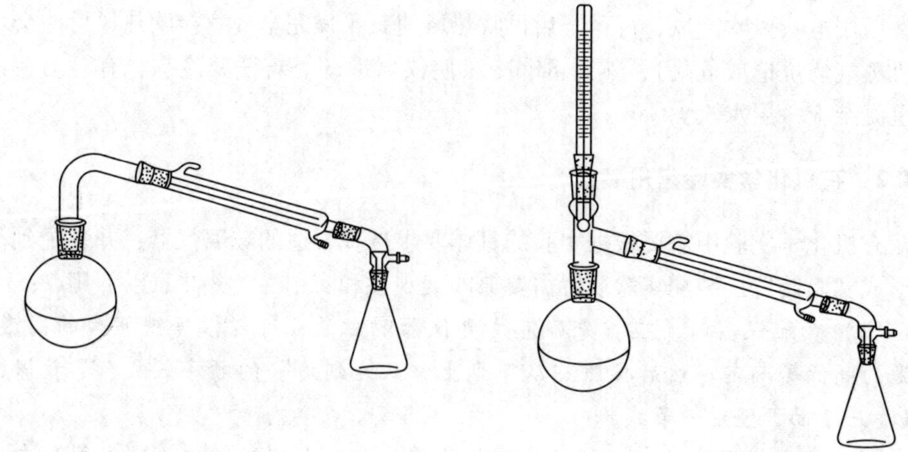

简易蒸馏装置　　简易蒸馏装置

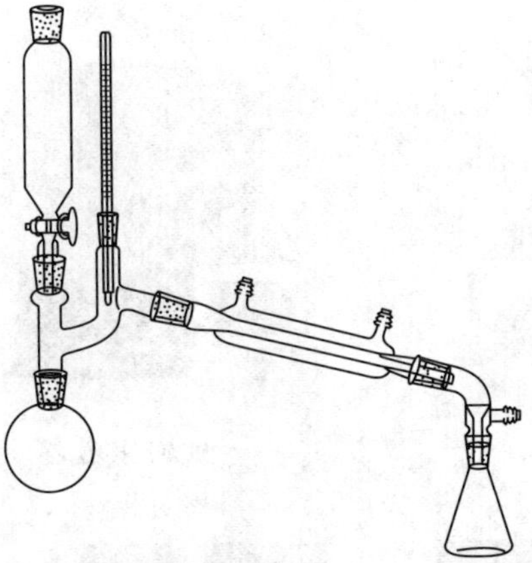

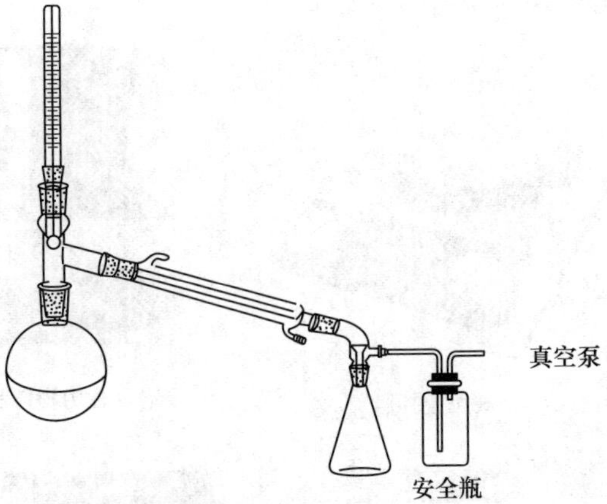

加液蒸馏装置　　减压蒸馏装置

图 1-6　常用蒸馏装置图

1.4.3　常用电器设备

实验室中常用的电器设备包括电子天平、电热套、电动搅拌器、磁力搅拌器、烘箱、旋转蒸发仪、循环水真空泵、隔膜真空泵、微波反应器、紫外分析仪等，如图 1-7 所示。可根据具体仪器的操作规程进行操作，这里不再详细介绍。

电热套

电热套

水浴锅

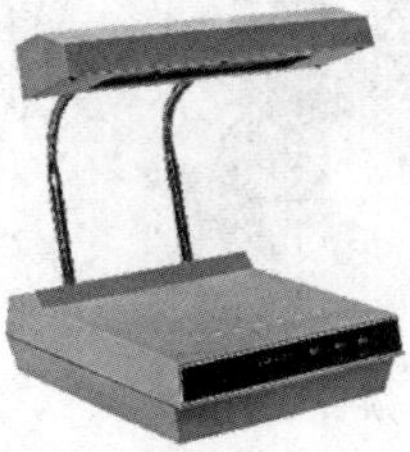

紫外分析仪

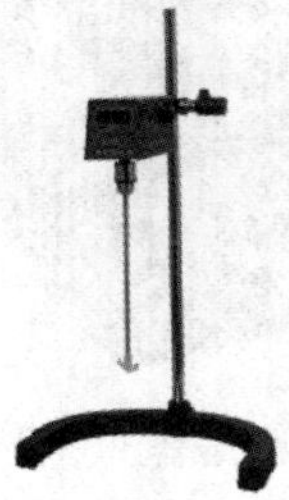

机械搅拌

电炉

磁力搅拌器
DF-101S
磁力搅拌器
磁力搅拌器
电子天平
电热鼓风干燥箱
气流烘干器
旋片真空泵
循环水真空泵
隔膜真空泵
高压反应釜
微波反应器
旋转蒸发仪

图 1-7　常用电器设备

1.5　有机化学实验常用加热、制冷技术

一般来说，升高温度可使反应速度加快。因此，对于在室温下难进行的反应或速度慢的反应，常常需要用加热的办法来加快反应速度。此外，有机化学实验中的许多操作，如重结晶、蒸馏等都需要加热。

然而，有些有机物反应时会产生大量的热，使反应难以控制，易挥发组分大量逸出，使某些物质分解或发生副反应，常常用冷却的办法将反应温度控制在最合适的范围内；另外，有些反应的中间体在室温下是不稳定的，反应必须在低温下进行，需要在反应过程中采取冷却措施。此外，有机化学实验中还有不少操作，如重结晶中需要冷却饱和溶液以析出晶体、冷却蒸馏出的低沸点液体等均需冷却。

1.5.1　加热

加热方式分为两种：一种是直接加热，即热源与受热物体间直接进行热交换；另一种是间接加热，即热源与受热物体间通过传热介质进行热交换。在有机化学实验中常采用间接加热方式，传热介质常选用易导热的液体。

在有机化学实验中，常将热源分为"明火"与"非明火"两种。明火指的是能直接见到火焰等发光物体的热源，非明火指的是不能直接见到发光物体的热源。为安全起见，常采用非明火热源。

1.5.1.1　直接加热

A　石棉网上加热

因为玻璃制的容器即使是烧杯、烧瓶等耐热器皿，在受热不均匀或温度剧烈变化时，也极易损坏，所以实验操作时所谓的直接加热，至少也应在热源与器皿间隔上一层石棉网，将容器离开石棉网 0.5～1 cm。通过石棉网加热，器皿受热仍不均匀，因而在加热易燃的低沸点物质时，不宜采用该方法。

B　电加热器加热

（1）电热套。目前有机化学实验中常采用各种型号的电热套。电热套的外壳是金属制的，内层为碗状，由绝缘的玻璃、石棉等纤维缠绕的炉丝顺次排列围绕，内外层间填充有隔热的石棉絮。为调节温度，可连接调压变压器使用。有的电热套本身就有控温装置。由于炉丝外有玻璃等纤维缠绕，再加工成碗形，所以用它加热比用普通电炉、封闭式电炉或电热板加热时均匀。然而正由于此，在加热时需要注意不要将有机物洒落在电热套中，因为熔化了的固体或液体会透过缠绕物触及炉丝造成短路，使炉丝烧断。

（2）红外灯。在实验室中常用红外灯加热烘干固体样品。干燥样品时，样

品旁应有温度计，通过控制灯的高度调节温度，以免样品因温度过高而熔化。

用电加热器加热较为方便，但每使用一种新型号的仪器前，应首先注意阅读产品说明书，并按其中有关规定进行操作。

1.5.1.2　间接加热

为保证加热均匀，更好地控制加热温度，通常选用不同介质的热浴间接加热。下面介绍几种热浴，可根据实际需要选用。

A　水浴

当需要的加热温度在 80 ℃以下时，可将仪器置于水浴中部，勿使容器触及水浴的底部，控制水温在需要的范围内，并保持水面略高于容器内物质的液面。需要指出的是，对水敏感的实验不要采用水浴，避免引起实验失败或安全风险。

B　油浴

油浴加热和水浴加热的原理相同，只是导热介质不同。油浴中的导热介质为除水以外的液体物，并不是通常意义上的“油”，常用的有以下几种。

（1）甘油浴。可加热到 140~150 ℃，温度过高易分解产生刺激性的丙烯醛。其优点是不怕水溅入其中，使用起来较安全。

（2）植物油浴。常用的植物油有菜籽油、花生油、蓖麻油等，可加热到 200 ℃左右。新用的油加热到较高温度时，可能会分解而“冒烟”，若在其中加入 1%的对苯二酚，可增加油在受热时的稳定性。

（3）石蜡油浴。可加热到 200 ℃左右，但易冒烟燃烧。

（4）硅油（或泵油）浴。硅油和真空泵油在 220 ℃左右时还很稳定，因此，常用于有机化学实验室，如二甲基硅油。

用油浴加热时，应在浴液中悬挂一支温度计，以便随时观察，调节热源，控制好加热的温度范围。此外，要特别注意防止着火，发现冒“烟”情况严重时应立即停止加热。冷油黏度较大，因此加热一旦结束，应尽早将反应器移出浴液，使其“悬”在液面上方，待附着在器壁上的油不再滴下后，将容器外壁擦干。

C　沙浴

沙浴加热温度在 250~300 ℃之间。常用铁盘盛装干净的细沙，将容器半埋在其中加热。其缺点是传热较慢，加热温度不易保持，常出现“忽冷忽热”的情况。为此，可在容器周围多拢些沙子。为较好地控温，还应在靠近容器的沙中插一支温度计，随时观察温度，调节加热速度。

D　空气浴

沸点在 80 ℃以上的液体原则上均可采用空气浴加热。最简便的空气浴是将容器离开石棉网 1 cm 左右，再用石棉布将容器包裹住即可。另外，还可用空铁罐，在罐底打上多个小孔，再将直径略小于罐的直径、厚度2~3 mm的圆形石棉板放入罐底，盖住小孔，罐的四周再用石棉布包裹，另取直径略大于罐口2~4 mm的一块圆形石棉板，根据实际需要在其中挖一圆洞后，再一分为二，使用时盖在罐口上，把铁罐置于三脚架上，用灯焰加热。加热的容器应置于铁罐当中，切勿触及罐底。

1.5.2　制冷

冷却通常是通过冷冻剂造成低温环境，将盛有待冷却物质（如反应混合物）的容器置于此环境中得以实现的。随着科学技术的发展，各种低温设备被应用于有机化学实验中，如低温恒温反应器、低温冷却液循环泵等。其优点是温度控制较为准确且控温时间长，操作方便。

在实验室中，如需冷却至室温以下，可用碎冰与水作冷冻剂（比单用水好），能冷却到0~5 ℃。如果水的存在不影响待冷却物质或反应的正常进行，为达到迅速冷却的目的，可把干净的冰直接投入反应容器中进行冷却。如果要冷却到0 ℃以下，常用碎冰及无机盐的混合物作冷冻剂。可把盐研细，然后按一定的比例将其与碎冰均匀混合。实验室最常用的冷冻剂是食盐和碎冰的混合物，使用时，将食盐均匀地撒在碎冰上，可冷却到-18~-5 ℃。

如需冷至更低温度，则需要干冰与有机溶剂混合作冷冻剂。干冰与乙醇、干冰与乙醚、干冰与丙酮或液氮作冷冻剂时，应将混合物盛在绝热性能良好的容器中，如杜瓦瓶（Dewars）、广口保温瓶，上面盖上棉花或布团，以防蒸发太快，影响制冷效果。常用冷冻剂组成及最低冷却温度见表1-1。

表1-1　常用冷冻剂组成及最低冷却温度

冷冻剂组成	最低冷却温度/℃
冰水	0
NH_4Cl（1份）+碎冰（4份）	-15
$NaNO_2$（1份）+碎冰（1份）	-18
NaCl（1份）+碎冰（3份）	-21
$CaCl_2 \cdot 6H_2O$（10份）+碎冰（8份）	-40~-20
液氨	-33
干冰+四氯化碳	-30~-25
干冰+乙醇	-72
干冰+丙酮	-78
干冰+乙醚	-100
液氮	-196

在低于-38.87 ℃时，水银会凝固，所以在测量低于-38 ℃的温度时，不能用水银温度计，而应采用低温温度计。低温温度计中装的导热液体是有机化合物，如甲苯（-90 ℃）、正戊烷（-130 ℃）。为便于观察，装入温度计前已向这些液体中加进了颜料。因有机液体黏度大，传热也比水银差，所以在使用时温度达到恒定值的时间较长。

1.6 有机化学实验常用的干燥方法

干燥是在有机化学实验中，用以除去试剂及产品中的少量水分和有机溶剂最常用的方法。某些有机化学反应，需要在“绝对”无水的条件下进行，如格氏试剂、有机锂试剂参与的反应等。不仅所用仪器要干燥，所用的试剂及溶剂也要干燥，其干燥程度对实验的成败影响较大，甚至在实验过程中还应采取必要措施，防止空气中的湿气进入反应体系中。

萃取或洗涤得到的液体有机化合物，在用蒸馏进一步纯化之前，也常常需要用干燥的方法除去水分，以保证纯化的效果。在对有机化合物进行熔点测定，波谱分析或定性、定量化学分析之前，为保证结果的准确性也必须使样品干燥。

根据除水原理，干燥方法大致可分为化学方法和物理方法两种。

（1）化学方法是用干燥剂来除水，按其除水机制又可将干燥剂分为两类：

1）能与水可逆地结合生成水合物的干燥剂，如无水氯化钙、无水硫酸镁等。由于它们与水的结合是可逆的，故形成水合物达到平衡需要一个过程，因此，加入干燥剂后，需要放置一段时间。此外，温度升高会使平衡向脱水的方向移动，所以在进行需要加热的操作（如蒸馏）前，必须将干燥剂滤去。

2）能与水发生化学反应生成新化合物的干燥剂，如金属钠、氢化钙、五氧化二磷等。这类干燥剂与水的结合是不可逆的，且活性比较高，需要做好防护。

（2）物理方法有吸附、冷冻、分馏、加热或利用共沸蒸馏把水分带走等，近年来还常用离子交换树脂和分子筛来进行干燥。

1）离子交换树脂是一种不溶于水、酸、碱和有机溶剂的高分子聚合物，如苯磺酸钾型离子交换树脂，内有很多孔隙，可以吸附水分子，使用后可将其加热至150 ℃以上，被吸附的水就释放出来，可重新使用。

2）分子筛是有均一微孔结构而能将不同大小的分子分离的固体吸附剂，它允许小的分子躲进去。分子筛可由沸石（许多含水的钙、钠及钡、锶、钾的硅酸盐矿物的总称）除去结晶水制得，微孔的大小可在加工沸石时调节。如4A分子筛是一种硅铝酸钠，微孔表观直径大约为0.45 nm；又如5A分子筛是一种硅铝酸钙钠，微孔表观直径大约为0.55 nm。水分子直径为0.3 nm，一般选用4A、5A分子筛除去有机化合物中所含的微量水分。若化合物中所含水分过多，应先去掉大部分水，剩下微量的水分，再用分子筛干燥。分子筛在使用前，应先加热到 150~300 ℃活化脱水后，趁热取出，存放在干燥器内备用。已吸过水的分子筛，若再加热到 200 ℃左右让水解吸后，可再次使用。

1.6.1　固体有机化合物的干燥

固体有机化合物的干燥，主要是除去残留在固体上的少量水和低沸点溶剂，如乙醚、乙醇、丙酮、苯等。由于固体的挥发性相对挥发性溶剂小，所以可采用蒸发及吸附的方法干燥，前者可晾干或烘干，后者可用干燥器进行干燥。对于那些易吸潮或受热时易分解的化合物，也可用干燥器进行干燥。为提高干燥效率，有时两种方法需同时使用。

（1）自然晾干。从不吸湿的物质中除去易挥发组分时，常用自然晾干的方法，此法既简便又经济。操作时，把要干燥的物质放在滤纸、表面皿或瓷板上，摊成薄层，再用一张滤纸覆盖上，放在空气中，直至晾干为止。

（2）烘干。对热稳定的化合物，可用烘干的方法使其干燥。干燥时，常用红外灯和电热干燥箱（烘箱）加热。要严格控制加热温度，不要高于有机物的熔点并随时翻动被干燥的物质，防止出现结块现象。

（3）在真空干燥箱或真空干燥器中干燥。某些易分解、易升华、易吸湿或有刺激性的物质，需在真空干燥箱中减压干燥，采用真空泵进行减压，提高干燥效率。少量这类样品也可在真空干燥器中干燥。真空干燥器与普通干燥器不同的是顶部配有活塞，可用来连接真空泵进行减压。干燥时，根据样品中要除去的溶剂选择好干燥剂，放在干燥器的底部。如要除去水，可选用五氧化二磷；要除去水和酸，可选用生石灰；要除去水和醇，可选用无水氯化钙；要除去乙醚、氯仿、苯等，可选用石蜡片。

（4）冷冻干燥。待干燥的物质在高真空的容器中冷冻至固态，然后升华脱水干燥。该方法需采用冷冻干燥机实现，常用于热不稳定或易潮解物质的干燥，如生物活性物质的脱水。

1.6.2　常用气体的干燥

在有机合成和有机分析时，常要用到氮、氧、氢、氯、氨、二氧化碳等气体，有时对这些气体的纯度要求还很高，如对有机化合物进行元素分析时，要除去氧气中的水及二氧化碳等。干燥气体时多采用干燥剂干燥。用固体干燥剂干燥气体时，常在 U 形管、干燥管、干燥塔（如图 1-8 所示）等仪器中进行。为了避免干燥剂在干燥过程中结块和被气体冲出，一些固体干燥剂如五氧化二磷，要混上支撑物料（如石棉纤维、玻璃棉、沸石）。用液体干燥剂干燥气体时，常在各种不同形式的洗气瓶中进行。不与硫酸反应的气体，一般在洗气瓶中用浓硫酸干燥。浓硫酸作干燥剂时，应连接安全瓶；低沸点的气体可通过冷阱（如图 1-9 所示）使其水分冻凝而除去水。干燥气体时常用的干燥剂见表 1-2。

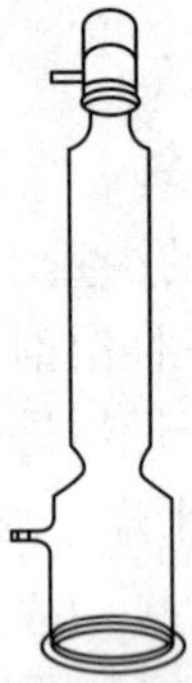

图 1-8　干燥塔

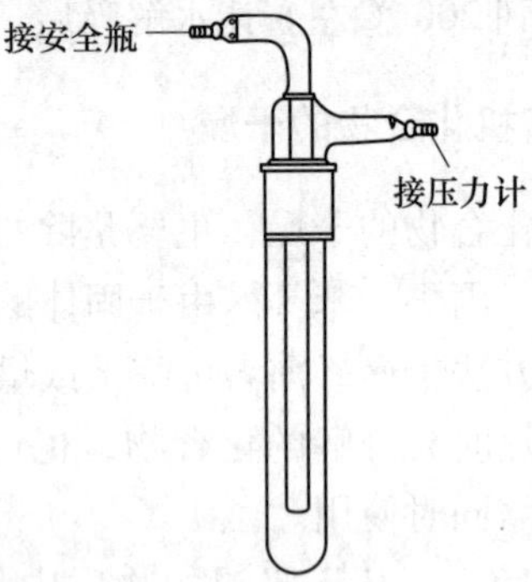

图 1-9　冷阱

表 1-2　干燥气体时常用的干燥剂

干　燥　剂	可干燥气体
CaO、碱石灰、NaOH、KOH	NH_3、胺等
无水氯化钙	H_2、HCl、CO_2、SO_2、O_2、N_2、CO、低级烷烃、烯烃、醚、卤代烷等
浓硫酸	烷烃、H_2、HCl、CO_2、N_2、O_2 等
五氧化二磷	H_2、CO_2、SO_2、O_2、N_2、烷烃、烯烃等
分子筛	H_2、CO_2、N_2、H_2S、烯烃等

1.6.3　液体有机物的干燥

1.6.3.1　采用分馏和生成共沸混合物的方法

能与水形成二元、三元共沸混合物的液体有机物，其沸点高于共沸混合物的沸点。若蒸馏（或分馏）共沸混合物，当共沸混合物蒸馏完毕时，即剩下无水的液体有机物。例如，无水苯的沸点为 80.3 ℃，由 70.4%苯与 29.6%水组成的共沸混合物的沸点为 69.3 ℃。若蒸馏含少量水的苯，则具有上述组成的共沸混合物先被蒸出，然后即可蒸出无水苯。

1.6.3.2　用干燥剂干燥

液体有机化合物的干燥，最常采用的方法是直接将干燥剂加入液体中，用以除去水分或其他有机溶剂（如无水 $CaCl_2$ 可除去乙醇等低级醇）。

A　干燥剂的选择

选择干燥剂时，应注意：

（1）与待干燥物质不发生任何化学反应、配位和催化作用，也不溶解于待干燥的液体中。

（2）使用干燥剂需要考虑其吸水容量和干燥效能。

吸水容量是指单位质量干燥剂所吸收的水量，干燥效能是指达到平衡时液体被干燥的程度。对于形成水合物的无机盐干燥剂，常用吸水后结晶水的蒸气压表示。如硫酸钠形成10个结晶水，吸水容量为1.25、蒸气压为260 Pa；氯化钙最多能形成6个水的水合物，其吸水容量为0.97、蒸气压为39 Pa（25 ℃）。因此，硫酸钠的吸水容量较大，但干燥效能弱；而氯化钙吸水容量较小，但干燥效能强。在干燥含水量较大而又不易干燥的化合物时，常先用吸水容量较大的干燥剂除去大部分水分，再用干燥效能较强的干燥剂进行干燥。常用干燥剂的性能与应用范围见表1-3。

表1-3　各类有机化合物常用的干燥剂

干燥剂	吸水作用	适用范围	非适用范围	备注
氯化钙	$CaCl_2 \cdot nH_2O$ $n=1, 2, 4, 6$ （30 ℃以上失水）	烃、卤代烃、烯、酮、醚、硝基化合物、中性气体	醇、胺、氨、酚、酯、酸、酰胺及某些醛酮	吸水量大，作用快，效力不高，是良好的初步干燥剂
硫酸钠	$Na_2SO_4 \cdot nH_2O$ $n=7, 10$ （33 ℃以上失水）	酯、醇、醛、酮、酸、腈、酚、酰胺、卤代烃、硝基化合物等	—	中性，吸水量大，作用慢，效力低，是良好的初步干燥剂
硫酸镁	$MgSO_4 \cdot nH_2O$ $n=1, 2, 4, 5, 6, 7$	酯、醇、醛、酮、酸、腈、酚、酰胺、卤代烃、硝基化合物等	—	较硫酸钠作用快，效力高
硫酸钙	$CaSO_4 \cdot \frac{1}{2}H_2O$ 加热2~3 h失水	烷烃、芳香烃、醚、醛、酮	—	吸水量小，作用快，效力高，可先用吸水量大的干燥剂作用后再用
碳酸钾	$K_2CO_3 \cdot nH_2O$ $n=3/2, 2$	醇、酮、酯、胺、杂环等碱性化合物	酸、酚等酸性化合物	干燥效力较低，作用慢
浓硫酸	$H_3^+OHSO_4^-$	脂肪烃、烷基卤化物	烯、醚、醇及弱碱性化合物	脱水效力高
氢氧化钾 氢氧化钠	—	胺、杂环等碱性化合物	醇、酯、醛、酮、酸、酚、酸性化合物	快速有效

续表 1-3

干燥剂	吸水作用	适用范围	非适用范围	备注
钠	H_2+ NaOH	醚、三级胺、烃中痕量的水分	碱土金属或对碱敏感的化合物、氯代烃（有爆炸危险）、醇	效力高，作用慢，需经初步干燥后才可用，干燥后需蒸馏
五氧化二磷	HPO_3 $H_4P_2O_7$ H_3PO_4	醚、烃、卤代烃、腈中痕量水分，中性和酸性气体	醇、酸、胺、酮、碱性化合物、氯化氢、氟化氢	吸水效力高，干燥后需蒸馏
氢化钙	H_2+ $Ca(OH)_2$	碱性、中性、弱酸性化合物	对碱敏感的化合物	效力高，作用慢，先经初步干燥后再用，干燥后需蒸馏
氧化钙 氧化钡	$Ca(OH)_2$ $Ba(OH)_2$	低级醇类、胺	不能干燥酸类和酯类物质	效力高，作用慢，干燥后需蒸馏
分子筛	—	各类有机物、不饱和烃气体	—	快速高效，经初步干燥后再用

B　干燥剂的用量

根据水在被干燥液体中的溶解度和所选干燥剂的吸水量，可以计算出干燥剂的理论用量，因为吸附过程是可逆的，再者要达到干燥剂的吸水量，必须有足够长的时间来保证生成干燥剂的最高水合物，因此实际用量往往会远远超过计算量。另外，由于干燥剂在吸附水分子的同时，也会沾附上被干燥的液体，使产品的产量降低，所以干燥剂的用量应有所控制。

干燥剂可分批加入，每加一次放置几分钟，直到对水分子的吸收已不显著为止（如无水氯化钙保持粒状，无水硫酸铜不变成蓝色，五氧化二磷不结块）。

一般来说，干燥剂的用量约为所干燥液体量的 5%～10%。由于液体中所含水分量不尽相同，干燥剂的质量、黏度、干燥时的温度也不尽相同，再加上干燥剂还有可能吸收一些副产物，如氯化钙吸收醇等原因，因此，难以确定一个准确的用量范围，操作者应在实践过程中注意积累这方面的经验。

C　干燥操作

选定干燥剂后，应注意被干燥液体中是否有明显的水分存在，如有，要尽可能地分离干净，将要干燥的液体置于锥形瓶中，边加入干燥剂边振摇，当加入适量的干燥剂后，用塞子塞住瓶口，室温下静置 30～40 min，甚至更长；若干燥剂与水反应放出气体，应采取相应措施，保证气体能顺利逸出而水汽又不至于浸入，其装置方法如图 1-10 所示。干燥时所用干燥剂的颗粒应适中。颗粒太大，表面积小，吸水量和效率降低；如呈细粉状，吸水后易呈糊状，使后续分离变得困难。干燥好的液体，外观应是澄清透明的，使用前应过滤除去其中的干燥剂。

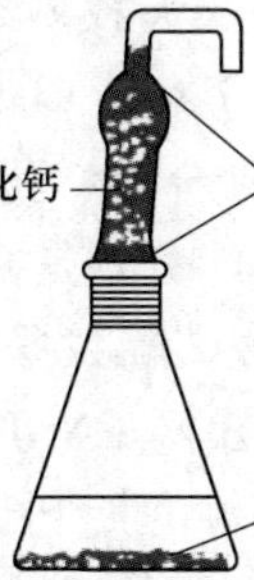

图 1-10　液体干燥装置

1.7　有机化学文献资料及互联网数据库

化学文献资料的查阅和检索是化学工作者的基本功，在当前信息社会，有机化学网络资源越来越重要，这里简要介绍有机化学相关工具书、参考书和数据库。

（1）词汇类工具书。如《英汉化学化工词汇》《汉英化学化工词汇》《化合物命名词典》《化工辞典》《常用化学危险物品安全手册》《化学危险品最新实用手册》等。

（2）理化数据工具书。如 *The Merck Index*（默克索引）；*Dictionary of Organic Compounds*（有机化合物辞典）；*CRC Handbook of Chemistry and Physics*（CRC 化学物理手册）；*Lange's Handbook of Chemistry*（兰氏化学手册）；*Beilstein Handbuch der Organischen Chemie*（贝尔斯坦有机化学手册）等。

（3）商用试剂目录书籍。如 Aldrich 公司出版的 *Aldrich Catalog Handbook of Fine Chemicals*；Sigma 公司的 *Sigma Biochemical and Organic Compounds for Research and Diagnostic Clinical Reagents*；Merck 公司的商品目录 *Merck Catalogue* 等。

（4）有机化学丛书和实验参考书。如 *Organic Reactions*（介绍著名有机反应的综述丛书）；*Organic Synthesis*（有机合成，介绍有机合成反应操作步骤的丛书）；*Reagent for Organic Synthesis*（有机合成试剂，Fieser & Fieser 主编）；*Vogel's Textbook of Practical Organic Chemistry*（Vogel，十分实用的反应设计参考书）；*Purification of Laboratory Chemicals*（实验室化合物的纯化）等。

（5）化合物基本性质数据网站。如 ChemBioFinder 可以按化合物的分子式、英文名称、CAS 登录号和化学结构查询该化合物的基本性质；中国科学院上海有机化学研究所建设的化学专业数据库，涵盖物化性质数据库，核磁、红外、质谱数据库等。

（6）网络检索数据库。如美国化学文摘（Chemical Abstracts），系统地收录化学化工领域约98%的文献，其网络访问版 Sci Finder Web 已成为最重要的化学文献检索工具之一；Reaxys 整合了三大权威数据库 CrossFire Beilstein（贝尔斯坦）、CrossFire Gmelin（盖墨林）和 Patent Chemistry Database（化学专利数据库）的资源，提供大量经实验验证的有机合成、药物化学、生物化学等方面的信息；另外，Web of Science 和 Scopus 数据库分别是 Clarivate 和 Elsevier 运营的文摘和引文数据库，可检索多学科多领域相关文献数据。

（7）期刊全文数据库。如中国知网 CNKI 是中国国家知识基础设施（China National Knowledge Infrastructure）提供的期刊论文文献在线服务数据库，收录期刊包括《有机化学》《化学学报》《中国化学》等；ACS Publications 是美国化学会出版部建立的文献数据库，包括 ACS 出版的多种学术期刊（*The Journal of the American Chemical Society*、*The Journal of Organic Chemistry*、*Organic Letters*）；Science Direct 是 Elsevier Science 公司整合旗下多种期刊的检索和全文下载服务数据库，包括期刊 *Tetrahedron*、*Tetrahedron Letters* 等；RSC Publishing 是英国皇家化学学会出版的期刊及资料库，包括期刊 *Chemical Science*、*Chemical Communications*、*Organic Chemistry Frontiers* 等；Springer Link 是德国施普林格（Springer）出版集团提供的学术期刊及电子图书在线服务系统，包括期刊 *Chemistry of Heterocyclic Compounds*、*Analytical and Bioanalytical Chemistry* 等；Wiley Online Library 是约翰威立国际出版公司（John Wiley & Sons Inc.）提供的数据库在线服务，包括期刊 *Angewandte Chemie International Edition in English*、*European Journal of Organic Chemistry* 等；Science of Synthesis 是德国 Thieme 出版社提供的有机和有机金属合成方法的反应信息数据库，包括 *Synfacts*、*Synlett*、*Synthesis* 等期刊。

（8）有机化学相关软件。如化学软件包 ChemBioOffice，包括 ChemBioDraw、ChemBio 3D（分子结构模型）、ChemBioFinder 等，可以方便地描绘化合物的结构式、化学反应方程、化工流程图、简单的实验装置图等；MestReNova 是集 NMR、HR-MS 和 GC/LC-MS 数据处理分析、预测的数据处理软件，其功能强大、操作简便；OMNIC（红外光谱分析软件）是 Thermo Nicolet 公司的旗舰产品，可以读取和分析处理大多数厂家的红外图谱，功能强大，使用非常方便；Diamond 是一款出色的分子和晶体结构可视化软件，可以根据结构参数（空间群、原子位置）对晶体结构的任意部分进行建模和设计。

2 有机化学实验基本操作和实验技术

2.1 熔点的测定及温度计校正

2.1.1 熔点的测定

熔点（melting point，mp）是晶体化合物的固液两态在 101.325 kPa 下成平衡时的温度。通常纯有机化合物都具有确定的熔点，而且熔点大多在 300 ℃以下，易于测定。常用的测定方法包括：（1）视频熔点法，通过实时摄像记录样品熔化过程，操作简便且结果直观；（2）显微熔点法，利用显微镜观察微量样品在加热过程中的变化，样品用量少；（3）差式扫描量热仪法，通过检测样品的热效应精确测定熔点，适用于科学研究。

2.1.2 温度计的校正

有机化学实验中，经常使用水银温度计，由于制造时的质量问题，加上使用温度计与标定温度的方法不同，例如标定温度计有全浸及半浸两种方式。用全浸法标定温度时，温度计的刻度是在温度计的汞线全部均匀受热的情况下标定出来的，如果测定熔点时用这种温度计，那么汞线往往只能部分受热。这些原因常是测量误差的主要来源，故在精确测量之前要对温度计进行校正。

2.1.2.1 温度计刻度校正

校正方法有两种：（1）使用标准温度计进行对照，找出偏差值。（2）选用若干种纯有机物，测定其熔点，用测出的熔点作为纵坐标，用测出的熔点和所测化合物的标准熔点差作为横坐标作图，即得被校正温度计的温度校正曲线，如图 2-1 所示，从曲线上可得出温度计的校正读数。通过方法（2）校正的温度计不需作外露段水银线校正。

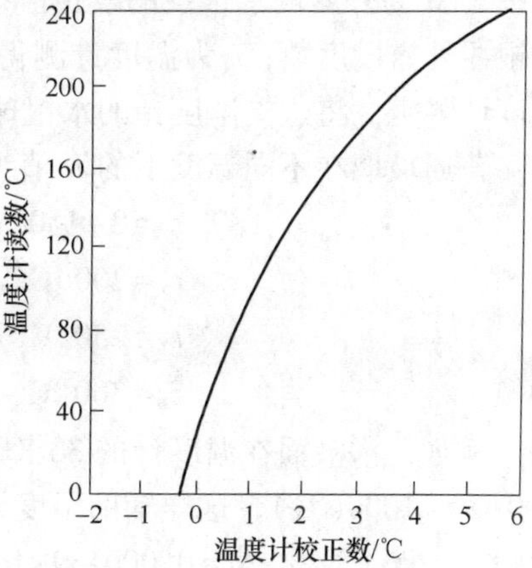

图 2-1 温度校正曲线

常用标准样品及熔点见表 2-1。

表 2-1　常用标准样品及熔点

样品名称	熔点/℃	样品名称	熔点/℃
冰水	0	尿素	132.7
3-萘胺	50	二苯基羟基乙酸	151
二苯胺	54~56	水杨酸	159
苯甲酸苄酯	71	对苯二酚	173~174
萘	80.6	3,5-二硝基苯甲酸	205
间二硝基苯	90	蒽	216.2
乙酰苯胺	114.3	酚酞	262~263
苯甲酸	122.4	蒽醌	286（升华）

零点校正是用蒸馏水和纯冰水的混合物。其方法是将 20 mL 蒸馏水放入试管中，用冰盐浴冷至蒸馏水部分结冰，搅拌使其成为冰-水混合物，将试管从冰盐浴中取出，再将温度计插入试管，恒定后温度应为 0 ℃，读出温度计的读数，由三次连续测得的相同数据得出零点校正值。

2.1.2.2　外露段读数误差校正

对温度计外露段引起的误差进行读数校正，可按照式（2-1）求出水银线的校正值：

$$\Delta t = Kn(t_1 - t_2) \qquad (2\text{-}1)$$

式中，Δt 为外露段水银线的校正值；K 为水银和玻璃膨胀系数之差；n 为温度计水银线外露段度数；t_1为温度计测得的温度；t_2为热浴上的气温（用另一支辅助温度计测定，将这支温度计的水银球紧贴于露出液面的一段水银线的中央）。

普通玻璃在不同温度下的 K 值为：

$t_1 = 0 \sim 150$ ℃　　$K = 0.000158$

$t_2 = 200$ ℃　　$K = 0.000159$

$t_3 = 250$ ℃　　$K = 0.000161$

$t_4 = 300$ ℃　　$K = 0.000164$

例如，浴液面在温度计的 30 ℃处测定的熔点为 190 ℃(t_1)，则外露段为 n= 190−30＝160（℃），这样辅助温度计水银球应放在 160×0.5＋30＝110（℃）处，测得 t_2＝65（℃），Δt＝0.000159×160×(190−65)＝3.2（℃），故校正后的熔点应为190＋3.2＝193.2（℃）。

实验 2-1　熔点的测定

实验目的

（1）掌握熔点的测定原理及应用。

（2）学会测定熔点的方法。

实验原理

固体有机物从初熔到全熔的温度范围（熔程）很窄，一般不超过 0.5~1 ℃。但是，如果样品中含有杂质，就会导致熔点下降，熔程增大。因此，通过测定熔点，观察熔程，可以很方便地鉴别未知物，并判断其纯度。显然，这一性质可用来鉴别两种具有相近或相同熔点的化合物是否为同一化合物。方法十分简单，只要将这两种化合物混合在一起，并测定其熔点。如果熔点下降，熔程变长，那必定是两种性质不同的化合物。需要指出的是，有少数化合物，受热时易发生分解，即使其纯度很高，也不具有确定的熔点。

实验方法

测定熔点的方法有视频熔点测定法、显微熔点测定法和 DSC 熔点测定法。

1. 视频熔点测定法

（1）视频熔点仪如图 2-2 所示，其操作方法如下。

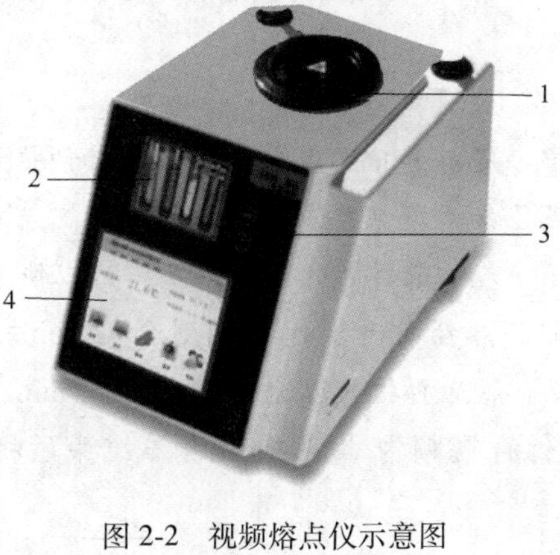

图 2-2　视频熔点仪示意图

1—加热炉；2—图像显示；3—控制区；4—人机界面

1）开机后进入主界面，预热 20 min。

2）输入登录账户及密码。

3）在主界面，点击【测试】键，进入测试界面，设置以下参数：

【样品编号】可以输入英文、中文、数字或符号。

【样品名称】可以输入英文、中文、数字或符号。

【使用方式】可直接调用建立的方法。

【起始温度】可输入数值范围为 20.00~360.00。

【终止温度】可输入数值范围为 20.00~360.00 且必须大于起始温度小于坐标轴长度最大温度，达到终止温度后，仪器将自动降温至起始温度，等待用户的后续操作。终止温度空白时，自动计算最大可用值。

【升温速率】可输入数值范围为 0.10~20.00（包含 0.10 和 20.00）。

【坐标轴长度】指定图谱的横坐标最大值，只有 10 min、15 min 和 20 min 三种可选（仅限自动测试参数用）。

【自动测试/手动测试】样品自动测试与手动测试开关。

4）起始温度和升温速率等参数设置完成后，进入手动检测界面。

【开始升温】待当前温度稳定在设置的起始温度的±0.1 ℃以内时允许点击此按钮，按指定升温速率进行升温，即测试开始。

【停止升温】点击此按钮将弹出对应选项（点击升温键后此图标会出现）。“取消”即取消停止升温指令，“放弃”即放弃本次实验，“保存”即保存此次实验结果。

【热敏打印】点击此按钮仪器将会打印本次数据，热敏或者针式均可。

5）如果选择手动测试，手动点击 TA 记录样品初熔值，手动点击 TC 记录样品终熔值。

注意：

（1）在预热过程中，可以先把温度升上来，进行预热（20~30 min）。

（2）如果样品熔点已知，那么要求设置为物质的熔点前 10 ℃到后 10 ℃的区间，升温速率为 1 ℃/min。如果样品的熔点未知，可以快速粗测一次。测试时把坐标轴长度调到大区间，然后把升温速率调到 3 ℃/min 左右，进行快速测试，得出一个大概的熔点值。然后再把升温速率降回 1 ℃/min，做精确的测量。

6）如系统设置中保存视频为“是”，在测试结束后将会自动记录该次实验的视频。

（2）实验步骤。

1）毛细管试样准备。将待测样品置于研钵中研细并干燥。取一长约 100 mm 的干燥、洁净的玻璃管，直立于磁板或玻璃板上。将装有被测样的毛细管自上口放入，使其自由落下，反复投落 8 次，使样品粉末紧密集结于管底，高度为

4 mm，并用无纺布将毛细管外面擦拭干净。

2）熔点仪测试。

①自动测试范例：己二酸，样品终熔点 153. 2 ℃。

第一步：开启电源开关，仪器预热 20 min。

第二步：进入主界面，选择测试，输入样品名称己二酸、起始温度 148 ℃、升温速率 1 ℃/min、停止温度 155 ℃，然后点击【自动检测】键进入相应界面。

第三步：当实际温度稳定到 148 ℃后（会有蜂鸣器提示 4 声以上），放入装好样品的毛细管，待温度稳定到 148 ℃点击【升温】键（注：放入样品后，炉体温度微微降低，所以建议温度稳定后蜂鸣器提示 4 声以上点击升温）。当被测样品达到初熔程度时，仪器会自动显示初熔值；当被测样品达到终熔程度时，仪器会自动显示终熔值。

第四步：当所有结果出来后，可以点击【保存】键保存数据或点击【打印】键打印数据。如果再次测试该样品，只需要重复第三步即可，如果想更改被测样品，点击【返回】键，退到测试界面进行相应的参数设置后即可。

②手动测试范例：己二酸，样品终熔点 153. 2 ℃。

第一步：开启电源开关，仪器预热 20 min。

第二步：进入主界面，选择测试，输入样品名称己二酸、起始温度 148 ℃、升温速率 1 ℃/min、停止温度 155 ℃，然后点击【手动检测】键进入相应界面。

第三步：当实际温度稳定到 148 ℃后（会有蜂鸣器提示），放入被测样品，点击【升温】键后从仪器上方的视频中观察被测样品的熔化过程（如图 2-3 所示）。当被测样品达到初熔程度时，点击【初熔】键，当被测样品达到终熔程度时，点击【终熔】键。

第四步：当所有结果出来后，可以点击【保存】键保存数据或点击【打印】键打印数据。如果再次测试该样品，只需要重复第三步即可，如果想更改被测样品，点击【返回】键，退到测试界面进行相应的参数设置后即可。

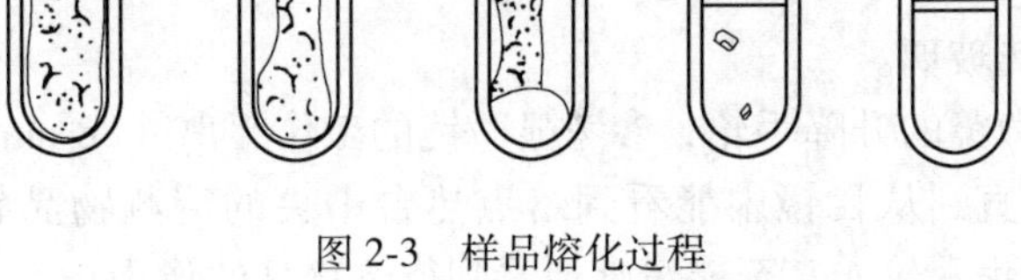

图 2-3　样品熔化过程

2. 显微熔点测定法

显微熔点测定仪无论外观如何不同，主要由以下两部分组成：（1）放大用的显微镜；（2）配有温度计和电热装置的载物台（热台）。实验室现常用数字显示 X-4 显微熔点测定仪和 X-4 显微熔点测定仪，这两种仪器基本相同，只是前者用调压测温仪和传感器代替了后者的调压变压器和温度计。图 2-4 为数字显示 X-4 显微熔点测定仪。

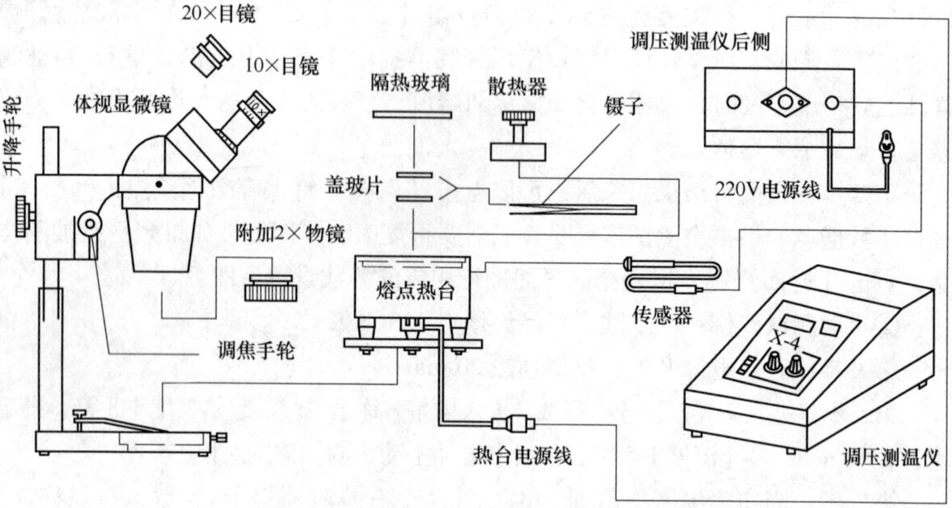

图 2-4　数字显示 X-4 显微熔点测定仪

（1）数字显示 X-4 显微熔点测定仪测定熔点。

1）将热台放置在显微镜底座 ϕ100 mm 孔上，并使放入盖玻片的端口位于右侧，以便取放盖玻片及药品。

2）将热台的电源线接入调压测温仪后侧的输出端，并将传感器插入热台孔，其另一端与调压测温仪后侧的插座相连；将调压测温仪的电源线与 AC220V 电源相连。

3）取载玻片和盖玻片各一片，用蘸有乙醚（或乙醚与乙醇混合液）的脱脂棉擦拭干净。晾干后，取适量干燥研细的待测物品（不大于 0.1 mg）放在一片载玻片上并使药品分布薄而均匀，盖上盖玻片，轻轻压实，然后放置在热台中心。

4）盖上隔热玻璃。

5）松开显微镜的升降手轮，参考显微镜的工作距离（88 mm 或 33 mm），上下调整显微镜，直到从目镜中能看到熔点热台中央的待测物品轮廓时锁紧该手轮；然后调节调焦手轮，直至能清晰地看到待测物品的像为止。

6）打开电源开关，调压测温仪显示出热台即时的温度值。

注意：测试操作过程中，熔点热台属高温部件，一定要使用镊子夹持放入或取出熔点样品。**严禁用手触摸，以免烫伤**！

7）根据被测样品的温度值，控制调温手钮1和2（1为粗调手钮，2为细调手钮）。先将手钮顺时针调到较大位置，使热台快速升温。当温度接近待测物体熔点温度30 ℃左右时，将调温手钮逆时针调到适当位置，使升温速率减慢。在距被测物熔点10 ℃时，控制升温速率1~1.5 ℃/min。

8）仔细观察被测物品，当晶体的晶角由尖锐变为圆滑并开始熔化时，记下温度即为被测样品的熔点，然后把手钮调到电压为零的位置，用镊子取下隔热玻璃和样品，即完成一次测试。如需重复测试，只需将散热器放在热台上，将电压调为零，使温度降至熔点值以下20 ℃即可。

9）对已知熔点的物质，可根据所测物质的熔点值及测量过程（参照7）），适当调节调温手钮，实现测量；对未知熔点的物质，可先用中、较高电压快速粗测一次，找到物质熔点的大约值，再根据该值适当调整和精细控制测量过程，最后实现较精确测量。

10）测试完毕，应及时切断电源，并把物镜用擦镜纸包上。

（2）X-4显微熔点测定仪测定熔点。

1）将热台放置在显微镜的底座上，然后把热台的电源线接入调压器的输出端，并将热台的接地端接地，物镜用擦镜纸包上。调节电压，加热到150 ℃，去除潮气，再把电压调到零，把散热块放在热台上，以便热台迅速下降到所需温度，取下物镜上的擦镜纸。

2）用蘸有乙醚与乙醇混合液的脱脂棉将载玻片及盖玻片擦洗干净。

3）将温度计轻轻插入热台的温度计套内。

4）取适量待测样品（0.1 mg以下）放在载玻片上，盖上盖玻片，轻轻压实并置于热台的中心位置面上。调节显微镜，应能看到清晰的待测物品图像，再盖上隔热玻璃，并调节显微镜直到再次看见清晰的待测物品图像。

5）调节电压，使热台快速升温。当温度计示值接近待测物品熔点温度以下20 ℃左右时，立即将电压调节到适当值，控制升温速率在1 ℃/min左右。

6）仔细观察样品，当晶体的晶角由尖锐变为圆滑并开始熔化时，记下温度即为被测样品的熔点。

7）再一次测试时，只需将热台温度冷却到待测物品熔点以下20 ℃左右，即可继续测试。

8）测试完毕，应及时切断电源，并把物镜用擦镜纸包上。

此法的优点是物样消耗少，只需0.1 mg以下，且能精确观察样品受热变化的全过程。

3. 差示扫描量热仪（DSC）测定熔点

（1）DSC 的工作原理。当物质的物理状态发生变化（例如熔融、结晶或晶型转变等）或者起化学反应，往往伴随着热学性能如热焓、比热容、导热系数的变化。差示扫描量热法测定熔点就是通过测定固体物质熔化时，其热学性能的变化来表征物质熔化的物理过程，从而达到测定熔点的目的。目前，常用的差示扫描量热仪分为两类：一类是功率补偿型 DSC，如 Perkin-Elmer 公司生产的各种型号的 DSC；另一类是热流型 DSC，如德国 NETZSCH 公司生产的 DSC204。

1）功率补偿型 DSC。图 2-5 是功率补偿型 DSC 的热分析控制原理图。

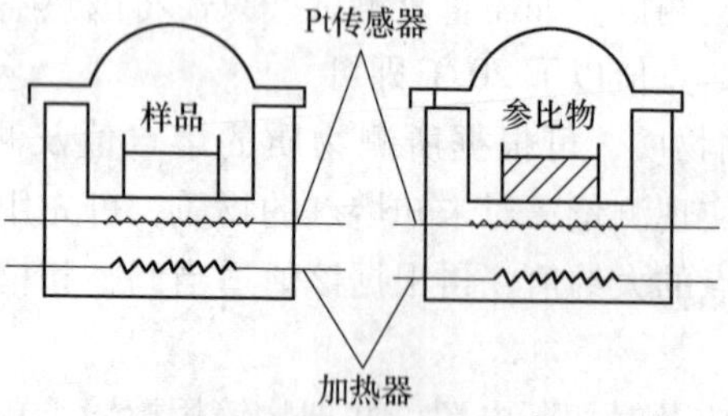

图 2-5　功率补偿型 DSC 的热分析控制原理图

样品和参比物分别放置在两个相互独立的加热器里。这两个加热器具有相同的热容及热导参数，并按相同的温度程序扫描。参比物在所选定的扫描温度范围内不具有任何热效应，因此记录下来的任何热效应就是由样品变化引起的。

功率补偿型 DSC 的工作原理建立在“零位平衡”原理之上，其热分析系统可分为两个控制环路：其中一个环路作为平均温度控制，以保证按预定程序升高（或降低）样品和参比物的温度；另一个环路的作用是保证当样品和参比物之间一旦出现温度差（由于样品的放热反应或吸热反应）时，能够调节功率输入以消除其温度差。这就是零位平衡原理。通过连续不断地自动调节加热器的功率，样品池温度可以和参比物池温度保持相同。这时，有一个与输入样品的热流和输入参比物的热流之间的差值成正比的信号 dH/dt 被馈送到记录仪中。同时记录仪还记录样品和参比物的平均温度，最终就得到以热流率 dH/dt 为纵坐标，时间或温度为横坐标的 DSC 谱图。

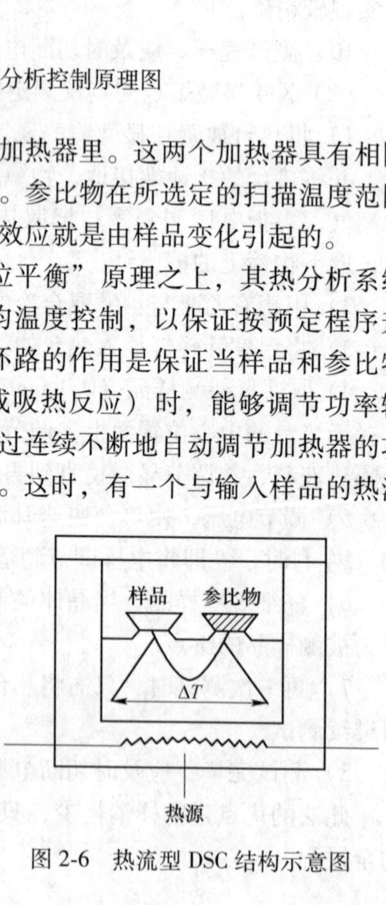

图 2-6　热流型 DSC 结构示意图

2）热流型 DSC。热流型 DSC 的热分析系统和功率补偿型 DSC 的差异较大（见图 2-6），样品和参比物同时放在同一康铜片上，并由一个热源加热。康铜片的作用为给样品和参比物传热及作为测温热电偶的一极。铬镍合金线与康铜片组成的热电偶记录样品和参比物的温差，而镍铝合金线和铬镍合金线组成的热电偶测定样品的温度。可见，热流型 DSC 的热分析系统实际上测定的是样品和参比物的温度差。显然，热流型 DSC 不能直接测定样品的热焓变化量。若要测定样品的热焓，需要利用标准物质进行标定，求出温差与热焓之间的换算关系后，才能求出热焓值。新型的热流型 DSC 都带有计算机分析系统，使换算过程简便易行，仪器精度和分辨率都有提高。

图 2-7 为德国 NETZSCH 公司生产的 DSC 300 Classic 差示扫描量热仪，其测量温度范围为-70～600 ℃，升降温速率为 0.1～100 K/min，基线重复性为±10 μW。

图 2-7　DSC 300 Classic 差示扫描量热仪

图 2-8 为有机化合物 DSC 曲线模式图。

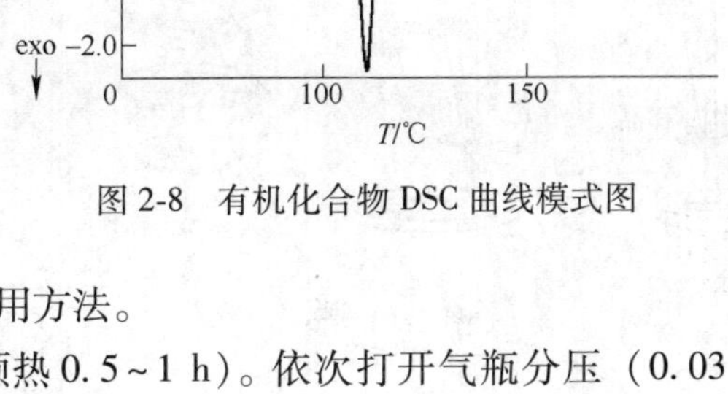

图 2-8　有机化合物 DSC 曲线模式图

（2）DSC 的使用方法。

1）开机（需预热 0.5～1 h）。依次打开气瓶分压（0.03～0.05 MPa 之间）、

DSC 主机、电脑，打开软件“NETZSCH-DSC300”，根据提示选择打开待机点（此时机械制冷开始工作），确认检测气压表的压力是否在 0.03~0.05 MPa 之间。在此条件下，仪器预热 30 min 以上。

2）样品称重。DSC 主机预热的同时，打开电子天平进行预热。检测天平和桌面是否干净，没有污染物。称重前，将天平和桌面分别垫上干净的纸称重（如果要测量热焓，须精确到 0.01 mg）、扎孔（在软垫）、压盖（上下口对正，压力不用太大，将盖与锅压合即可），如图 2-9 所示。

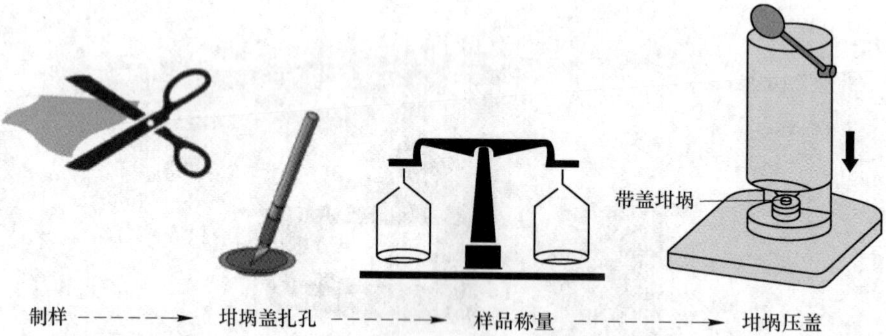

图 2-9 样品称重

注意：称量样品过程中，一定保证坩埚的底部和边沿没有附着样品。

3）装样。将样品坩埚放在仪器中的样品 S 位（右侧），将另一空坩埚放在参比 R 位（左侧）作为参比。坩埚应尽量放置在定位圈的中心位置。装样品过程中，尽量用一纸片拖住坩埚，避免意外掉落。装样过程如图 2-10 所示。

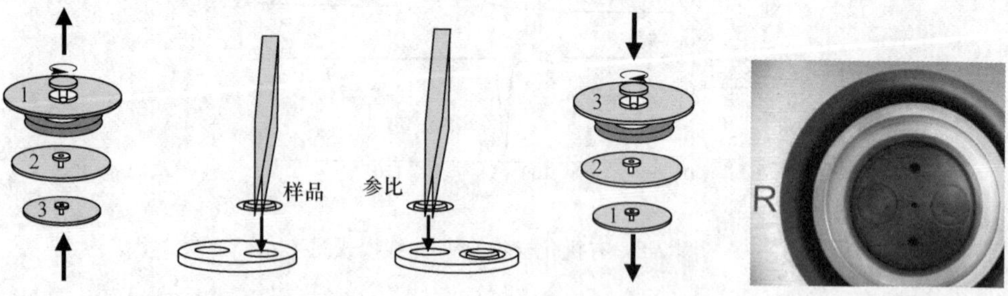

图 2-10 装样

4）DSC 测试程序设定。打开测量程序可以调用以前程序进行修改，生成新的测试条件，也可以编写新的程序[1]。建议流量：Protective，60 mL/min；Purge2，40 mL/min。

5）运行测试。点击“初始化气体开关—确定”，然后点击“开始”即可开始运行测试程序（“开始”只点一次！因为此时温度不一定达到开始测试的温度，需要片刻时间等温度一致，切勿多点“开始”）。

6）更换样品。当一个样品提示测试结束后，可以更换下一个样品。

注意：更换样品或取出样品前，查看炉子温度是否在室温到 100 ℃。

7）关机。测试完全结束后，待测量程序运行结束，机器进入待机点状态，先关闭待机点。然后关闭软件，关闭主机，关闭气阀门。

8）结果分析。打开分析软件，进行测试结果分析。

注意：

①称样时保证坩埚底部洁净，以防接触污染炉体，一定要更换新称量纸。称量过程中，样品弄到坩埚外，应更换新的坩埚和称量纸，并保证台面干净。

②部分部件处于高温或负温，注意人体保护，避免烫伤或冻伤。

③禁止做到样品的挥发或分解温度，以免污染或损坏传感器。

④测试温度小于 400 ℃时，有利于延长传感器的使用寿命。

⑤加入样品时需小心操作，禁止触碰炉体及传感器，尤其是尖锐物如镊子。

思考题

（1）分别测得样品甲、乙的熔点各为 100 ℃，将它们按比例混合后，测得的熔点仍为 100 ℃，这说明什么问题？

（2）测定熔点时，若遇下列各种情况，将会产生怎样的结果？

1）熔点管内壁不洁净；

---

[1] 设定温度程序。该对话框包含 5 个标签页，分别为：设置、基本信息、温度程序、校正、最后的条目。

（1）首次设定全新测试程序。

基本信息：输入样品编号、名称及质量，后进入下一步。

温度程序：根据自己样品所需温度设置温度程序（紧急复位温度一般高于样品测试最高温度 10 ℃）；吹扫气 1 按需选择，吹扫气 2 流速推荐 40 mL/min，保护气推荐 60 mL/min。

校正：选择温度校正和热流校正中的默认已设定参数即可（唯一可选）。

最后的条目：按需选择保存路径即可。设定完所有程序，需仔细检查一遍再提交设定程序（尤其是温度程序是否正确，气体是否开启），以防疏漏。

（2）非首次设定程序（调用已测试过的程序）。

打开“文件—打开—确定”，选择一个已有的测试设定，然后可由“快速设定”里进行设定。如需要其他修改，也可点击该条目修改，然后提交设定程序。

2）熔点管壁太厚；
3）熔点管底部未封严；
4）样品未完全干燥或混有杂质；
5）样品研得不细或装得不紧、不均匀；
6）测定时，加热速度太快。

2.2 沸点的测定

实验 2-2 微量法测定沸点

实验目的

（1）了解测定沸点的原理和意义。
（2）掌握微量法测定沸点的操作方法。

实验原理

液体在一定的温度下具有一定的蒸气压。当加热液体时，其蒸气压随着温度的升高而增大，当其蒸气压增大到与外界总压力相等时，就有大量气泡从液体内部逸出，发生沸腾现象，此时的温度称为液体的沸点（boiling point）。液体的沸点与外界压力有关，而通常所说的沸点是液体在一个标准大气压（1.013×10^5 Pa）下的沸腾温度，其他压力下的沸点应注明测定时的外界压力。

如果液体量较多，可以使用蒸馏法测定其沸点，也称为“常量法”（参考 2.7 节“蒸馏和分馏”）。如果液体量较少，或者价格比较昂贵，可用微量法进行测定。微量法测定沸点的装置如图 2-11 所示，由温度计、沸点管组成。沸点管由两支直径不同的毛细管所组成，其外管内径为 5~8 mm、长约 5 cm，其内装入待测样品，并使液体高度约 1 cm。其内管为一端封闭，内径约 1 mm、长约 6 cm 的毛细管，开口端朝下浸入待测样品中。测试时，将沸点管固定在温度计水银球旁边，并均匀加热。随着温度的升高，内管中会有气泡间断性地冒出，当温度达到样品沸点时，内管中会形成一连串的小气泡。此时，停止加热，温度缓慢下降，内管中小气泡逸出的速度也将放缓。当最后一个气泡即将缩回内管时，表明沸点管内的蒸气压与外界大气压相等，此时的温度即为该样品的沸点。

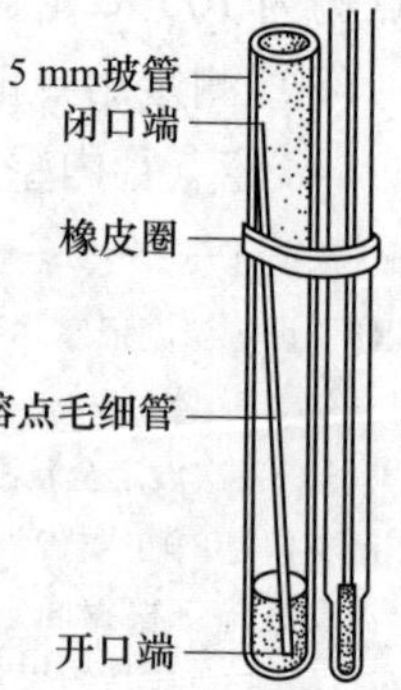

图 2-11 微量法测定沸点的装置

值得注意的是，纯化合物的沸程（沸点范围）较小（0.5~1 ℃），而混合物的沸程较大。因此，一般可以利用测定化合物沸点来粗略估计某一化合物是否纯净。但需要指出的是，具有恒定沸点的液体并非都是纯化合物，因为有些化合物相互之间可以形成二元或三元共沸混合物，而共沸混合物不能通过蒸馏操作进行分离。

仪器与药品

仪器：温度计；沸点管。

药品：无水乙醇；未知样品。

实验步骤

向沸点管的外管中加入5~8滴无水乙醇，直至液体高度达到1 cm左右，然后放入内管。将微量沸点管用橡胶圈固定在温度计上，并使待测液体靠近温度计玻璃泡。将固定好的装置放入油浴锅中均匀加热。当沸点管的内管中出现一连串的小气泡时，停止加热，浴液的温度开始下降，内管中气泡逸出的速度开始减缓。仔细观察，记录最后一个气泡出现而刚要缩回到内管时的瞬间温度。为验证测定的准确性，一个样品需重复测2~3次，且平行数据误差不超过1 ℃。用同样方法测未知样品的沸点。

思 考 题

（1）如果液体具有恒定的沸点，是否为纯净物？

（2）为什么把最后一个气泡刚欲缩回到内管的瞬间温度定为该化合物的沸点？

（3）如果加热过猛，内部的毛细管未封好，或者毛细管空气未排干净，对测定沸点是否会有影响？为什么？

2.3 折光率的测定

折光率是有机化合物最重要的物理常数之一，它能被精确而方便地测定出来。作为液体物质纯度的标准，它比沸点更为可靠。利用折光率，可辅助鉴定未知化合物。现在自动折光仪已经普遍使用，具有准确、可靠、速度快、操作方便等优点。

实验 2-3 有机物折光率的测定

实验目的

（1）了解阿贝折光仪测定折光率的原理。

（2）掌握液体有机物折光率测定的方法和操作要领。

实验原理

光在不同介质中的传播速度是不同的。当光从一种介质进入另一种介质时，它的传播方向会发生改变，这就是光的折射现象，如图 2-12 所示。

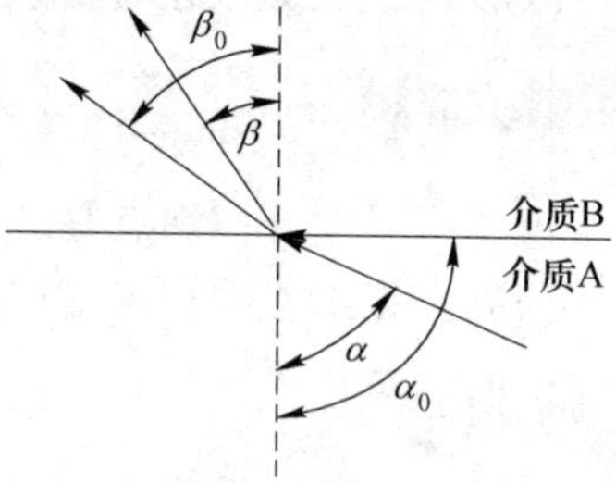

图 2-12　光的折射现象

根据折射定律，光线从介质 A 进入介质 B，入射角 α 与折射角 β 的正弦之比和两介质的折光率成反比：

$$\sin\alpha/\sin\beta = n_B/n_A \quad (2\text{-}2)$$

如果介质 A 为光疏介质，B 为光密介质，即 $n_A<n_B$，则折射角 β 必小于入射角 α，当入射角为 90°时，$\sin\alpha=1$，此时折射角达到最大值，称为临界角，用 β_0 表示。通常测定折光率都采用空气作为近似真空标准状态，即 $n_A=1$，式（2-2）变为：

$$n = 1/\sin\beta_0$$

由此可见，如果测定了临界角 β_0，就可以求得介质的折光率。

折光率常用 n_D^t 表示，D 是以钠光灯的 D 线作光源，t 是与折光率相对应的温度。例如 n_D^{20} 表示 20 ℃时，该介质对钠光灯 D 线的折光率。通常用阿贝折光仪测定物质的折光率。

图 2-13　阿贝折光仪

阿贝折光仪如图 2-13 所示，主要部分由两块直角棱镜组成，上面一块是光滑的，下面一块的表面是磨砂的。当两棱镜平面叠合时，放入平面间的待测液体形成一均匀的液膜，当光线由反光镜入射磨砂棱镜时，光产生漫射，以 0°～90°不同入射角进入液体层再进入光滑棱镜。由于棱镜的折光率（很高，约 1.85）大于液体折光率，因此折射角 β 小于入射角 α。此时，在临界角以内区域均有光线通过是明亮的，而临界角以外区域由于折射光线消失，没有光线通过是暗的，形成半明半暗界线清晰的像，经消色散镜和会聚透镜后达到目镜。液体介质不同，临界角不同，从目镜中观察到的明暗界线的位置也不同。每次测定时，调节转动手轮，使右边目镜中的明暗界线与“×”交叉线交点重合，再从左边目镜中即可读得折光率（折光仪中已将折射角换算为折光率）。阿贝折光仪设置有消色散棱镜，可使复色光转变为单色光（钠黄光 D 线，589.3 nm），因此，可直接使用日光光源测定折光率，所得数据与用钠光时测得的数据一样。

仪器与药品

仪器：阿贝折光仪。

药品：丙酮；乙酸乙酯；环己烯；正丁醚。

实验步骤

(1) 先使折光仪与恒温槽相连接。

(2) 恒温后打开直角棱镜，用擦镜纸蘸少量乙醇或丙酮轻轻擦洗上下镜面。待溶剂挥发后，加一滴蒸馏水于下面镜面上，关闭棱镜，调节反光镜使镜内视场明亮，调节棱镜转动手轮，直到镜内观察到半明半暗的图像或出现彩色光带。

(3) 调节消色散旋钮，使明暗界线清晰。

(4) 转动直角棱镜使明暗界线恰巧通过“×”字交点，记录读数与温度。重复两次测得纯水的平均折光率，与表 2-2 中纯水的标准值比较，可求得折光仪的校正值（校正值一般很小，可以忽略不计，若数值太大，仪器必须重新校正）。

(5) 以同样方法测定乙酸乙酯、环己烯、正丁醚等样品的折光率。一般液体有机物的折光率都在 1.3000~1.7000 范围内。

(6) 测试完成后，用擦镜纸蘸乙醇或丙酮清洗上下棱镜，晾干后再关闭。

表 2-2 不同温度下纯水和乙醇的折光率

温度/℃	水的折光率 n_D^t	乙醇（99.8%）的折光率 n_D^t
14	1.33348	
18	1.33317	1.36129
20	1.33299	1.36048
24	1.33262	1.35885
28	1.33219	1.35721
32	1.33164	1.35557

注意事项

(1) 必须注意保护折光仪棱镜，不能在镜面上造成刻痕。滴加液体时，滴管的末端切不可触及棱镜，每次使用前后要认真清洗镜面。

(2) 对棱镜玻璃、保温套金属及其间的胶黏剂有腐蚀（如强酸、强碱）和溶解作用的液体，均应避免使用。

(3) 阿贝折光仪的量程为 1.3000~1.7000，精密度为±0.0001，测量时应注意保温套温度是否正确，如欲准确至±0.0001，则温度应控制在±0.1 ℃的范围内。

（4）折光仪不能在较高温度下使用。对于易挥发或易吸水样品测量有些困难，可用滴管从棱镜间小槽滴入。另外，对样品的纯度要求也较高。

（5）仪器在使用和储藏时，均不应暴露于日光下，不用时装入木箱或用黑布罩住。

2.4 旋光度的测定

对映异构体是指互为实物与镜像而不可重叠的立体异构体，换句话说，两个对映异构体是手性分子的两种不同形式，它们的结构几乎完全相同，只是空间排列相反，就像人的左右手一样。对映异构体具有相同的物理性质（如熔点、沸点、溶解度、折光率及光谱等），并且在与非手性试剂作用时，它们的化学性质也一样；能够较好反映分子结构差异的是它们的旋光性相反，一个是左旋的，另一个则是右旋的。在生物学和药理学中，对映异构体可能会表现出不同的生物活性。

实验 2-4 果糖及葡萄糖旋光度的测定

实验目的

（1）了解旋光仪的构造及测试原理。

（2）掌握旋光度的测定方法。

（3）学习比旋光度的计算。

实验原理

1. 旋光现象、旋光度和比旋光度

一般光源发出的光，其光波在垂直于传播方向的各个方向上振动，这种光称为自然光或称非偏振光。当采用偏振片，如尼柯尔（Nicol）棱镜进行过滤后得到的只在一个方向上振动的光称为平面偏振光。当一束平面偏振光通过光学活性化合物时，光的振动平面会旋转一定的角度，这种现象称为物质的旋光现象，这个角度称为旋光度（optical rotation），以 α 表示。其中使偏光振动平面向左旋转的为左旋性物质，用“-”表示；使偏光振动平面向右旋转的为右旋性物质，用“+”表示。将具有这种性质的化合物称为光学活性化合物，或旋光化合物。

物质的旋光度受波长、温度、溶剂、浓度、样品管长度等众多因素的影响，因此常用比旋光度 $[\alpha]_{\lambda}^{t}$ 来表示物质的旋光性。当波长、温度和溶剂固定时，比旋光度等于单位长度、单位浓度物质的旋光度。比旋光度是物质特性常数之一，测定旋光度，可以检定旋光性物质的纯度和含量。

纯液体的比旋光度：　　$[\alpha]_{\lambda}^{t} = \alpha/(L\rho)$

溶液的比旋光度：　　$[\alpha]_{\lambda}^{t} = \alpha/(Lc)$

式中，$[\alpha]_{\lambda}^{t}$ 为温度为 t、波长为 λ 时的比旋光度；α 为旋光度；L 为样品管长度，dm；c 为溶液的浓度，g/mL；ρ 为纯液体的密度，g/mL。

在不对称有机合成中，经常得到的是某一对映体过量的混合物。利用实际观测得到的比旋光度与单一对映体的比旋光度之比，可确定该混合物的光学纯度百分率 O. P. %（percent optical purity）。

$$O.P.\% = [\alpha]_{\lambda 样品}^{t}/[\alpha]_{\lambda 纯}^{t} \times 100$$

在假定旋光性与物质的组成成正比的条件下，光学纯度百分率等于对映体过量百分率 e. e. %（percent enantiomeric excess）。

$$O.P.\% = e.e.\% = (S - R)/(S + R)$$

式中，S 为主要对映体的量；R 为次要对映体的量。

2. 旋光仪的构造和测试原理

测定旋光度的仪器叫旋光仪（polarimeter）。如图 2-14 所示，旋光仪的主要元件是两块 Nicol 棱镜，分别称为起偏镜和检偏镜。入射光源一般是钠光灯或汞光灯。钠光灯发射出波长为 589 nm 的单黄色光，汞光灯发射出波长为 578 nm、546 nm、436 nm、365 nm、302 nm 的单色光，光线从光源经过起偏镜，再经过盛有旋光性物质的旋光管时，因物质的旋光性使光线不能通过第二个棱镜、必须旋转检偏镜才能通过，故要调节检偏镜进行配光。在普通手动旋光仪中，由标尺盘上移动的角度可指示出第二个棱镜的转动角度，即为该物质在此角度时的旋光度。

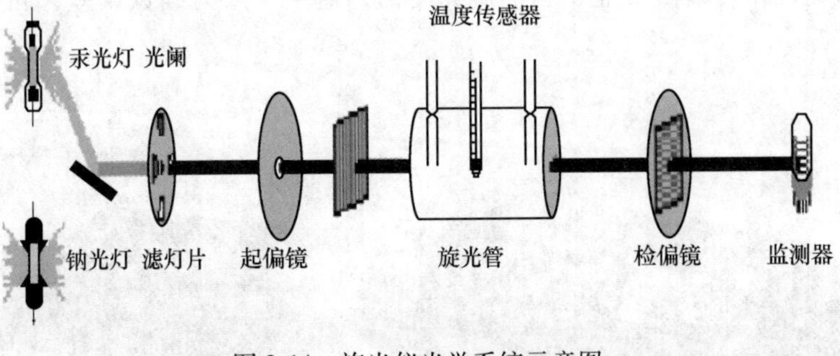

图 2-14　旋光仪光学系统示意图

（1）手动旋光仪测定旋光度原理。直接用肉眼通过检偏镜判断偏振光偏转的角度比较困难，会造成一定的误差。为此，设计了一种在视场中分出三分视场的装置，即在起偏镜后放置一块狭长的石英片。由于石英片的旋光性，会使偏振光旋转角度 φ，如图 2-15 所示，A 是通过起偏镜的偏振光的振动方向，A'是偏振光通过石英片后的振动方向，角度 φ 称为半暗角，其大小一般在 2°～3°。如果检偏镜的检出方向在 A 的方向时，由于石英片的偏光作用，观察到的图像为中间狭长部分较暗而两旁较亮；如果旋转检偏镜使其检出方向与 A' 平行时，通过目镜可以观察到中间狭长部分较明亮，而两旁较暗。这两种情况均为三分视场。当检偏镜的检出方向处于 $\varphi/2$ 的角度时，三分视场内的暗度是相同的，称为零度视场。每次测定时，先采用非光学活性物质进行零点校正，即调节检偏镜使三分视场的暗度相同时读数，记为零点，然后将待测物质进行同等条件下的测试，再次调节检偏镜使三分视场的暗度相同时读数，与零点时的读数之差即为该样品的旋光度。

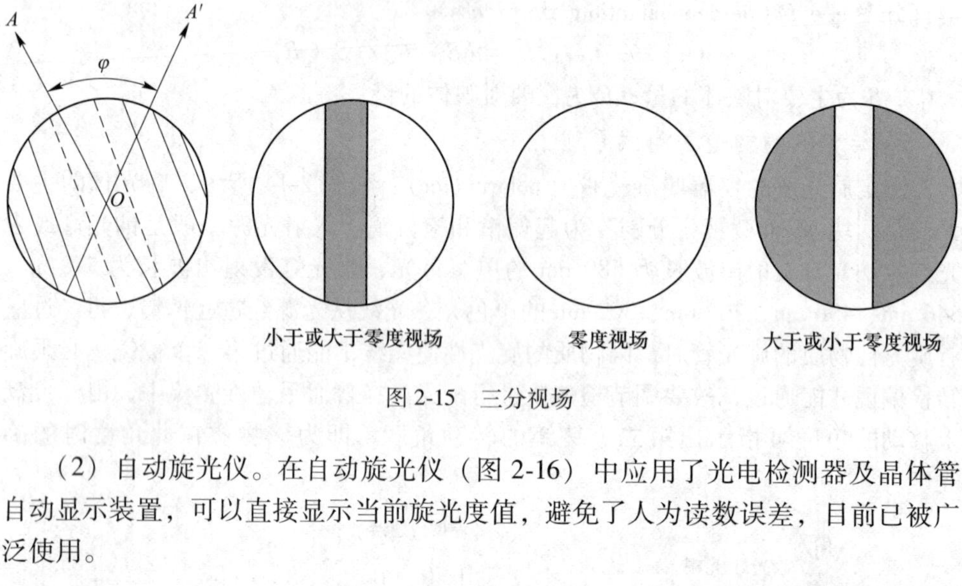

图 2-15　三分视场

（2）自动旋光仪。在自动旋光仪（图 2-16）中应用了光电检测器及晶体管自动显示装置，可以直接显示当前旋光度值，避免了人为读数误差，目前已被广泛使用。

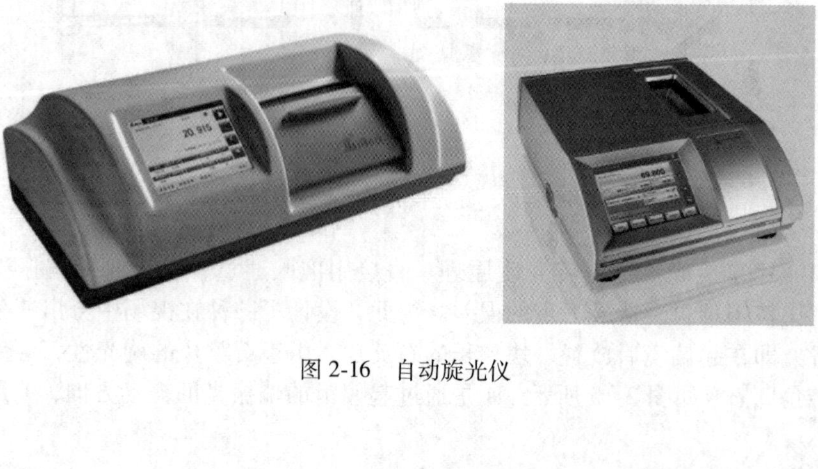

图 2-16　自动旋光仪

仪器与药品

仪器：自动旋光仪；25 mL 容量瓶；烧杯。

药品：果糖；葡萄糖。

实验步骤

(1) 接通电源，预热 30 min。

(2) 配制溶液。准确称取 0.1~0.5 g 果糖样品，以水为溶剂，在 25 mL 容量瓶中配制溶液。配制的溶液需透明且无颗粒。

(3) 旋光仪零点的校正。将配制溶液所用的溶剂装入样品管中，液体应尽可能地装满，不留气泡，装好后需要检查是否漏液。将样品管置于样品槽中进行测定。重复操作三次，取其平均值。

(4) 旋光度的测定。将待测样品溶液装入样品管❶中，同上操作，测定其旋光度。测试时，旋光管所放位置应固定不变。这时所得的读数与零点之间的差值即为该物质的旋光度 α。平行测试三次，求平均值。记下旋光管的长度和溶液的温度，代入公式计算其比旋光度。

(5) 测未知浓度葡萄糖溶液的旋光度，根据公式计算其浓度。

思 考 题

(1) 一对对映异构体的比旋光度有什么关系？

(2) 测试葡萄糖溶液的旋光度时，为什么需要放置 1 天后再进行测定？

2.5 重结晶和过滤

2.5.1 重结晶

通过有机物制备或从天然界得到的固态有机物往往是不纯的，必须经过提纯才能得到纯品，提纯固态有机物常用的方法是重结晶法。利用被纯化物质与杂质在同一溶剂中的溶解性能的差异，将其分离的操作称为重结晶（recrystallization）。

固体有机物在溶剂中的溶解度受温度影响很大。一般来说，升高温度会使溶解度增大，而降低温度则使溶解度减小。如果将固体有机物制成热饱和溶液，然后使其冷却，这时由于溶解度下降，原来的热饱和溶液变成了冷的过饱和溶液，因而有晶体析出。同一种溶剂对于不同的固体化合物而言，其溶解性是不同的。重结晶操作就是利用混合物各组分在某种溶剂中的溶解度不同，或者经热过滤将

❶ 每测试一个样品，样品管都需要洗干净后用待测溶液润洗 2~3 次。

溶解性差的杂质滤除；或者让溶解性好的杂质在冷却结晶过程中仍保留在母液中，而使它们互相分离。

2.5.1.1 溶剂的选择

在重结晶法中，选择一种适当的溶剂是非常重要的，否则达不到纯化的目的，理想的溶剂必须满足下面几个条件：

(1) 与要提纯的物质不发生化学反应。

(2) 对被提纯的物质必须具备在较高温度时溶解度较大，在较低温度时溶解度较小的特性。

(3) 对杂质的溶解度应非常小或非常大，这样杂质可在趁热过滤时作为不溶解组分或在冷却后抽滤时作为溶解组分而除去。

(4) 对要提纯的物质能生成较好的结晶。

(5) 溶剂的沸点不宜太低，也不宜太高。沸点太低，溶解度改变不大会降低收率且给操作带来不便；沸点太高时其挥发性小，附着在晶体表面的溶剂不易除去。

常用溶剂有水、乙醇、苯、石油醚、氯仿、乙酸乙酯等。如同时有几种溶剂都适用，可根据产品的收率、溶剂的毒性、易燃性、价格高低、操作难易等因素，择优选用。

在选择溶剂时还必须考虑到被溶解物质的结构。因为溶质往往易溶于结构与其近似的溶剂中，即遵循相似相溶原理，当然其他因素可能会影响这一规律，所以，溶剂的最终选择还要通过实验来解决。其方法是：将 0.1 g 待提纯物质的固体粉末置于一小试管中，逐滴滴加溶剂，不断振荡，待加入的溶剂约为 1 mL 时，小心加热至沸（注意溶剂的可燃性），如完全溶解且冷却后能析出大量晶体，这种溶剂一般认为是可用的；如样品在冷却或温热时，都溶于 1 mL 的溶剂中，表示这种溶剂不合用。当样品不溶于 1 mL 沸腾的溶剂中时，分批加入溶剂，每次加入约 0.5 mL，并加热至沸，总共用 3 mL 热溶剂而样品仍未溶解时，表示这种溶剂不合用。若样品溶于 3 mL 以内的热溶剂中，冷却后仍无结晶析出，表示这种溶剂仍不合用。

按照上述方法逐一试验不同的溶剂，如发现冷却后有结晶析出，比较结晶收率，选择其中最佳的作为重结晶的溶剂。

如难以选择一种合用的溶剂时，常使用混合溶剂。其中一种较易溶解待提纯物质，另一种较难溶解，并且两种溶剂能以任何比例完全互溶，使用时两种组分按最佳比例配成。用混合溶剂重结晶时，可将两种溶剂先行混合，其操作与使用单一溶剂时相同，也可先将待提纯物在接近良溶剂的沸点温度时溶于良溶剂中，若所得溶液无色透明，则于此溶液中缓慢加入已预热好的不良溶剂，边加边小心振摇，直至热溶液中出现浑浊且不消失时为止。最后，再加入少许良溶剂或稍加热使其恰好透明，再将溶液冷却至室温，待晶体析出完全后，抽滤得较纯产品。

常用的混合溶剂有乙醇-水、乙酸-水、丙酮-水、吡啶-水、乙醚-石油醚、苯-石油醚、乙醇-氯仿、乙醇-丙酮等。一般化合物可通过查阅化学手册、化合物制备手册等找出可选择的溶剂或可供选择的溶剂的大致范围。

2.5.1.2 重结晶操作

A 待纯化物的溶解

将待纯化物溶于适当的热溶剂中制成饱和溶液，溶解待纯化物时，常用锥形瓶或圆底烧瓶作容器。为避免溶剂挥发、可燃溶剂着火及有毒溶剂对人体的伤害，应在容器上装配回流用的冷凝管；如果溶剂是水，可以不用回流装置，添加溶剂时可由冷凝管的上口加入。此外，还应根据溶剂的沸点及可燃性，选择适当的热源加热，以确保操作安全进行。

溶样操作通常是将样品先装入容器，再加入计算量的溶剂，搅拌并加热至沸，直至样品全部溶解。如无法计算溶剂的量，先加入少量溶剂，加热至沸，如样品不全溶，再添加少量溶剂，每次加完溶剂后都需加热至沸，直至样品完全溶解。

注意：对于装有冷凝管的装置，必须待锥形瓶或圆底烧瓶里的溶剂温度低于沸点时，才可从冷凝管上口加入溶剂。

要使重结晶得到的产品既纯、收率又高，溶剂的用量很关键。一般来说，溶剂不过量可减少样品溶解时的损失，然而在热过滤的过程中却经常使晶体在滤纸上或漏斗颈内析出，造成损失和操作上的麻烦。因此，溶剂的实际用量常比制成饱和溶液时所需的溶剂量要多，多用的量往往控制在所需要量的20%以下。

B 趁热过滤

样品全部溶解后，若溶液无色透明，即可趁热过滤除去不溶性杂质；若溶液有色或有树脂状杂质，必须脱色并除去杂质。最常用的方法是：移去热源，待溶液稍冷后（低于沸点），加入粗产品质量1%~5%的活性炭❶（根据溶液颜色深浅而定），继续煮沸约2 min，再趁热过滤。

C 晶体的析出

热滤液冷却后，晶体就会析出。用冷浴迅速冷却并剧烈搅拌时，得到的晶体颗粒比在室温下静置、缓缓冷却得到的晶体颗粒小得多。小晶粒内包含的杂质较少，但因总面积大，吸附的杂质就较多。因此，常将滤液在室温或保温的条件下

---

❶ 活性炭可以吸附有色物质，使用活性炭脱色应注意：

（1）用量根据杂质颜色深浅而定，一般用量为固体量的1%~5%，煮沸约2 min，不断搅拌，如一次脱色不好，可再加少量活性炭，重复操作。

（2）不能向正在沸腾的溶液中加入活性炭，以免溶液暴沸而冲出。

（3）活性炭对水溶液脱色很好，对非极性溶液脱色较差。

（4）如发现溶液中有活性炭时，应重新过滤。

冷却，尽量不搅拌，以期析出颗粒均匀且较大的晶体，提高产品的纯度。容易析出大晶体的有机物，用冷水冷却即可；不容易形成大晶体的有机物，应缓缓冷却。

如滤液冷却后晶体还未析出，可用玻璃棒摩擦液面下的容器壁；也可加入事先准备好的晶种；若无晶种，可用玻璃棒蘸些滤液，待溶剂挥发后，即有晶体析出在玻璃棒上，正好合用。如果以上方法都不行，加热浓缩滤液也可促使晶体析出❶。

D　晶体的滤集

一般采用减压过滤的方法分离母液，以除去在溶剂中溶解度大的、仍残留在母液中的杂质，用少量溶剂洗涤晶体几次，抽干后将晶体放在表面皿上。

E　晶体的干燥

在抽滤、洗涤后的晶体表面上，还会吸附少量的溶剂，为此需要将晶体进一步干燥。干燥后的晶体纯度可采用测定其熔点的方法进行鉴定。

2.5.2　过滤

2.5.2.1　普通过滤

普通过滤常用圆锥形玻璃漏斗，放入漏斗内的滤纸边缘要低于漏斗边缘。先把滤纸润湿，然后过滤。倾入漏斗的液体，其液面要低于滤纸的边缘。过滤有机液体中较大颗粒干燥剂时，可在漏斗颈部的上口轻轻放入少量疏松的棉花或玻璃毛，以代替滤纸。如果过滤的沉淀物颗粒细小或具有黏性，应该首先使溶液静置，然后过滤上层的澄清部分，最后把沉淀移到纸上，这样可使过滤速度加快。

2.5.2.2　加热过滤

把玻璃漏斗套在一金属制的漏斗套中，套内两壁间充水，如溶剂是水时，可加热热水漏斗的侧管，如图2-17所示；如溶剂是可燃性的，过滤时应先熄灭火焰。过滤时要先用少量热溶剂润湿滤纸，避免在过滤时因滤纸吸附溶剂而使结晶析出。

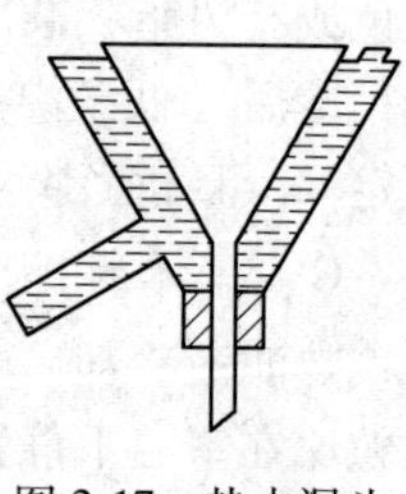

图2-17　热水漏斗

加热过滤方法的优点是：在热水漏斗的保温下可防止在过滤过程中因温度降低而在滤纸上或漏斗颈部析出结晶，故溶质在冷却时析出，而又不希望这些溶质在过滤时析出在滤纸上的，就需趁热过滤。如在热过滤时，滤纸上或漏斗颈部有晶体析出，必须用小刀把晶体刮下，用玻璃棒把晶体慢慢捅出，置于原来的瓶中，加适量溶剂加热溶解后再进行过滤。

---

❶ 有机化合物经常形成过饱和溶液，加热浓缩有时并不利于晶体的析出，因此一般不用此法。

加热过滤时，常使用有效面积较大的折叠型滤纸，俗称折叠滤纸或菊花形滤纸。其折叠方法如下：将双层的半圆形滤纸对折，得折痕1-2、2-3、2-4，再折成八个等份，即在2-3与2-4间对折出2-5，在1-2与2-4间对折出2-6，再在1-2与2-6、2-6与2-4、2-4与2-5、2-5与2-3间对折出2-10、2-8、2-7、2-9。从上述折痕的相反方向，在相邻两折痕间都对折一次，得呈双层的扇形，最后拉开双层即可得菊花形滤纸，如图2-18所示。

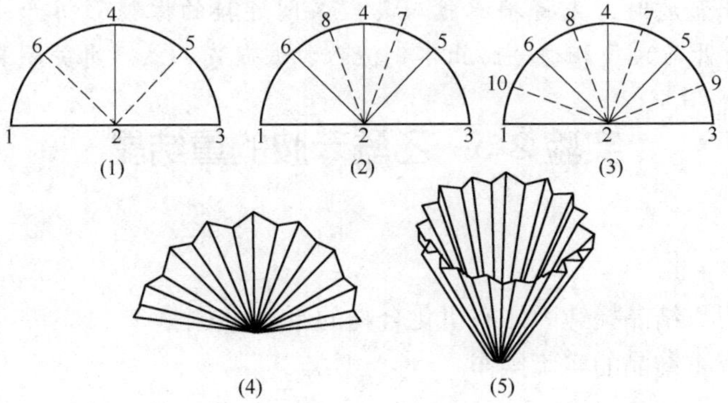

图2-18 折叠滤纸折叠方法

折叠时折纹切勿折至滤纸的中心，否则，因中心太薄易在过滤时破裂。

2.5.2.3 减压过滤（抽滤）

将布氏漏斗配一橡胶塞，然后塞在抽滤瓶上，必须紧密不漏气，瓶的侧管用厚橡胶管与安全瓶连接，再与真空泵侧管相接，如图2-19所示，其装置包括三部分：

（1）漏斗。常使用布氏漏斗，它是瓷质的，底部有许多小孔，有大小不一的各种规格（以直径计）。选用时，应根据要过滤物质量的多少来选择。漏斗上铺的滤纸要圆，其直径略小于漏斗内径，以能紧贴于漏斗的内壁，恰好盖住所有小孔为宜。抽滤少量的结晶（少于0.1 g）时，可用玻璃钉漏斗，以抽滤管代替抽滤瓶。

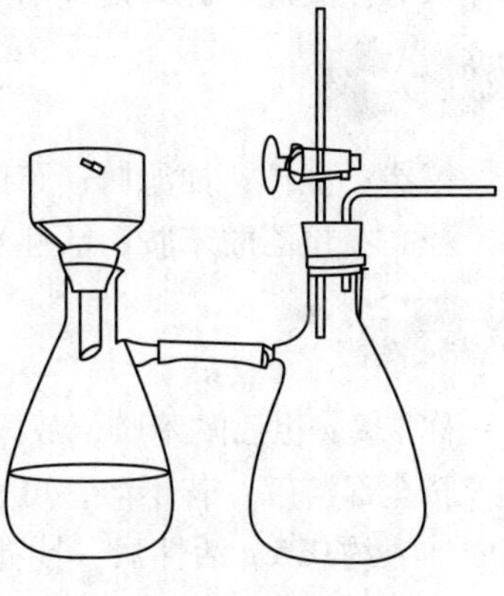

图2-19 减压过滤装置

（2）抽滤瓶。用来接收滤液。它是一个壁厚并有支管的三角烧瓶，玻璃质，有各种大小不一的规格（以毫升计），可根据滤液量来选择。

（3）真空泵。用来产生负压，常见的有旋片式真空泵（油泵）、隔膜真空泵、循环水真空泵。

注意：

（1）滤纸不应大于布氏漏斗的底面且正好盖住漏斗孔。

（2）布氏漏斗下端的斜口正对抽滤瓶的侧管。

（3）抽滤前必须用同一种溶剂将滤纸润湿，使滤纸紧贴于漏斗底面，打开水泵将滤纸吸紧，避免固体在抽滤时从滤纸边沿吸入抽滤瓶中。

（4）如果析出大晶体，则先把晶体搅动起来，然后把玻璃棒对准布氏漏斗的中心，让溶液顺着玻璃棒流下；如果析出的是很小的晶体，则先倒出上清液，待滤出后再倒出晶体，倒出方法同前。

（5）停止抽滤时，先将抽滤瓶与真空泵间连接的橡胶管拆开，或者将安全瓶上的活塞打开与大气相通，防止水倒流入抽滤瓶内，然后再关闭真空泵。

实验 2-5　乙酰苯胺的重结晶

实验目的

（1）学习重结晶提纯固体有机化合物的原理和方法。

（2）掌握重结晶的实验操作。

实验原理

重结晶是利用样品中待提纯物及杂质在一定温度下，在特定溶剂中溶解度的差异来对样品进行分离提纯的一种实验技术，从而达到提纯固体化合物的目的。

仪器与药品

仪器：烧杯；抽滤瓶；布氏漏斗；表面皿；电热套；真空泵。

药品：粗乙酰苯胺；活性炭。

实验步骤

称取 2 g 粗乙酰苯胺，放入 100 mL 烧杯中，加入 40 mL 纯水，加热煮沸至乙酰苯胺全部溶解。若不溶，可适当添加少量热水。稍冷，待低于溶剂沸点后，溶液中加入约 0.5 g 活性炭，搅拌，再煮沸约 2 min，趁热用热水漏斗和折叠滤纸过滤。滤液收集在一洁净烧杯中。过滤过程中，热水漏斗和溶液应分别保持小火加热，以免冷却。滤液在冷却至室温时，乙酰苯胺结晶析出，减压过滤，用玻璃塞挤压晶体，继续抽滤，尽量把母液抽干，然后从抽滤瓶上拔去橡胶管，关闭水泵，在布氏漏斗上加进少量冷纯水浸没晶体，再打开水泵，接上橡胶管抽滤至干，如此重复洗涤两次，取出结晶，放在表面皿上晾干、称重。

思考题

（1）用有机溶剂重结晶时，哪些操作与用水作溶剂时不相同，为什么？

（2）间硝基苯甲酸在 100 ℃、79 ℃及 25 ℃时在水中的溶解度分别是 11 g、4.8 g 及 0.4 g，请计算：1）热过滤时为 100 ℃，抽滤时为 25 ℃；2）热过滤时为 79 ℃，抽滤时为 25 ℃。这两种情况下，重结晶 5 g 间硝基苯甲酸所需的溶剂（水量）及回收率，比较回收率并说明实际操作时采用哪种条件为好。

（3）用热水漏斗过滤这一步，是否可改用抽滤过滤？如何实现这一改进？

2.6　升　　华

固体物质受热后不经熔融就直接转变为蒸气，该蒸气经冷凝又直接转变为固体，这个过程称为升华（sublimation）。升华是纯化固体有机物的一种方法。利用升华不仅可以分离具有不同挥发度的固体混合物，而且还能除去难挥发的杂质。一般由升华提纯得到的固体有机物纯度都较高，但由于该操作较费时，而且损失也较大，因而升华操作通常只限于实验室少量物质的精制。

实验 2-6　粗萘的升华

实验目的

（1）学习升华提纯固体有机化合物的原理和方法。

（2）掌握升华的实验操作。

实验原理

1. 升华的基本原理

一般来说，能够通过升华操作进行纯化的物质是那些在熔点温度以下具有较高蒸气压的固体物质。这类物质具有三相点，即固、液、气三相并存之点。物质的熔点，通常指的是该物质的固液两相在大气压下达到平衡时的温度；而某物质的三相点指的是该物质在固、液、气三相达到平衡时的温度和压力。在三相点以下，物质只有固、气两相。这时，只要将温度降低到三相点以下，蒸气就可不经液态直接转变为固态。反之，若将温度升高，则固态又会直接转变为气态。由此可见，升华操作应该在三相点温度以下进行。例如，六氯乙烷的三相点温度为 186 ℃，压力为 104.0 kPa，当升温至 185 ℃时，其蒸气压已达 101.3 kPa，六氯乙烷即可由固相常压下直接挥发为蒸气。

另外，有些物质在三相点时的平衡蒸气压比较低，在常压下进行升华效果较差，这时可在减压条件下进行升华操作。升华操作不使用溶剂，操作简便，纯化后产品的纯度较高，但产品损失较大，时间较长，不适合大量产品的提纯；而且，升华只能用于不太高的温度下有足够大的蒸气压（在熔点前高于 2.665 kPa 的蒸气压）的固态物质，因此有一定的局限性。

2. 升华的基本操作

（1）常压升华。图 2-20 所示是常用的常压升华装置，主要由加热装置、耐热容器和冷凝装置组成。如图 2-20（a）所示，将待升华的物质烘干研碎后均匀置于蒸发皿中，上面覆盖一张穿有许多小孔（孔刺朝上）的滤纸，随后在滤纸上倒置一个大小合适的锥形漏斗，漏斗颈部用一团较为疏松的棉花或玻璃毛堵住，以减少蒸气外逸。覆盖多孔滤纸是为了在蒸发皿上方形成一温差层，使升华起来的物质更容易凝结在玻璃漏斗壁上。有时可在玻璃漏斗外壁上敷上冷湿布，加速冷凝过程，但注意不能把滤纸弄湿。在加热过程中需控制加热温度和速率，使加热温度控制在待纯化物质的三相点温度以下缓慢升华。为了达到良好的升华分离效果，最好采取沙浴或油浴而避免用明火直接加热。

如果升华量较大，升华可以在烧杯中进行。如图 2-20（b）所示，在烧杯上放置一个通冷却水的烧瓶，小心加热，蒸气会在烧瓶底部凝结成晶体并附着在瓶底上。

（2）减压升华。图 2-21 所示是常用的减压升华装置。减压升华法特别适用于常压下蒸气压不大或受热易分解的物质。其操作是将干燥后的待升华物质放入一个抽滤管（或瓶）中，在抽滤管中再放置一个可通冷却液的冷凝管，用橡胶塞塞紧后支管处接通水泵或油泵进行抽气。冷凝管中通上冷却液后，进行加热使待升华物质在一定压力下升华，被升华物将在冷凝管的底部结晶析出。

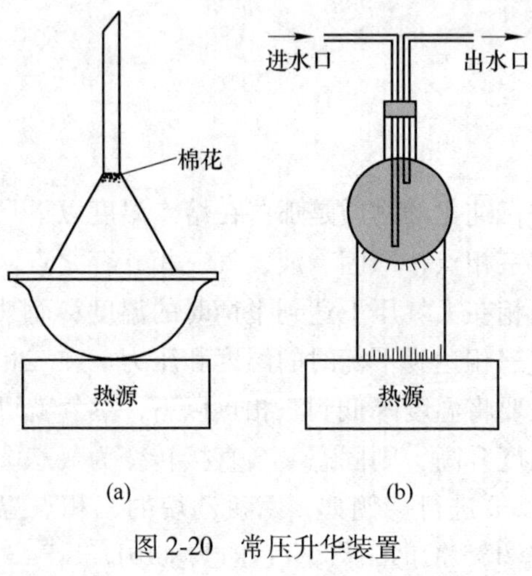

图 2-20　常压升华装置

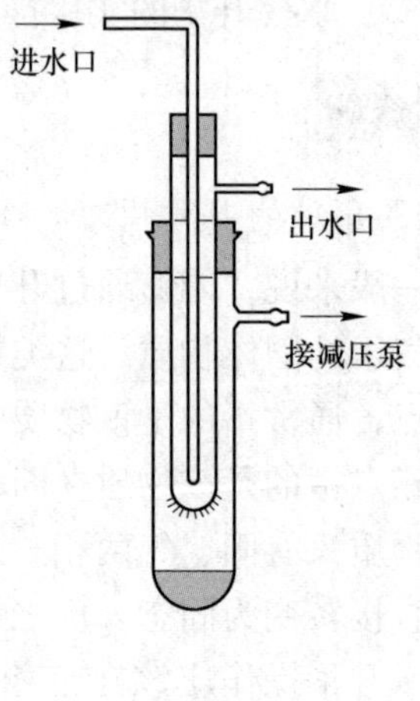

图 2-21　减压升华装置

仪器与药品

仪器：沙浴锅；蒸发皿；漏斗；棉花；滤纸。

药品：粗萘 0.5 g。

实验步骤

称取 0.5 g 待升华的粗萘，烘干❶后研细，均匀放置于蒸发皿中。将蒸发皿埋入沙浴锅中，注意不能接触到底部，并使蒸发皿的上端高出沙浴 0.5~1 cm。将滤纸用细针刺出许多小孔，并盖在蒸发皿上，使孔刺朝上，注意滤纸不能接触沙浴。取一支大小合适的漏斗，颈部塞一些较为疏松的棉花，并将其倒扣在滤纸上面。加热，控制加热温度和速率，使粗萘缓慢升华❷。待有蒸气通过滤纸时调节加热速率，保持当前温度进行升华。此时，上升的蒸气遇到温度相对低的滤纸和漏斗壁会冷凝成晶体附着在上面，当通过滤纸的蒸气很少时停止加热，保持 5~10 min。之后小心拿下漏斗和滤纸，将附着在上面的晶体轻轻刮下，置于洁净的表面皿中称量，计算收率。萘的熔点为 80~82 ℃。

思 考 题

（1）为什么需要干燥待升华的样品？

（2）为什么升华操作需要在三相点温度以下进行？

2.7 蒸馏和分馏

蒸馏（distillation）和分馏（fractional distillation）是分离和提纯液体有机化合物的常用方法。其中蒸馏主要用于两种或两种以上沸点相差较大（≥30 ℃）的液体混合物，而分馏用于沸点相差较小的液体混合物。简单地说，分馏就是多次蒸馏，利用分馏技术甚至可以将沸点相差 1~2 ℃的混合物分开。

实验 2-7 无水乙醇的蒸馏及乙醇和水的分馏

实验目的

（1）学习蒸馏和分馏的原理。

（2）掌握乙醇和水的分馏的实验操作。

---

❶ 待升华物质要经充分干燥，否则部分有机物会与水蒸气一起挥发出来，从而影响分离效果。

❷ 升华温度太高会使滤纸碳化变黑，影响产品的纯度，同时过高的温度会使得滤纸表面温度过高从而无法收集到升华产品。

实验原理

1. 蒸馏的基本原理

蒸馏（又称简单蒸馏）就是将液体加热至沸腾，使液体变为蒸气，然后将蒸气冷凝为液体的过程。纯液体化合物的蒸馏过程中沸点范围很小（0.5~1 ℃），利用蒸馏可测定化合物的沸点。因此，蒸馏不仅可以提纯和分离液体混合物，而且还可以测定化合物的沸点。

蒸馏装置包括蒸馏、冷凝、接收三部分，如图 2-22 所示。

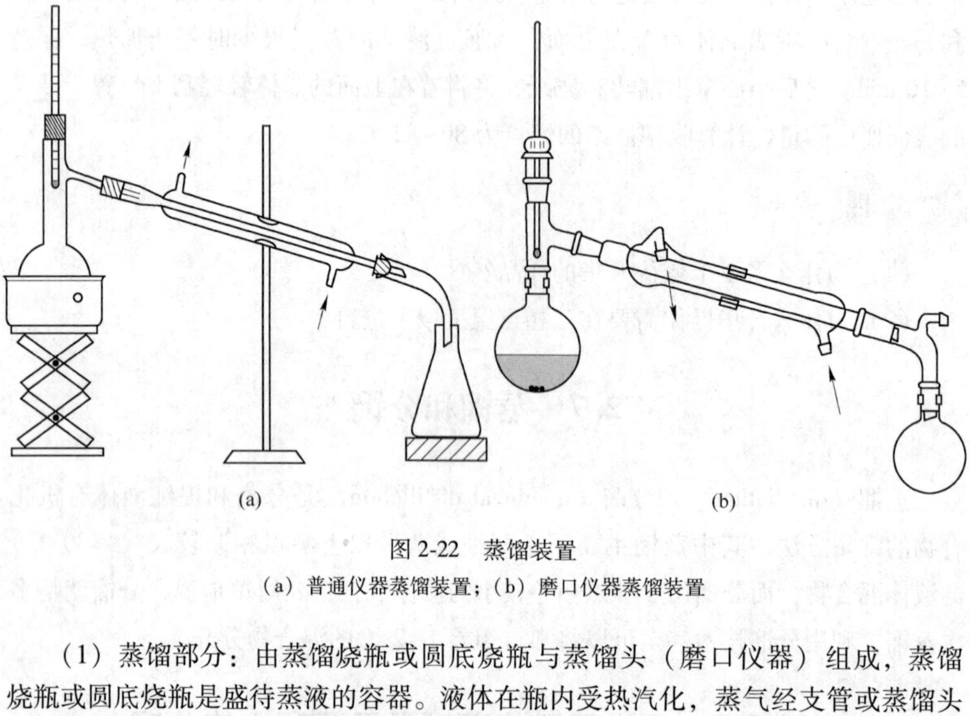

图 2-22　蒸馏装置

（a）普通仪器蒸馏装置；（b）磨口仪器蒸馏装置

（1）蒸馏部分：由蒸馏烧瓶或圆底烧瓶与蒸馏头（磨口仪器）组成，蒸馏烧瓶或圆底烧瓶是盛待蒸液的容器。液体在瓶内受热汽化，蒸气经支管或蒸馏头的侧管进入冷凝管。蒸馏烧瓶的大小，应根据要蒸馏的液体的体积来决定，通常所蒸馏的液体体积不应超过烧瓶体积的 2/3，也不应少于 1/3。根据实验药品性质选择合适的热源，选择电热套或垫石棉网时，烧瓶底距石棉 0.5~1.0 cm。装配时需要注意温度计水银球的上限应与蒸馏头支管下限在同一水平线上。

（2）冷凝管：由烧瓶中蒸出的气体在冷凝管中被冷凝为液体。液体的沸点高于 140 ℃时用空气冷凝管，低于 140 ℃时用水冷凝管。冷凝管下端侧管为进水口，上端侧管为出水口。安装时，出水口应向上才可保证套管内充满水。分离多组分混合物时，为确保所需馏分的纯度，不应使用球形冷凝管，因为球的凹部会存有馏出液，使不同组分的分离变得困难。

（3）接收部分：由接引管和接收器组成。最常用的接收器是锥形瓶，收集冷凝后的液体。欲收集几个组分，就应准备几个接收器，其中，所需馏分必须用干净且事先称量好的容器来接收。接收器的大小应与可能得到馏分的多少相匹配。接引管是连接冷凝管和接收器的部分。一般蒸馏时可用弯曲接引管；若馏出液有毒、易挥发、易燃或放出有毒、有刺激性气味的气体时，需改用燕尾式接引管，把胶管接在接引管的小支管上将气体导出；如馏出液易吸潮，还需与干燥装置相连接。

蒸馏过程中，要注意调节加热温度，使流出速度适中，一般为每秒1~2滴。液体需要搅拌防止暴沸，可加入合适的磁力搅拌子或者加入2~3粒沸石[1]。烧瓶中残留下少量（0.5~1 mL）液体时，应停止蒸馏；或维持原来的加热温度，不再有馏液蒸出，温度突然下降时，就应停止蒸馏，即使杂质量很少，也不能蒸干。蒸馏完毕，先停止加热，后停止通冷却水，量出并记下馏出液的体积（或质量），再按照和装配时相反的顺序拆卸仪器。

2. 分馏的基本原理

当混合物受热沸腾时，其蒸气首先进入分馏柱。由于柱内外存在温差，柱内蒸气中高沸点组分受柱外空气的冷却而易被冷凝，并流回至烧瓶，从而导致继续上升的蒸气中低沸点组分的含量相对增加，这一过程可以看作一次简单的蒸馏。当高沸点冷凝液在回流途中遇到新蒸上来的蒸气时，两者之间发生热交换，上升的蒸气中，同样是高沸点组分被冷凝，低沸点组分继续上升，这又可以看作一次简单蒸馏。蒸气就是这样在分馏柱内反复地进行着汽化、冷凝和回流的过程，或者说重复地进行着多次简单蒸馏。因此，只要分馏柱的效率足够高，从分馏柱上端蒸出的蒸气组分就能接近低沸点的单组分的纯度，而高沸点组分仍回流到蒸馏烧瓶中。需要指出的是，由于共沸混合物具有恒定的沸点，与蒸馏一样，分馏操作也不可用来分离共沸混合物。

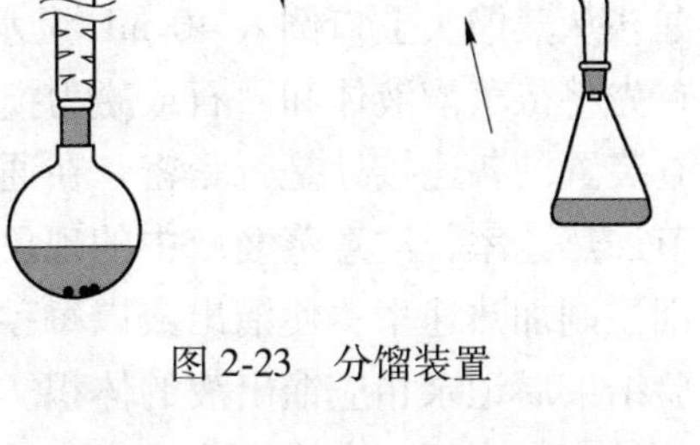

图 2-23　分馏装置

简单的分馏装置包括热源、圆底烧瓶、分馏柱、冷凝管和接收器五个部分，如图2-23所示。分馏柱顶端插一支温度计，其水银球上缘与分馏柱支管接口下缘相平。在

[1] 沸石是一种多孔性的物质，当液体受热沸腾时，沸石内的小气泡就成为汽化中心，使液体保持平稳沸腾。如果蒸馏已经开始，但忘了投沸石，此时千万不要直接投放沸石，以免引发暴沸。应先停止加热，待液体不沸腾后再补加沸石。如果蒸馏中途停止，后来需要继续蒸馏，也必须在加热前重新添加沸石。

装置中，与蒸馏装置不同的只是烧瓶上插一支分馏柱。

为提高分馏柱的分馏效率，在分馏柱中装入具有大表面积的填充物，填充物之间要保留一定的空隙，这样便可增加回流液体与上升蒸气的接触面积。分馏柱效率的高低与柱的高度、绝热性能和填充物类型有关。一般分馏柱越长，蒸气和冷凝液接触的机会就越多，热量交换就越充分。但如果分馏柱太长，馏出物很长时间升不到柱的上端，分馏速度慢，收集液量少，故不宜太长。在分馏柱中填装填料时要遵守适当紧密且均匀的原则，其填料包括玻璃管、玻璃珠填料，绕成固定形状的金属丝（铁丝、铜丝）填料，陶瓷填料等。分馏时还应注意分馏柱的保温情况，如果保温不好、散热太快，上升的蒸气与回流冷凝液间就难以达成两相平衡，故常在分馏柱外缠上石棉绳用来保温，以保证分馏顺利进行。

在分馏过程中，要注意调节加热温度，使流出速度适中，一般为每 2~3 s 一滴。如果流出速度太快，会导致产品纯度下降，还会产生液泛现象，即回流液来不及流回至烧瓶，并逐渐在分馏柱中形成液柱。若出现这种现象，应停止加热，待液柱消失后重新加热，使气液达到平衡，再恢复收集馏分。如果馏出速度太慢导致上升的蒸气断断续续，则馏出温度上下波动。分馏时也要注意不要蒸干。蒸馏和分馏都属于常压操作，装置必须与大气相通。

仪器与药品

仪器：圆底烧瓶；温度计；蒸馏头；直型冷凝管；接引管；锥形瓶；分馏柱。

药品：无水乙醇；纯水。

实验步骤

1. 无水乙醇的蒸馏

用 100 mL 圆底烧瓶搭建蒸馏装置，取下蒸馏头上的温度计，通过长颈玻璃漏斗从蒸馏头上口倒入 40 mL 无水乙醇，加入 2~3 粒沸石，插入温度计。或者首先将待蒸馏液体和沸石或磁力搅拌子加入圆底烧瓶中，之后再搭建好装置，检查装置的各连接处是否紧密。在通入冷凝水后进行加热，最初用小火，再慢慢调节加热速率，注意蒸馏瓶中的现象和温度计读数的变化。当液体开始沸腾时，仔细控制加热速率，使馏出液以每秒 1~2 滴的速度自接引管滴下，收集馏分[1]，实验结束后记录相应馏出液的体积。记下第一滴液体滴入锥形瓶时的温度，维持加热速率，当不再有馏出液或温度计读数突然下降时，停止蒸馏，记下停止蒸馏前的温度。蒸馏结束时，圆底烧瓶中一般需留 0.5~1 mL 液体，以防烧瓶干烧而炸

---

[1] 当采用蒸馏分离提纯时，可先用一个接收瓶收集前馏分，待馏出液馏出速度和温度计示数稳定后再收集馏分。

裂。结束时，先停止加热，待不再有蒸气冒出时停止通冷凝水，拆卸仪器时与装配时顺序相反。

2. 乙醇-水混合物的分馏

在50 mL的圆底烧瓶中，加入65%的乙醇30 mL，并加入2~3粒沸石，装上刺形分馏柱，在分馏柱上口插入温度计，使温度计水银球上端与分馏柱侧管底边在同一水平线上，依次装上直形冷凝管、接引管。检查所搭建装置的正确性，并确保仪器间连接紧密。取三只洁净的锥形瓶作接收器，并分别贴上标签。

打开冷凝水，控制加热速率，当液体开始沸腾后，可以看见瓶内蒸气沿分馏柱慢慢上升，调节热源，保持分馏柱中有一个均匀的温度梯度，使部分液体能沿着分馏柱回流至烧瓶内。分馏时，最好控制馏出液的速度为每2~3 s一滴。起初收集的馏分中含有低沸点的组分（乙醇）较多，随着低沸点组分的蒸出，混合液中高沸点组分（水）含量逐渐升高。分别收集温度低于80 ℃、80~85 ℃、85~90 ℃时的馏出液[1]，当温度达到95 ℃时停止蒸馏或者当圆底烧瓶中残留液体不足1 mL时停止蒸馏。移除热源，使分馏柱内的液体回流至烧瓶，再拆卸装置，并记录各馏分的体积。

思 考 题

（1）当加热后才发现未通冷凝水，是否能马上通水，为什么？

（2）温度计水银球的上部为什么要与蒸馏头侧管的下限在同一水平上，过高或过低会造成什么影响？

（3）分馏中，分馏柱为什么要尽量保持竖直放置？分馏时，如果加热太快会出现什么后果？

2.8 减 压 蒸 馏

减压蒸馏（vacuum distillation）就是在低于常压下进行的蒸馏。减压蒸馏对于分离或提纯沸点较高或性质比较不稳定（如受热温度未达沸点就已发生分解、氧化或聚合）的液态有机化合物具有特别重要的意义。

实验 2-8 减压蒸馏提纯呋喃甲醛

实验目的

（1）学习减压蒸馏的原理。

[1] 实验中蒸出的是乙醇和水的共沸物，若要得到绝对无水乙醇，须采用特定方法除水。

(2) 掌握减压蒸馏的实验操作。

实验原理

1. 减压蒸馏的基本原理

当液体的蒸气压等于外界大气压时，液体便开始沸腾。如果外界的大气压降低，那么液体的沸点也随之降低。若将蒸馏装置与真空泵相接，即可使装置内的压力降低，从而降低被蒸馏液体的沸点，达到减压蒸馏的目的。

在减压前，应先从文献中查阅清楚该化合物在所选压力下的沸点。通常，当压力降低到 2. 67 kPa 时，多数有机化合物的沸点要比其常压下的沸点低 100 ℃左右。沸点与压力的关系可近似用图 2-24 推出。例如，某化合物常压下沸点为 200 ℃，如减压至 4. 0 kPa(30 mmHg) 时，其蒸出沸点是多少度？首先在图中常压沸点刻度线上找到 200 ℃标示点，在系统压力曲线找出 4. 0 kPa(30 mmHg) 标示点，然后将这两点连接成一直线并向减压沸点刻度线延长相交，交点温度便是

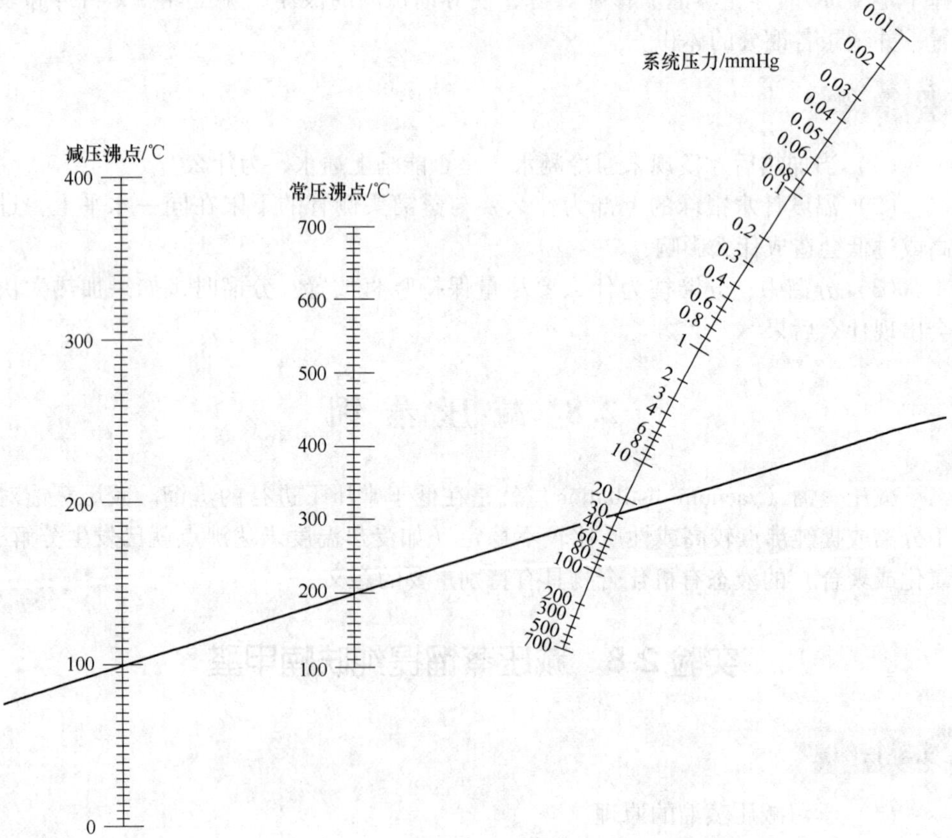

图 2-24 液体在常压和减压下的沸点近似关系图

该化合物在 4.0 kPa(30 mmHg) 压力下的沸点，即 100 ℃。在没有其他资料来源的情况下，由此法所得估计值对减压蒸馏操作具有一定的参考价值。

减压蒸馏装置通常由蒸馏、抽气、保护及测压装置三个部分组成，如图 2-25 所示。主要仪器是：蒸馏烧瓶、克氏蒸馏头、冷凝管、真空接引管、接收器、安全瓶、测压计和减压装置。

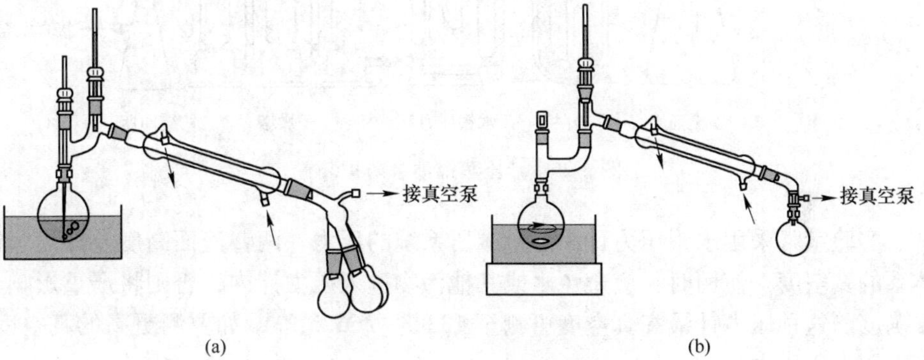

图 2-25 常用的减压蒸馏装置
（a）毛细管减压蒸馏装置；（b）磁力搅拌减压蒸馏装置

减压蒸馏需用克氏蒸馏烧瓶，或用圆底烧瓶在瓶口配置克氏蒸馏头；上端的两口，一口插入温度计，另一口插入一根毛细管，使其下端距瓶底 1~2 mm；毛细管上端套一截橡胶管，橡胶管内插入一根细铜丝，通过螺旋夹调节进入空气的量，作为液体沸腾的汽化中心，使蒸馏平稳进行，如图 2-25（a）所示。也可用磁力搅拌方法，该方法通过磁力搅拌子带动液体搅拌，操作简单、方便，如图 2-25（b）所示。蒸馏少量物质，且沸点较高或是低熔点的固体，可用蒸馏烧瓶作接收器，也可以不用冷凝管，而将蒸馏瓶的支管直接插入接收瓶的球形部分中。当蒸馏不能中断或要分段接收馏出液时，可采用多尾真空接引管，多尾真空接引管的几个分支管与圆底烧瓶或梨形瓶相接，转动多尾真空接引管，可使不同馏分流入指定的接收瓶中。

实验室通常用循环水真空泵或油泵做减压操作。循环水真空泵与在重结晶中的使用相同；油泵的效能取决于油泵的机械结构和泵油的好坏，好的油泵能抽至的真空度为 13.33~1.33 Pa，蒸馏时如有易挥发的有机溶剂、水或酸的蒸气，都会损坏油泵，故必须注意保护，如图 2-26 所示。当用油泵进行减压时，必须在馏出液接收瓶与油泵之间顺次安装冷阱和吸收塔，以免污染油泵。将冷阱置于盛有冷却剂的广口保温瓶中。冷却剂的选择随需用而定，例如可用冰-水、冰-盐、干冰、液氮等。通常设两个干燥塔，前面一个装无水氯化钙（或硅胶），后一个装粒状氢氧化钠。有时为了吸收烃类气体，可再加一个装石蜡片的干燥塔。干燥塔、冷阱可参见图 1-8 和图 1-9。

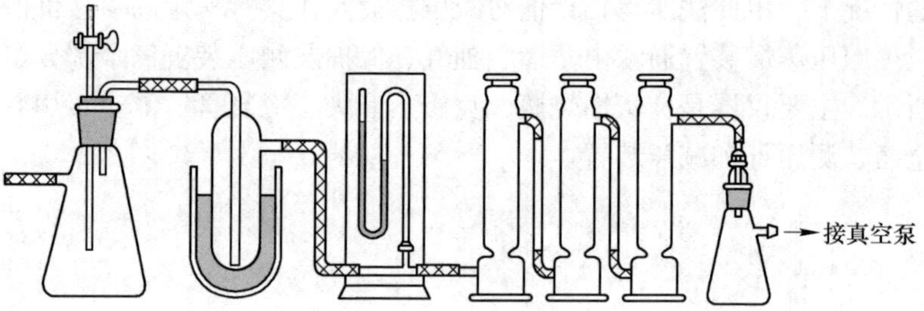

图 2-26 减压蒸馏油泵防护装置

实验室常采用水银压力计来测量减压系统的压力，两臂液面高度差即为蒸馏体系的真空度。使用时，应避免水或其他污物进入压力计内，否则将严重影响其准确度。这种压力计最高真空度可测至 133. 3~266. 6 Pa，如要测更高的真空度，则需用麦氏压力计。

在泵前应接上缓冲瓶，瓶上的两通活塞供调节系统的压力及放气用。减压系统必须保持紧密不漏气，所有橡胶塞的大小和孔道都要十分合适。所用橡胶管应为厚壁橡胶管，磨口玻璃塞涂上真空脂或真空封泥。

2. 减压蒸馏操作原理

（1）将仪器安装完毕后，先检查系统能否达到所需压力。检查方法为：首先关闭安全瓶上的活塞并旋紧蒸馏烧瓶上毛细管的螺旋夹，然后用泵抽气，观察能否达到要求的压力（如果仪器装置紧密不漏气，系统内的真空情况应能保持良好），然后慢慢旋开安全瓶上的活塞，放入空气，直到内外压力相等为止。

（2）加入需蒸馏的液体于蒸馏烧瓶中（不超过其容积的 1/2），关好安全瓶上的活塞，开动真空泵，调节毛细管导入空气量，以能冒出一连串的小气泡为宜。对于磁力搅拌方法，直接开启搅拌后进行减压操作即可。

（3）如已达所需压力，且压力已稳定后，打开冷凝水，开始加热。热浴的温度一般较液体的沸点高出 15~25 ℃，液体沸腾时，应调节热源，使每秒流出 1~2 滴馏出液。整个蒸馏过程中，要密切注意温度计和压力计的读数，注意蒸馏情况并记录压力、沸点等数据。收集不同馏分时，只要转动多尾真空接引管即可。

（4）蒸馏完毕，先移去热源，慢慢旋开毛细管上的螺旋夹，并慢慢打开安全瓶上的活塞，平衡内外压力（注意：一定要慢慢打开活塞，使压力计中汞柱缓缓地恢复原状，否则汞柱急速升高，有冲破压力计的危险），最后关闭真空泵，切断电源，关闭冷凝水。

（5）记录所收集馏分的沸点、压力，如氯苯在 3333 Pa 压力下，沸点为

39 ℃，应记录为氯苯 39 ℃/3333 Pa。

注意：当被蒸馏物质中含低沸点物质时，应先进行常压简单蒸馏，或者在真空泵减压下利用旋转蒸发仪蒸馏（见图 2-27）以蒸去低沸点组分，最后用油泵减压蒸馏。

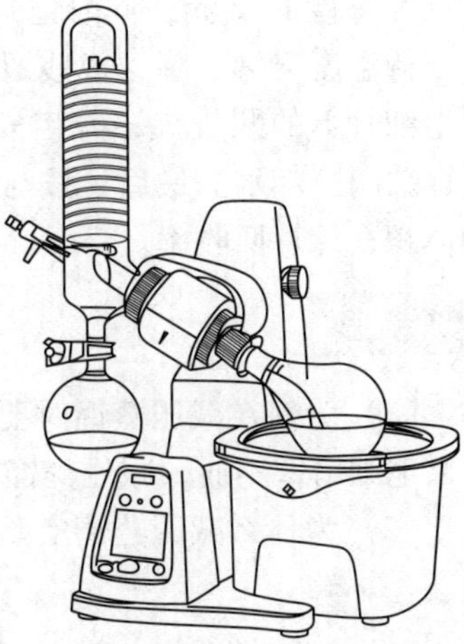

图 2-27　旋转蒸发仪

旋转蒸发仪操作方法：(1) 将旋转蒸发仪接通冷凝水，连上减压泵。(2) 转动旋转蒸发仪顶端的活塞使其通大气。(3) 把需蒸发溶剂的反应混合物倒入烧瓶内，并将烧瓶套上蒸发仪，用夹子夹住。(4) 打开减压泵抽气，转动顶端活塞使之与大气隔绝。(5) 开启可变速马达的控速旋钮，调节盛有待蒸发液体烧瓶的旋转速度。(6) 为使蒸发加速，可在旋转的烧瓶下置一热源（如水浴）加热。如果停止旋转蒸发，应按以下次序操作：(1) 拿掉热源。(2) 将控速旋钮旋至零位，然后关闭电源。(3) 慢慢旋转顶端活塞使通大气，等瓶中压力与大气相仿时，取下已蒸去了溶剂的烧瓶，切不可在减压下拿下烧瓶，否则产物会被空气冲溢出烧瓶。(4) 关闭减压泵及冷凝水。

仪器与药品

仪器：蒸馏瓶；克氏蒸馏头；毛细管（若用磁力搅拌则不需要）；温度计；冷凝管；多尾接液管；真空泵（水泵或油泵）；压力计；安全瓶；冷阱；吸收装置；热源。

药品：呋喃甲醛[1]；真空脂。

实验步骤

取厚壁耐压的 50 mL 圆底烧瓶作为蒸馏瓶，三个已经称重的 10~25 mL 厚壁圆底烧瓶作为接液瓶，安装减压蒸馏装置。磨口仪器的所有连接部分必须用真空脂润涂好，打开真空泵，检查系统的气密性。确定仪器搭建好后，通大气，然后通过长颈漏斗在蒸馏瓶中加入 20 mL 粗呋喃甲醛，关闭安全瓶上的活塞。开启真空泵，同时调节毛细管导入的空气量（或提前打开磁力搅拌再开启真空泵），使待蒸馏液体中能冒出一连串小气泡。当压力稳定后，先开启冷水，再打开热源，缓慢升温进行蒸馏。当待蒸馏液体沸腾后，注意观察温度计读数变化，待示数稳

[1] 呋喃甲醛的沸点为 161.8 ℃(101.33 kPa)，在存放过程中，呋喃甲醛会发生氧化、聚合等反应，颜色较深，蒸馏后，一般为无色或淡黄色液体。

定后，转动多尾接液管，更换接液瓶收集主馏分，保持蒸馏温度，使馏出液速度控制为每秒1~2滴，同时记录压力和温度。

待温度突然下降，或残留液体较少时，停止加热。待蒸馏瓶稍冷后，慢慢旋开毛细管上的螺旋夹，开启安全瓶上的活塞，解除其中的负压，然后关闭真空泵，关闭冷却水。最后，按与安装时相反的顺序拆卸装置，测量主馏分呋喃甲醛的体积，计算回收率。

思考题

（1）为何在减压蒸馏时要用毛细管或磁力搅拌子而不用沸石作为汽化中心？如果毛细堵塞不通，减压蒸馏时会发生什么问题，如何处理？

（2）为什么减压蒸馏实验需要对磨口仪器涂真空脂？

2.9 水蒸气蒸馏

将水蒸气通入不溶于水的有机物中，使有机物与水经过共沸而蒸出，这个过程称为水蒸气蒸馏（steam distillation）。水蒸气蒸馏是用来分离和提纯液态或固态有机化合物的一种方法，常用在下列几种情况：（1）某些沸点高的有机化合物，在常压下蒸馏虽可与副产品分离，但易被破坏。（2）混合物中含大量的固体或树脂状杂质，采用蒸馏、萃取等方法都难以分离。（3）从较多固体反应中分离出被吸附的液体。（4）挥发性固体有机物质，蒸馏时冷凝管易被冷凝的固体堵塞。

被提纯的物质必须具备以下条件：（1）不溶或难溶于水。（2）共沸下与水不发生化学反应。（3）在100 ℃左右时，必须有一定的蒸气压（至少0.7 kPa）。

实验2-9 水蒸气蒸馏法提纯溴苯

实验目的

（1）学习水蒸气蒸馏法的原理。

（2）掌握水蒸气蒸馏法的实验操作。

实验原理

根据分压定律，当有机物与水共热时，整个系统的蒸气压应为各组分蒸气压之和，即：

$$p = p_{水} + p_{A}$$

式中，p 为总蒸气压；$p_{水}$ 为水的蒸气压；p_{A} 为有机物的蒸气压。当 $p = p_{大气}$ 时混合物沸腾。显然，混合物的沸点比体系内任何一个组分的沸点都低，有机物可在比其沸点低得多的温度下随水蒸出。馏出物中有机物与水的质（重）量比为：

$$W_A/W_{水}=M_Ap_A/(M_{水}p_{水})$$

例如：溴苯（$M_A=157$）的沸点为156 ℃，常压下与水形成的混合物于95.5 ℃时沸腾，此时水的蒸气压$p_{水}$为86.1 kPa，溴苯的蒸气压p_A为15.2 kPa，总蒸气压p为101.3 kPa，馏出物中二者质（重）量比为$W_A/W_{水}=157\times15.2/(18\times86.1)=10/6.5$，即溴苯在馏出物中的质量分数为60.6%；又如苯胺和水的混合物用水蒸气蒸馏时于98.5 ℃沸腾，此时$M_A=93$，$p_A=5.67$ kPa，$p_{水}=95.66$ kPa，$W_A/W_{水}=93\times5.67/(18\times95.66)=1/3.3$。值得注意的是，这种计算只是近似值，实际上蒸出的水量要多一些。

因为一般有机物的相对分子量都比水要大得多，所以即使有机物在100 ℃时的蒸气压只有0.7 kPa，用水蒸气蒸馏法分离纯化，效果也很令人满意。有些固体有机物也可用此法分离纯化。水蒸气蒸馏法的优点在于，所需有机物可在温度较低的条件下从混合物中蒸馏出来，可以避免损失，提高分离提纯的效率，同时在操作和装置方面也较减压蒸馏简便。

水蒸气蒸馏装置如图2-28所示，包括水蒸气发生器、圆底烧瓶、克氏蒸馏头、温度计、冷凝管、接引管和接收瓶。

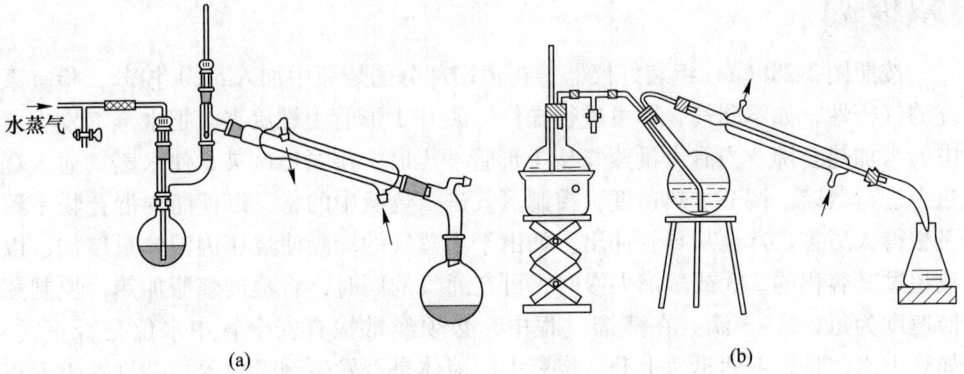

图2-28 水蒸气蒸馏装置

（a）磨口仪器水蒸气蒸馏装置；（b）普通仪器水蒸气蒸馏装置

如图2-29所示，水蒸气发生器可使用金属制成，也可用短颈圆底烧瓶代替。例如，1000 mL短颈圆底烧瓶瓶口配一双孔软木塞，一孔插入直径为5 mm的玻璃管作为安全管，一孔插入内径为8 mm的水蒸气导出管。导出管与一T形管相连，T形管的支管套一短橡胶管，管上用螺旋夹夹住，T形管另一端与蒸馏部分的水蒸气导入管相连，这段水蒸气导管应尽可能短些，以减少水蒸气的冷凝。T

形管用来除去冷凝下来的水，有时在出现不正常情况时，使水蒸气发生器与大气相通。水蒸气发生器中的盛水量应占其容积的1/2左右。根据安全管中水面高度便可估计其中压力。被蒸馏的液体体积不能超过圆底烧瓶容积的1/3，将其斜放与桌面成45°，这样可以避免由于蒸馏时液体跳动十分剧烈使液体从导出管冲出，玷污馏液。瓶上配双孔软木塞，一孔插入水蒸气导入管，管的末端应接近烧瓶底部，以便水蒸气与蒸馏物充分接触起搅拌作用，另一孔插入馏出液导管与冷凝管相连。此管在靠近烧瓶这一段应尽可能短些，以减少蒸气冷凝回烧瓶，另一段可长些起冷凝作用。有时为了减少由于反复移换容器而引起产物损失，常直接利用原反应器进行水蒸气蒸馏装置的搭建。

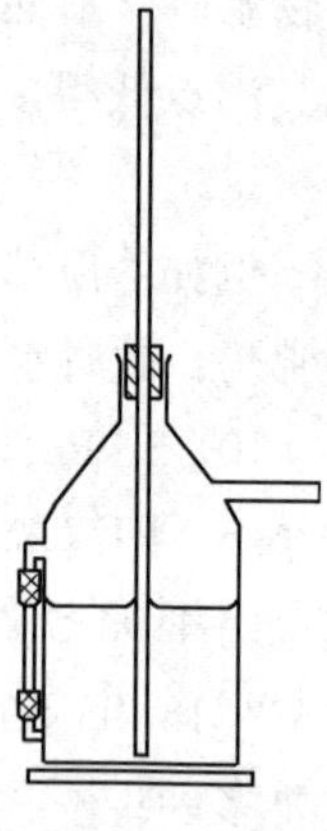
图 2-29 水蒸气发生器

仪器与药品

仪器：250 mL 单口烧瓶（水蒸气发生器）；100 mL 三口烧瓶；蒸馏头；直形冷凝管；接液管；接收瓶；T 形管；导管；弹簧夹；分液漏斗；锥形瓶。

药品：溴苯[1]；水。

实验步骤

按照图 2-28（a）组装好仪器，在蒸馏部分的烧瓶中加入 5 mL 溴苯，检查系统的气密性，如不漏气，即可进行操作。旋开 T 形管上螺旋夹，把水蒸气发生器中的水加热至沸，当有大量蒸气从 T 形管冲出时，旋紧螺旋夹，使水蒸气通入烧瓶中进行蒸馏。调节加热速度，控制蒸气进入烧瓶中的量，以使瓶内混合物不致飞溅得太厉害，甚至从导管冲出。如由于水蒸气的冷凝使烧瓶内液体量增加，以致超过其容积的 2/3 或蒸馏太慢时，可在通气的同时，将蒸馏烧瓶加热，控制蒸馏速度为每秒 2 ~ 3 滴。在蒸馏过程中，必须经常检查安全管中水位是否正常，如管中水位是否突然迅速上升、烧瓶中的液体是否发生倒吸现象。一旦发生不正常现象，应立即旋开螺旋夹，停止加热，找出原因，排除故障后方可继续蒸馏。蒸馏前期，馏出液是浑浊的，在接收瓶中分层。当馏出液变清亮时，说明要处理的样品已经蒸馏完毕，再多蒸大约 10 mL 便可停止蒸馏。先旋开螺旋夹，然后停止加热，以免发生倒吸。将接收瓶里的液体转入分液漏斗，静置分层，溴苯在下层，除去水层，用无水氯化钙干燥，过滤，即得溴苯。

---

[1] 溴苯密度为 1.5 g/mL，有毒，应在通风橱内操作，并注意加强安全防护。

思考题

（1）T形管的作用是什么？

（2）水蒸气发生器中安全管可以抵住仪器底部吗，为什么？

（3）能采用水蒸气蒸馏法提纯的物质应该具备哪些条件？

2.10 萃取、洗涤和物质的提取

萃取（extraction）是利用溶质在互不相溶的溶剂里溶解度的不同，用一种溶剂把溶质从另一溶剂所组成的溶液里提取出来的操作方法。在有机化学实验中，萃取和洗涤是从反应后混合物中分离出有机物或从天然产物中提取出所需有机物的操作。其过程为：某物质从被溶解或悬浮的相中转移到另一相中。萃取和洗涤的原理是相同的，只是操作的目的不同。如果从混合物或天然产物中抽取的物质是我们需要的，这种操作称为萃取或提取；反之，称为洗涤。提取是指通过溶剂处理、蒸馏、脱水、受压力或离心力作用，或通过其他化学或机械工艺过程从物质中制取某种组成成分的操作方法。

实验 2-10 萃取洗涤法纯化苯甲酸

实验目的

（1）学习萃取、洗涤与物质的提取相关的原理和方法。

（2）掌握萃取洗涤法纯化苯甲酸的实验操作。

实验原理

1. 萃取的基本原理

一种物质在互不相溶的两种溶剂 A 与 B 之间的分配情况，由分配定律决定：$k=c_A/c_B$。式中，k 为分配系数；c_A 为有机物在溶剂 A 中的溶解度，g/mL；c_B 为有机物在溶剂 B 中的溶解度，g/mL。

根据分配定律，要节省溶剂而提高萃取的效率，用一定分量的溶剂一次加入溶液中萃取，不如把这定量的溶剂分成几份多次萃取的效果好。

$$W_n = W_o[kV/(kV+S)]^n$$

式中，W_n 为溶质在溶剂 A 中的剩余量；W_o 为溶质在溶剂 A 中的初始量；V 为溶液体积，mL；S 为每次加入溶剂 B 的体积，mL；n 为萃取次数。

例如，在 15 ℃时，把 4 g 正丁酸溶于 100 mL 水中的溶液，用 100 mL 苯来萃取正丁酸。15 ℃时正丁酸在水中与苯中的分配系数 $k=1/3$，若一次用 100 mL 的苯来萃取，则萃取后的正丁酸在水溶液中的余量为 $W_1 = 4 \times [(1/3 \times 100)/(1/3 \times 100 + 100)] = 1.0$(g)，萃取效率为：

$$(4 - 1)/4 \times 100\% = 75\%$$

若 100 mL 苯分三次萃取，即每次用 100/3 mL 苯来萃取，经过三次萃取后正丁酸在水溶液中的剩余量为：$W_3 = 4 \times [(1/3 \times 100)/(1/3 \times 100 + 100/3)]^3 = 0.5$(g)，萃取效率为：

$$(4 - 0.5)/4 \times 100\% = 87.5\%$$

从计算可知，用一定量的溶剂分多次用少量溶剂来萃取，其效率高于一次用全量溶剂萃取。

由于有机物质在有机溶剂中的溶解度比在水中大，故实际操作时，常用有机溶剂将所需的有机物从水相中萃取出来。此外，还常用 5%的氢氧化钠、5%～10%的碳酸钠、饱和碳酸氢钠的水溶液及浓硫酸、稀盐酸等，与溶在有机相中的有机物反应，以达到从混合物中分离所需物质及除去少量杂质的目的。例如，可用碱性萃取液将有机相中的羧酸转变为可溶于水的羧酸钠盐，随水相分离出来；利用浓硫酸与醇、醚反应生成能溶于浓硫酸的氧鎓盐，以及卤代烷不溶于浓硫酸的性质，可用浓硫酸除去卤代烷中含有的少量醇和醚。

2. 固体物质的提取

固体物质的提取方法很多，如果要提取的固体物质在溶剂中的溶解度不大，最好能采用索氏提取器（Soxhlet extractor）来提取，如图 2-30 所示。如果样品量少，可用简易半微量提取器，操作方便，效果也好，如图 2-31 所示。

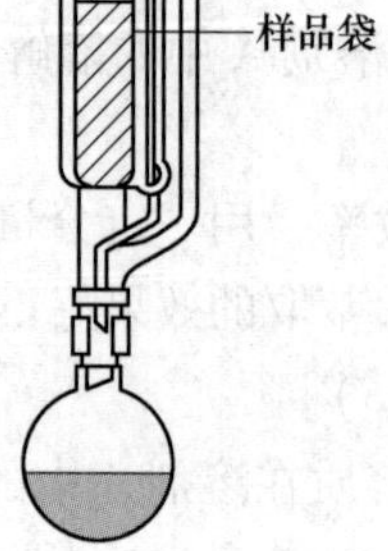

图 2-30 索氏提取器

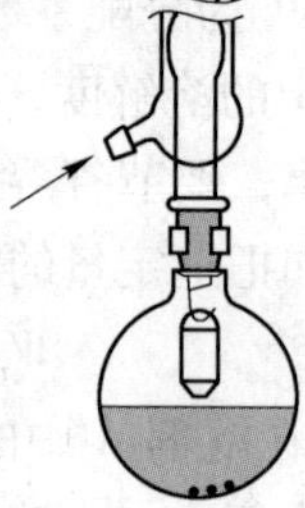

图 2-31 半微量提取器

提取时，把固体物料装入提取器内的滤纸套筒中，溶剂的蒸气从烧瓶上升到冷凝管中，冷凝成液体后又流回到固体混合物里，溶剂在提取器内达到一定的高度时，就与所提取的物质一起，从侧面的虹吸管流入烧瓶中。溶剂就这样在仪器内循环流动，达到多次萃取的效果，把要提取的物质富集到烧瓶中。

以索氏提取器来提取物质，最显著的优点是节省溶剂。不过，由于被萃取物要在烧瓶中长时间受热，对于受热易分解或易变色的物质就不宜采用这种方法。此外，所使用溶剂的沸点也不宜过高。

3. 液体的萃取和洗涤

从溶液（通常是水溶液）中萃取或洗涤物质是有机化学中重要的基本操作之一。此项操作是用分液漏斗进行的。在萃取或洗涤前，应选择大小、形状适宜的分液漏斗，使加入液体的总体积不超过其容量的 3/4；漏斗的形状越细长，振摇后两液相分层的时间越长，且分得较彻底。

选好漏斗后，要认真检查漏斗上的塞子和活塞是否严密。检查的方法通常是用水进行试验。首先拔出活塞，在活塞孔的两旁仔细地涂上凡士林（注意：不要弄进孔内），再塞回原处，旋转至均匀透明，然后加入水振摇，观察是否有水泄漏，泄漏则不能使用，最后在塞子末端套上皮套。

萃取前还需准备好一个铁架台，台上固定有一个铁圈，圈上缠有石棉绳或其他柔软物，圈的直径应小于漏斗的最大直径，用于放置分液漏斗。在萃取或洗涤时，先将待萃取液及萃取剂用三角漏斗或借助玻璃棒由分液漏斗的上口倒入，塞好塞子并将塞子上的凹缝与漏斗上口颈部的小孔错开，振摇漏斗，使两液层充分接触。

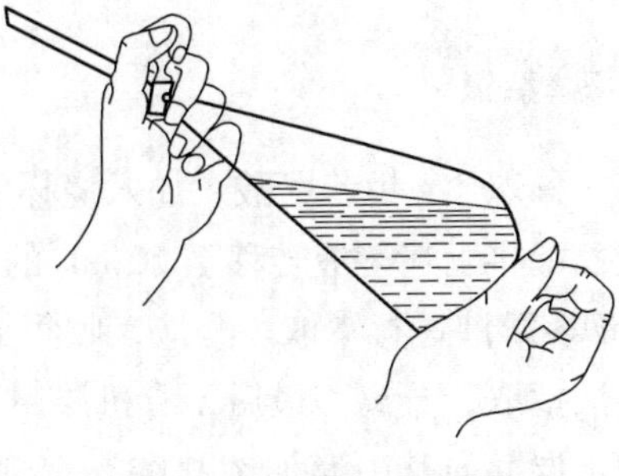

图 2-32 振摇时分液漏斗的握法

振摇的方法：先把分液漏斗倾斜，使其上口略朝下，右手握住它的上口颈部，用食指根部或手心压紧塞子，以免塞子松动泄漏液体；左手握住活塞，握时既要防止活塞在振摇时转动或脱出，又要能灵活地旋开活塞，如图 2-32 所示。然后由外向里或由里向外振摇 3～5 次，开始时振摇要慢，每摇几圈后，下口朝上，慢慢地旋开活塞，放出过量的蒸气或萃取混合物中的组分间反应生成的气体，解除漏斗内压力，保持内外压平衡（注意：放气时漏斗颈口不要对准别人）。若用了易挥发的溶剂，如乙醚、苯等或用碳酸钠中和酸液，更应注意及时旋开活塞，放出气体后，再关闭活塞。以上操作重复数次后，把分液漏斗放在铁圈上，旋转上口塞子，使塞子上的凹缝对准漏斗上口颈部的小口，静置。待分液漏斗内的液体分成清晰的两层以后，把漏斗的下口颈靠在接收器的壁上，旋开活塞，让液体流下。当两液体间的界面接近活塞时，关闭活塞，按顺时针或逆时针方向轻轻摇动漏斗再静置片刻，这时下层液体往往会增加一些，仔细地放出下层液体，最后将上层液体由漏斗的上口倒入另一容器中。

注意：分液时，下层液体应经活塞放出流下，上层液体应从上口倒出。分出的上、下两层液体要保存到整个实验结束，否则一旦操作失误，会无法检查和弥补。

有时两相液体在振摇后会形成稳定的乳浊液，特别是液体呈强碱性时，更易出现这种乳化现象。在这种情况下，应避免剧烈振荡，如已有乳浊液生成，长时间的静置可达到分层的目的。为了加速分层，若两相中有一相是水相时，可加入少量氯化钠或饱和食盐水，利用盐析作用促使分层。如两液相密度相差很小，不能清晰分层，也可加入少量氯化钠促使分层。若因溶液的碱性而产生乳化现象，可加入少量稀硫酸，促使分层。

分液时如果一时不知哪一层是萃取层，则可以通过再加入少量萃取剂来判断：当加入的萃取剂穿过分液漏斗中的上层液溶入下层液时，则下层是萃取相；反之，则上层是萃取相。为了避免出现失误，最好将上下两层都保留到操作结束。

仪器与药品

仪器：分液漏斗；蒸馏装置。

药品：粗苯甲酸（内含有少量其他有机杂质）；乙酸乙酯；5%的氢氧化钠溶液。

实验步骤

称取 1 g 粗苯甲酸，加入烧杯中，并用 10 mL 乙酸乙酯溶解，再用 10 mL 乙酸乙酯将上述溶液转移至 50 mL 的分液漏斗中。向分液漏斗中加入 10 mL 5%的 NaOH 溶液进行萃取。分液，收集下层水层。上层有机相再用 10 mL 5%的 NaOH 溶液萃取，分离。最后，有机层用 10 mL 的水进行萃取。合并两次 NaOH 溶液层和水层并向其中滴加浓盐酸，直到出现大量白色沉淀后继续滴加盐酸，使水相 $pH<2$。抽滤，用少量冷水洗涤沉淀，烘干并称重，计算产率。剩余有机相中的乙酸乙酯可通过常压蒸馏的方式进行回收。

思考题

（1）分液漏斗使用时应注意哪些事项？

（2）分液时如果不知哪一层是萃取层，应该怎样进行判断？

2.11 薄层色谱

薄层色谱，或称薄层层析（thin layer chromatography，TLC），根据薄层材料性质的不同，可分为吸附薄层色谱、分配薄层色谱、离子交换薄层色谱和排阻薄层色谱等。其中，吸附薄层色谱是使用最为广泛的方法之一。它是采用硅胶、氧化铝等吸附剂铺成薄层，利用吸附剂表面对不同组分吸附能力的差别达到分离的目的。薄层色谱不仅适用于少量样品（毫克，甚至微克）的分离，也适用于常量样品（0.5 g）的精制。一般能用硅胶或氧化铝薄层色谱分开的物质，也能用硅胶或氧化铝柱色谱分开，同样分配色谱也有类似规律。因此，薄层色谱常用作柱色谱的条件参考。此外，薄层色谱法还可用来跟踪监控有机反应的进程。

实验 2-11 二茂铁和乙酰二茂铁的薄层色谱分析

实验目的

（1）学习薄层色谱法的原理和应用。

（2）掌握薄层色谱法的操作方法。

实验原理

1. 薄层色谱用的吸附剂和支持剂

吸附薄层色谱最常用的吸附剂是硅胶或氧化铝，分配薄层色谱常用的支持剂有纤维素和硅藻土等。

硅胶是无定型多孔性物质，略具酸性，适用于酸性和中性物质的分析分离，是目前使用最多的薄层吸附剂之一。薄层用硅胶分为硅胶 H（不含黏合剂）、硅胶 G（含煅石膏作黏合剂）、硅胶 HF_{254}（含荧光物质，可在波长 254 nm 紫外光下观察荧光）和硅胶 GF_{254}（含煅石膏和荧光物质）。与硅胶相似，薄层用氧化铝也因含煅石膏和黏合剂而分为氧化铝 G、氧化铝 GF_{254} 及氧化铝 HF_{254} 等。使用硅胶作吸附剂时，颗粒大小一般在 300~500 目[1]；使用氧化铝作吸附剂时，颗粒大小一般在 100~150 目。氧化铝吸附剂有弱碱性、中性及酸性之分，因此其使用范围也有所不同。

黏合剂除煅石膏（$2CaSO_4 \cdot H_2O$）外，还可用淀粉、聚乙烯醇、羧甲基纤维

[1] 目与微米的关系为：微米（μm）$\approx \frac{15000}{目}$。例如，100 目≈150 μm。

素钠等，加黏合剂的薄层板称为硬板，不加黏合剂的称为软板。

吸附薄层色谱分离法是利用样品中各组分对同一吸附剂（固定相）的吸附能力不同，在展开剂（流动相）流过吸附剂时，经过连续的吸附、解吸附、再吸附、再解吸附过程，达到各组分互相分离的目的。通常，化合物的吸附能力与化合物的极性成正比，故可利用化合物极性的不同将它们分开。吸附薄层色谱的分离能力与吸附剂的颗粒大小有关，颗粒大，展开剂的流速较快，导致极性相近的物质难以分开；颗粒太小时，展开剂的流速较慢。一般吸附性强的吸附剂可选用颗粒稍大的型号，而吸附性弱的吸附剂可选用颗粒稍小的型号。

2. 薄层色谱的操作原理

（1）制板。薄层板制备的好坏直接影响色谱结果，薄层板应尽可能均匀且厚度固定（0.2~1 mm），否则展开时溶剂前沿不齐，色谱结果重复性不好。薄层色谱所用的载板有玻璃板、铝箔板及塑料板等，其中玻璃板最常用。薄层的涂布方法有倾注法和平铺法，倾注法比较简单，平铺法需要使用涂布器涂布。现以倾注法为例进行介绍，其操作流程是先取硅胶 G 加入水和 0.5%的羧甲基纤维素钠（CMC-Na）水溶液中调成糊状，一般来说每 1 g 硅胶 G 加水 2.5~3 mL、CMC-Na 溶液 2~3 mL；然后，将糊状硅胶均匀地倒在干净的玻璃板上，先用玻璃棒铺平，再用手轻轻震荡或将其放置于水平桌面上轻轻颠动，使浆液均匀分布在玻璃板表面形成平整的薄层板；最后，将涂好硅胶 G 的薄层板水平放置一段时间晾干，再放入烘箱中，缓慢升温至 105~110 ℃活化 30 min 后取出，稍冷后置于干燥器中备用。

（2）配制展开剂。通常根据被分离样品中各组分的极性、溶解度和吸附剂的活性等因素来选择展开剂。一般选择展开剂需要考虑到"相似相溶"原则，即被分离物质的极性小时所使用的展开剂的极性也应较小，反之亦然。当一种溶剂不能很好地展开各组分时，常选择混合溶剂作为展开剂。常见展开剂极性大小顺序为：石油醚<正己烷<甲苯<二氯甲烷<乙醚<乙酸乙酯<丙酮<正丙醇<甲醇<水<吡啶<乙酸。

（3）点样。在铺好的薄层板两端各约 1 cm 处用铅笔轻轻画一条线作为起点线和终止线，用管口平整的毛细管吸取样品溶液（一般以石油醚、乙酸乙酯、甲醇等对样品溶解性良好的溶剂配成浓度约 1%的溶液），垂直地轻轻点到薄层的起点线上。动作要轻，不要划破薄层板固定层。如溶液太稀，一次点样不够，需等第一次点样干后，再点第二次、第三次，需点多少次依样品溶液浓度而定，一般为 2~5 次。有时可用原反应液进行点样，只需用很细的毛细管轻轻一点即可。点样量太多易造成斑点过大，交叉拖尾，不能得到很好的分离。点样量太少，有的成分不易显出，点样后的斑点直径一般不要超过 0.5 cm。一块板上点几个样时，点样间距要达到 0.5~1 cm。点好样品的薄层板待溶剂挥发干后再放入展开缸中展开。

(4) 展开。薄层的展开可在密闭的玻璃容器中进行，通常用展开槽，或层析槽。先将选好的展开剂放入展开槽中，达到 1 cm 高度即可，切勿倒入过多，否则可能导致样品点浸入展开剂而被溶解不能随展开剂在薄层板上分离。因吸附剂会对样品发生无数次吸附和解吸过程，所以展开前应使挥发出来的展开剂气体和原来的液体达到挥发平衡，也就是使展开器内展开剂挥发出来的蒸气达到饱和。再将点好试样的薄板放入瓶中，点样处的位置必须在展开剂的液面之上，盖上盖后进行展开。当展开剂上升到终点线时，取出薄板，晾干或用热风小心吹干后通过显色观察。

常用的展开方法有以下三种：

1）倾斜上行法。使薄层板与展开剂平面呈一定的角度，一般无黏合剂的软板倾斜角度较小，如 15°左右，如图 2-33（a）所示，而有黏合剂的硬板倾斜角度可以大一些，如 45°~66°，如图 2-33（b）所示。

2）下行法。如图 2-34 所示，在一个可以密闭的容器中，将所需展开剂放在一个圆底烧瓶中，再用滤纸或纱布等将展开剂吸到薄层板的上端，使展开剂沿板下行。这种方法可以连续展开，展开剂不断累积到薄层板下方的容器底部，因此，适用于难以随展开剂展开的化合物。

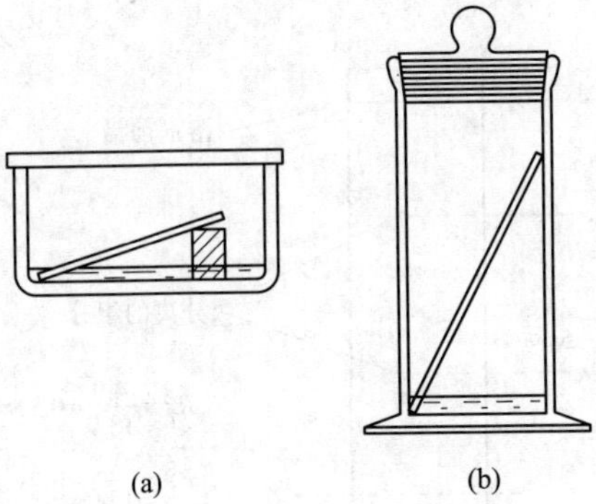

图 2-33　倾斜上行法展开装置

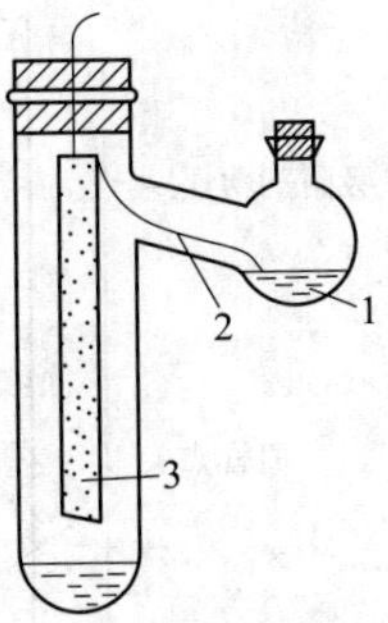

图 2-34　下降法展开装置

1—溶剂；2—滤纸条；3—薄层板

3）多重展开法。当一次展开后化合物没有很好地分离时，可以采用多重展开的方法。如在使用方形薄层板时，可以将样品点在某一个角落上后进行展开，再挥发出去展开剂，然后转动 90°换新的展开剂进行展开。此法可对成分复杂的混合物进行较好的展开。

(5) 显色。对于展开完毕的薄层板，如果化合物本身带有颜色，可直接观察其斑点的位置和形状。但是，如果化合物本身无色，可先在紫外灯（254 nm

或 365 nm）下观察有无暗斑或荧光斑点并用铅笔轻轻在薄层上画出斑点的位置，记录其颜色及强度。一般能发荧光的物质或有紫外吸收的物质可用此法检出，如果无法检出就需进行显色处理。常用的显色处理方法包括：1）碘熏显色，即在一密闭容器（碘缸）中放入碘，将展开完毕后的薄层板放入碘缸中一段时间后再取出进行观察，可能会出现黄棕色，这是由于碘和部分有机物能可逆结合的结果；2）喷显色剂，如浓硫酸、三氯化铁溶液、酸性高锰酸钾溶液、2,4-二硝基苯肼溶液、水合茚三酮溶液、磷钼酸溶液等。

（6）计算比移值。化合物在薄层板上移动的高度与展开剂上升高度的比值称为该化合物的比移值（R_f），可用下式表示：

$$R_f = \frac{\text{样品中某组分最高浓度中心离开原点的距离}}{\text{展开剂前沿至原点中心的距离}}$$

R_f 值的计算如图 2-35 所示。通常理想的 R_f 值在 0.4~0.6 之间，R_f 值小于 0.15 或者大于 0.75 时分离效果往往不佳，此时可以调换展开剂重新展开。当条件相同时，特定化合物的 R_f 值是一个常数，因此可以根据化合物的 R_f 值来初步判定化合物的纯度和种类。然而，由于影响 R_f 值的因素较多，如展开剂、吸附剂、薄层板的厚度及操作温度等，R_f 值相差较大。因此，实际操作过程中常通过点混合点的方式来进行判断，即在一个薄层板上同时点一个已知物、一个未知物和两者的混合物进行展开，通过对比这三个点的比移值来初步判断是否为同一化合物。

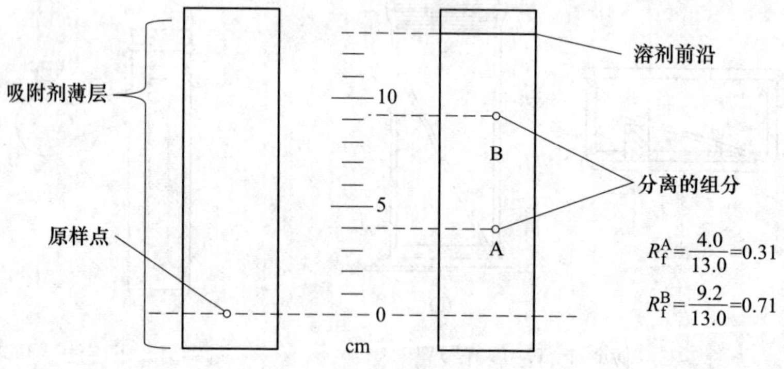

图 2-35 R_f 值的计算

3. 薄层色谱法分离二茂铁和乙酰二茂铁的原理

薄层色谱法分离二茂铁和乙酰二茂铁的原理主要基于这两种化合物对硅胶吸附能力的差异。由于二茂铁的极性较弱，而乙酰二茂铁的极性较强，它们在硅胶上的吸附能力不同，从而使得二者可以通过改变展开剂的极性来实现在硅胶板上的分离。

仪器与药品

仪器：见图 2-33，倾斜上行法展开装置。

药品：乙酸乙酯；石油醚；二茂铁；乙酰二茂铁；GF_{254}硅胶板。

实验步骤

(1) 样品的制备。配制浓度约为 2%的二茂铁的乙酸乙酯溶液，作为样品 1；2%的二茂铁和 1%的乙酰二茂铁的乙酸乙酯混合溶液，作为样品 2；1%的乙酰二茂铁的乙酸乙酯溶液，作为样品 3。

(2) 配置展开剂。量取 4 mL 石油醚和 0.5 mL 乙酸乙酯配制成体积比为 8∶1 的展开剂，并倒入展缸中，使展开剂覆盖住展缸底部，盖上展缸盖子备用。

(3) 点样。用铅笔在距离薄层板两端各约 1 cm 处轻轻画一条线作为起点线和终止线，并在线上点样的位置用铅笔做三个记号，三个点之间距离 0.5~1 cm，注意不能靠近薄层板的边缘。用毛细管吸取少量样品，在标记的记号处分别点上 1 号、2 号、3 号样品点。不熟悉时可先在滤纸上进行练习后再点样。

(4) 展开。待样品点中溶剂挥发后，可用吹风机小心吹走板上溶剂，然后用镊子夹住薄层板顶端，倾斜放入展缸中。注意不要将样品点浸入展开剂中，盖上盖子并保持展缸静止进行展开。由于实验中的样品本身有颜色，实验中可以观察展开剂和样品在薄层板上的移动过程，当观察到混合样品（2 号）中的两个组分点完全分开或当展开剂到达终止线时，停止展开，用镊子取出薄层板，迅速用铅笔画出展开剂前沿线，并将薄层板晾干。

(5) 计算比移值。沿斑点外缘圈出斑点的轮廓，并找出轮廓的中心点位置❶。分别测量并计算比移值，分析计算结果。

思 考 题

(1) 点样时，点样量太多或太少会产生什么后果？

(2) 实验中，如果不小心使得展开剂展开的高度超过薄层板会产生怎样的后果？

2.12 柱 色 谱

柱色谱（column chromatography），也称柱层析，常用的有吸附色谱和分配色

❶ 可通过斑点颜色的分布和密度大致推测中心点的位置；当颜色分布均匀时可通过画出斑点中最远两个点的连线和最近两个点的连线，这两个直线的交点可粗略作为其中心位置。

谱两类。前者常用氧化铝或硅胶为吸附剂；后者以硅胶、硅藻土和纤维素为支持剂，以吸收大量的液体为固定相，支持剂本身不起分离作用。实验室中最常用的是吸附色谱，因此本书重点介绍吸附色谱。

实验 2-12 亚甲基蓝与荧光黄的分离

实验目的

（1）学习柱色谱的原理和应用。

（2）掌握柱色谱分离有机物的操作方法。

实验原理

1. 柱色谱的分离原理

柱色谱是分离、提纯反应混合物和天然产物的重要方法，在常量合成制备的分离、提纯过程中具有重要应用价值。它是以吸附剂作为固定性吸附样品，再采用洗脱剂不断洗脱，使具有不同吸附能力的化合物以不同的速度沿柱向下流动。吸附能力弱的组分随洗脱剂首先流出，不同组分就能分别收集，从而达到分离纯化的目的。

图 2-36 所示为常用的柱色谱装置，主要由溶剂储存瓶、层析柱、收集瓶组成。层析柱是采用砂芯层承载吸附剂的玻璃仪器，其中砂芯层也可以用棉花代替。通常会在吸附剂上覆盖一层石英砂或者用略小于层析柱内径的圆形滤纸片覆盖在吸附剂表面，其主要目的是防止洗脱过程中的洗脱剂冲刷吸附剂表面使样品层分布不均匀而导致的分离效率降低。

常用的吸附剂有氧化铝、硅胶、氧化镁、碳酸钙、活性炭或纤维素粉等。选择吸附剂的首要条件是不与被分离物或洗脱剂发生化学反应。吸附能力与吸附剂颗粒大小及吸附剂含水量等因素有关。颗粒越小的吸附剂往往具有更强的吸附能力，柱色谱采用的吸附剂颗粒大小通常要比薄层色谱中的大。吸附剂中含水量高会导致吸附活性降低，因此，选用吸附剂时还应关注其含水量。

图 2-37 所示为样品随流动相洗脱的过程。柱色谱中洗脱剂的选择需要考虑被分离物中各组分的极性、溶解度和吸附活性。洗脱剂的选择可以通过薄层色谱结果来确定，能将样品中各组分完全分开的展开剂作为柱色谱的洗脱剂。可适当降低洗脱剂的极性后用于洗脱，操作时，先将待分离的样品溶于尽量少的弱极性溶剂中，从柱顶流入柱中，再依次增大洗脱剂的极性，将不同化合物依次洗脱。

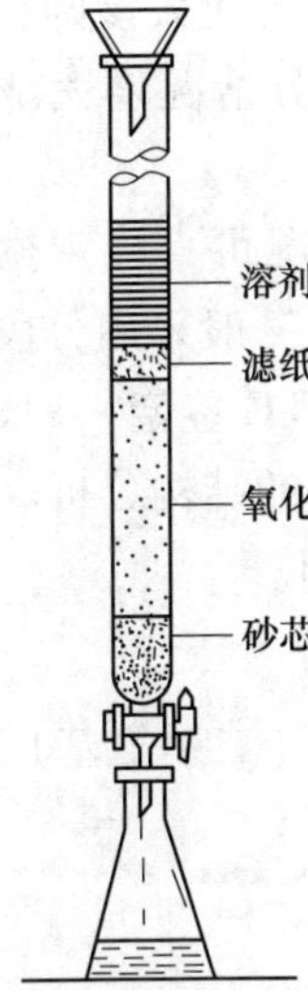

图 2-36 柱色谱装置

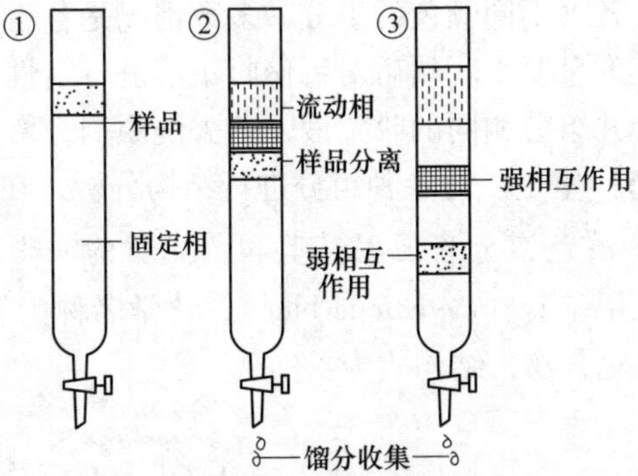

图 2-37 色层的展开

柱色谱操作方法分为装柱、加样、洗脱、收集、鉴定五个步骤。

（1）装柱。可用干法装柱和湿法装柱两种装柱方法。

1）干法装柱。将干燥吸附剂经漏斗均匀地成一细流慢慢装入柱中，用软质物体轻轻敲击玻璃管，使柱填得均匀，有适当的紧密度，然后加入极性较小的洗脱剂，使吸附剂全部润湿，注意溶剂上液面不能低于硅胶表面。如有气泡，或者硅胶分布不均匀的情况，可以用软的物体敲击震荡硅胶，直至得到均匀的被溶剂浸泡出现的分离层为止。此法简便，缺点是易产生气泡。

2）湿法装柱。将洗脱剂与一定量的吸附剂调成糊状，慢慢倒入柱中，将柱下的活塞打开，使溶剂慢慢流出，吸附剂渐渐沉于柱底，可采用额外的溶剂进行洗脱压实，直至得到相对紧实的分离层。

色谱柱填充完毕后，通常要在吸附剂上覆盖一层约 0.5 cm 厚的石英砂，或略小于层析柱内径的圆形滤纸片。吸附剂用量一般为被分离物质的量的 30~50 倍。如果被分离组分性质相接近，吸附剂用量要更大些，甚至达到 100 倍。柱高与柱直径比约为 7.5∶1。

（2）加样。样品为液体时，可直接加样；样品为固体时，可选择合适溶剂溶解为液体再加样。加样时，勿使样品搅动吸附剂表面。放开下部活塞，样品会慢慢进入吸附剂中，待样品刚全部进入吸附剂中，关闭活塞，加入流动相（洗脱剂）。此时，样品集中在柱顶端一小范围的区域。

（3）洗脱。在柱顶用一滴管不断加入洗脱剂，使洗脱剂永远保持有适当的量，不要让洗脱剂表面流干；也可以在层析柱上加上溶剂储存瓶，保证柱中有足够量的洗脱剂。调节层析柱下面的活塞，使流动相流速适当。如果流速过快，组分在柱中吸附—溶解来不及达成平衡，影响分离效果；而流速太慢则会延长整个操作时间。在洗脱的过程中，可以根据待分离样品的组分情况增大洗脱剂的极性，使得待收集样品能迅速地洗脱下来。

(4) 收集。各组分如果均有颜色，则在柱上分离情况可直接观察出来，直接收集各种不同颜色的组分。多数情况是各组分无颜色。一般采用分段收集，每段收集的量要小。然后对每份收集液进行定性鉴定（如 TLC 鉴定），根据鉴定结果，合并组分相同的收集液，蒸去洗脱剂，留待作进一步的结构分析。

(5) 鉴定。对各种组分进行结构分析，在此不作介绍。

2. 柱色谱分离亚甲基蓝和荧光黄的原理

亚甲基蓝（methylene blue），化学名称为氯化 3,7-双（二甲氨基）吩噻嗪-5-鎓三水化合物，结构式为：

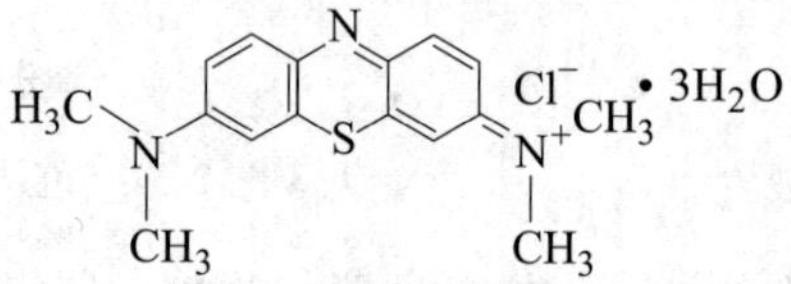

荧光黄结构式为：

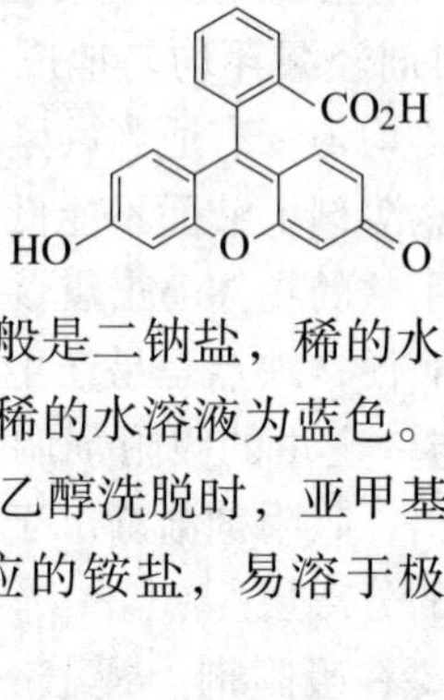

荧光黄为橙红色，商品一般是二钠盐，稀的水溶液带有荧光黄色。亚甲基蓝为深绿色的有铜光的结晶，其稀的水溶液为蓝色。由于荧光素对吸附剂氧化铝的吸附作用较强，因此，用 95%乙醇洗脱时，亚甲基蓝先随乙醇被洗脱下来。加入 2%氨水后，荧光素可生成对应的铵盐，易溶于极性更强的水中，从而被洗脱，达到将两者分离的目的。

仪器与药品

仪器：色谱柱；烧杯；锥形瓶；滴管。

药品：活化 Al_2O_3（柱层析用）；95%乙醇；2%氨水；亚甲基蓝和荧光黄的乙醇混合液；亚甲基蓝（1 mg）和荧光黄（1 mg）的 95%乙醇（1 mL）混合液。

实验步骤

(1) 将色谱柱垂直固定在铁架台上，通过漏斗慢慢装入 5 g Al_2O_3，使其逐渐沉入底部。在装吸附剂的过程中，要轻轻敲击色谱柱，使吸附剂装填紧密，最终应使吸附剂的上端平整，无凹凸面。

（2）用滴管沿色谱柱内壁缓慢加入适量 95%乙醇溶液至液面超过吸附剂表面，打开螺旋夹，控制滴速为 1 滴/s，用小锥形瓶接收。

（3）当溶剂的液面刚好流至吸附剂表面时关闭螺旋夹，立即用滴管加入 1 mL亚甲基蓝和荧光黄的乙醇混合液，尽量避免待分离混合液黏附在柱的内壁上。

（4）打开螺旋夹，当柱内的混合液恰好流到吸附剂上表面时，关闭螺旋夹，向柱内加入 95%乙醇，打开螺旋夹进行洗脱。

（5）用锥形瓶收集蓝色的亚甲基蓝溶液。注意，洗脱时切勿使溶剂流干！

（6）当蓝色溶液收集完后，等柱内的 95%乙醇溶液恰好流到吸附剂上表面时，关闭螺旋夹，加入适量 2%氨水（约 15 mL）作为洗脱剂。打开螺旋夹收集黄绿色的荧光素溶液，直到其完全被洗出为止。

（7）用量筒分别量取分离出来的亚甲基蓝和荧光黄溶液的体积后，倒入指定的回收瓶中。

（8）分离结束后，应先让溶剂尽量流干，然后倒置，用吸耳球从活塞口向管内挤压空气，将吸附剂从柱顶挤压出。使用过的吸附剂倒入垃圾桶里，切勿倒入水槽，以免堵塞水槽。

思 考 题

（1）吸附柱色谱的基本原理是什么？

（2）选择吸附剂、洗脱剂的基本原则是什么？

（3）层析柱中若有气泡或装填不均匀，将给分离造成什么样的结果？如何避免？

2.13 无水无氧操作

无水操作要求原料、试剂、溶剂等经过除水干燥，同时反应中使用的仪器、设备也要进行干燥处理。反应仪器与大气连通的位置需要连接干燥装置，如干燥管、油泡器等。操作过程中也不能让水及其蒸气进入反应系统。

对二氧化碳、氧气和水十分敏感的有机化合物，在使用和制备时需要采取隔绝空气的无水无氧操作技术。

简单的无水无氧操作可以采用气球保护法，即采用充满惰性气体的气球使反应过程均在惰性气体氛围下进行。要求比较严格的无水无氧操作应在史兰克线（Schlenk line）上进行。史兰克线主要借助双排管完成，可以将无水无氧惰性气体导入反应体系，从而使反应在无水无氧气环境中进行。常用的惰性气体有氮气和氩气，其中氮气因其价格低廉而更常用。

2.13.1　气球保持法

将所有反应装置干燥后，用干燥的胶塞封闭。再在胶塞上插入两个干燥的注射用针头，一个连真空泵，一个连接带有活塞的气球。气球中充满干燥的惰性气体，先将其活塞关闭，将反应体系抽真空（稳定的固体原料可以先加入后再抽真空），而后打开气球活塞通入惰性气体。重复上述操作，实现抽真空—充惰性气体过程三次循环，将反应体系中的空气彻底置换成惰性气体。完毕后，打开气球活塞，保证反应体系中有惰性气体氛围，再通过注射器加入液体原料和溶剂，再次加入固体样品时需要保证加入处惰性气体氛围较浓以避免空气的进入。

2.13.2　无水无氧操作线

如图2-38所示，史兰克操作装置的核心部分是双排管，其左右两端各有一个接口，一端通过冷阱连接真空泵，另一端通过油泡器或鼓泡器、气体进化装置连接惰性气体钢瓶。双排管下端为3~8个带双斜三通活塞的平行玻璃支管，通过控制双斜三通活塞可以使支管分别与惰性气体相连或者与真空泵相连，当支管连接上反应瓶时可以实现对体系进行抽真空和充惰性气体两种实验操作互不影响，从而方便地对体系进行惰性氛围保护。

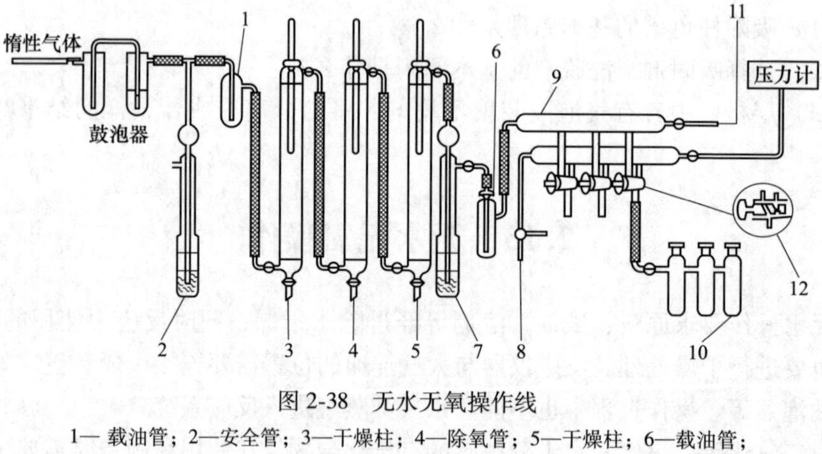

图2-38　无水无氧操作线

1—载油管；2—安全管；3—干燥柱；4—除氧管；5—干燥柱；6—载油管；7—Na-K合金管；8—接真空泵；9—双排管；10—注射器换气组；11—接溶剂处理器；12—双斜三通

正确的史兰克线操作是无水无氧实验成功的关键，因此操作要做到以下几点：

（1）实验前必须进行周密计划，对每一步实验的具体操作、所用仪器、加料次序、后处理方法等都必须全盘考虑。所用的仪器必须洁净、干燥，所需的试剂、溶剂均需无水无氧处理后使用。

（2）在操作中必须严格认真、动作迅速、操作正确。所需反应装置与双排管连接好后，还需用加热枪加热烘烤装置并同时抽真空，除去器壁上可能吸附的水汽，待冷却后通入惰性气体。再次抽真空—通入惰性气体（至少重复三次），尽可能把反应体系中的微量水和空气置换完全。

（3）需要加料或者进行取样监控时，一定要在通入惰性气体的氛围下进行，始终保持体系中有一定的惰性气体正压。由于许多反应的中间体不稳定，也有不少化合物在溶液中比固态时更不稳定，因此，无水无氧操作往往需要连续进行，需要保证每步操作都不会引入水分和空气。

（4）在反应过程中，还需注意观察油泡器，保持双排管内始终要有一定的正压，避免因为温度的波动或者体系中气体的产生和消耗而导致空气的进入。同时也要注意起泡速度，避免惰性气体的大量浪费。

2.13.3　试剂的无水无氧处理及转移

对空气敏感的化学试剂可以通过注射器转移，以减少与空气的接触。针头是由不锈钢管制成的，其长度、内径大小、针尖形状各异，根据用途进行选择。另外，还可以采用双尖针头搭桥的方法将空气敏感化合物进行转移。具体步骤为：将针头的一端插入要转移的液体底部，通入惰性气体引入正压，将液体压入针头另一端连接的带胶塞的容器中，通过气压的控制，可以实现液体的惰性气体氛围转移。对于常见有机物的无水无氧处理方法可参阅《有机合成实验室手册》，这里不再详述。常用的无水无氧溶剂处理装置如图 2-39 所示。

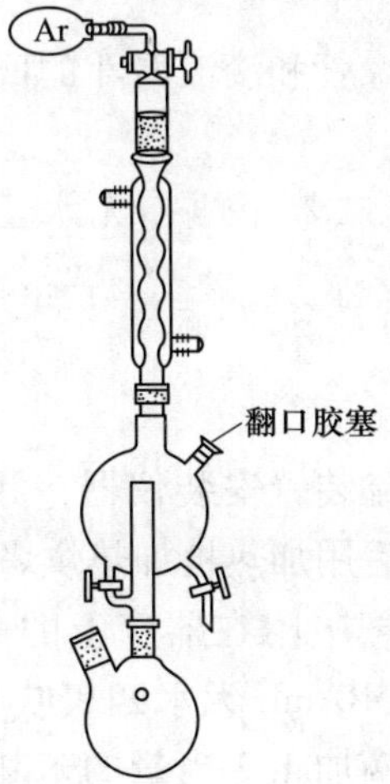

图 2-39　无水无氧溶剂处理装置

实验 2-13 三苯甲醇的制备

实验目的

（1）理解由格氏（Grignard）试剂与酮反应制备醇的原理。

（2）学习无水无氧、回流、蒸馏等操作技术。

实验原理

三苯甲醇（riphenylmethanol）可以由二苯甲酮与苯基格氏试剂反应制备：

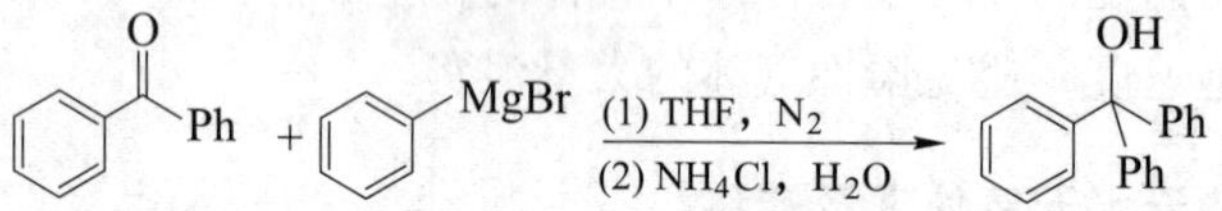

反应中需要使用十分活泼的格氏试剂，其遇水分解，也能和氧气、二氧化碳发生反应，因此，该反应必须在无水的氮气氛围下进行。格式试剂与酮加成的产物在酸性水解时也是放热反应，要在低温条件下操作。

本实验也可以用无水乙醚作溶剂，由于无水乙醚的挥发性强，可以借乙醚蒸气赶走容器中的空气，从而获得相对无水、无氧的条件。同时，乙醚还可以通过配位作用稳定格氏试剂，增加其溶解度。因此，该反应也可直接在干燥的反应器中操作。

仪器与药品

仪器：磁力搅拌器；带干燥管和滴液漏斗的回流装置；简单蒸馏装置；史兰克线；旋转蒸发仪等。

药品：苯基溴化镁；碘；二苯甲酮；无水乙醚；饱和氯化铵溶液；石油醚（90~120 ℃）；95%乙醇。

实验步骤

按照图 1-5 中加液测温回流装置安装仪器，并在滴液漏斗上方加装干燥管，冷凝管的上口连接双排管，然后用加热枪加热烘烤装置器壁并同时抽真空—惰性气体置换（至少重复三次），把吸附在器壁上的微量水移走。在通氮气的氛围下，向 50 mL 三口烧瓶中加入 10 mL 无水四氢呋喃（THF）和 0.9 g（5 mmol）二苯甲酮，然后从滴液漏斗中滴加 1.2 当量的苯基溴化镁（1 mol/L 的四氢呋喃溶液，6.0 mmol），滴加完毕后，缓慢升温至 60 ℃，反应 2 h，使反应完全。撤除双排管、回流冷凝管，改用冰浴，边搅拌边从滴液漏斗滴加 8 mL 饱和的氯化铵[1]溶液。在该三口烧瓶的中间口加上蒸馏头，另外两个口塞上塞子，搭建简单蒸馏装置，在水浴上蒸除大部分的溶剂，残余物中加入 4 mL 石油醚（90~120 ℃），搅拌数分钟，过滤收集粗品。粗品用石油醚（90~120 ℃）和 95% 乙醇（体积比为 2∶1）重结晶，干燥后称重，计算产率（产品约 1 g，产率约 62%）。三苯甲醇为白色片状结晶，熔点为 164.2 ℃。

实验中的格氏试剂也可以自己制备。由于反应是放热的，因此应控制溴苯的滴加速度，不宜太快，保持反应液微沸即可在通氮气的氛围下，从滴液漏斗往三口烧瓶内滴加约 1 mL 溴苯与无水四氢呋喃的混合液。当溶液微微沸腾，碘的颜色消失（若不消失，可用温水浴温热，或用加热枪温热），表明反应已经开始。开启搅拌，慢慢滴加其余混合液，控制滴加速度，使反应瓶内保持微沸状态。注意观察起泡器，保持双排管内始终要有一定的正压，但要注意起泡速度，避免惰性气体将反应溶剂吹出。若反应剧烈，应暂停滴加，并用冷水稍微冷却。若反应物呈黏稠状，可补加适量无水四氢呋喃。滴加完毕后，加热回流 10~20 min 后，待镁几乎反应完全，格氏试剂即制好。

思考题

（1）为什么使用格氏试剂进行亲核加成反应时的药品和仪器需要绝对干燥？

（2）为什么采用饱和的氯化铵淬灭反应？

---

[1] 饱和氯化铵溶液显酸性，常用来代替盐酸，可以确保酸性不是太强，避免副产物生成同时还有盐析作用，降低产物在水中的溶解度。

3 有机化合物的波谱分析

在有机化学领域中，波谱分析技术已成为探究化合物结构不可或缺的关键工具。红外光谱、紫外光谱、核磁共振波谱和质谱这四种方法，因其广泛的适用性和有效性，被誉为“四大波谱”。其中，质谱通过检测离子的质量与电荷比来获取化合物信息，而其他三种则利用不同波长的电磁波与有机分子间的相互作用进行分析。这些技术具有样品需求量小、分析迅速且对样品无损的优点，为复杂有机化合物结构的鉴定提供了极大的便捷性，加速了有机化学及相关领域的研究和发展。

3.1 红外光谱分析

红外吸收光谱（infrared absorption spectra），简称红外光谱（infrared spectra，IR）。红外光谱属于吸收光谱，可以用来鉴定分子中的官能团，从而快速鉴别有机物质。红外光谱结合其他光谱技术，可以实现未知物质的结构测定。理论上，除对映异构体外，任何两个不同的化合物都具有不同的红外光谱，因此，可以进行定性分析。目前，已积累总结了大量的标准图谱集和数据库，通过数据库检索可以快速进行比对分析。红外光谱也可用于定量分析。此外，在有机化学理论分析中，红外光谱还可通过推断分子中化学键的强弱，测定键长和键角，从而推测反应机理等。

实验 3-1 有机物的红外光谱分析及表征

实验目的

（1）通过实验加深对红外光谱原理的理解。

（2）掌握红外光谱测定方法。

（3）学会红外光谱解析方法，提高分析和解决实际问题的能力。

实验原理

1. 红外光谱基本原理

红外光谱为吸收光谱，当红外光照射化合物分子时，部分光被吸收，待测化合物分子发生振动与转动能级的跃迁，形成分子吸收光谱。

红外光的波长范围主要为 0.7~500 μm，其中红外区 2.5~25 μm（对应波数为 σ 为 4000~400 cm^{-1}）是吸收现象发生的主要区域。利用红外光谱仪可测量物质分子对红外光的吸收程度，获取该物质的红外光谱图。在光谱图中，纵轴代表透过率 T，反映吸收强度；横轴通常为波数 σ，表示吸收峰位置。

在有机分子中，原子之间的连接可以被形象地比喻为一组通过弹簧相连的球体，其中弹簧的强度反映了不同化学键的强弱，而球体的大小则代表了不同原子的质量。分子内部存在两种基本的振动模式：伸缩振动和弯曲振动。伸缩振动涉及键长的变化，通常需要较高的能量，在较高频率区域产生吸收；弯曲振动（也称为变角振动），包括面内和平面外的弯曲，与键角的变化相关联，通常需要较低的能量，在较低频率区域产生吸收。

分子中的各种振动能量水平是量子化的，并且这些跃迁发生在红外光谱区域内。当用连续变化频率的红外光照射分子时，如果分子中某个化学键的振动频率与入射红外光的频率相匹配，则会发生红外吸收。值得注意的是，并非所有类型的振动都能引起红外吸收现象，只有那些导致偶极矩大小或方向发生变化的振动才会产生红外吸收，这被称为红外光谱的选择规则。

根据简化模型，将特定化学键视为由两个质量分别为 m_1 和 m_2 的小球通过一根无质量弹簧连接起来，那么就可以近似地将双原子间的伸缩振动视为简谐振动来分析。这种情况下，其振动频率可以用波数表示为：

$$\sigma = \frac{1}{2\pi c}\left[k\left(\frac{1}{m_1}+\frac{1}{m_2}\right)\right]^{1/2}$$

式中，c 为光速；k 为键的力常数；m_1、m_2 为原子的质量。将 m_1、m_2 换算成原子的相对原子质量 M_1、M_2，并将 π、c 的值代入，得到：

$$\sigma = 1303\left[K\left(\frac{1}{M_1}+\frac{1}{M_2}\right)\right]^{1/2}$$

其中 $K=k\times10^2$ N/m。σ 与（$1/M_1+1/M_2$）或 K 值呈正相关，（$1/M_1+1/M_2$）或 K 值越大，则波长越长，即吸收带的频率越高。

力常数（k）值与键能和键长有关，键能越大，键长越短，k 值越大。由于伸缩振动与力常数成正比，所以它们的红外吸收光谱分别在 800~1200 cm^{-1}，1620~1680 cm^{-1}，2100~2260 cm^{-1} 区域范围内出现。

由公式可知，原子质量越轻，振动越快，频率越高。组成 O—H、N—H、C—H 键的原子中都有一个相对原子质量最小的氢，因此，这些键的伸缩振动出现在频率较高的区域（2850~3700 cm^{-1}）。

2. 傅里叶变换红外光谱仪工作原理

红外光谱仪的发展主要有三个阶段，即棱镜型、光栅型以及傅里叶变换型，目前广泛使用的是傅里叶变换型的红外光谱仪。本实验采用的 Nicolet iS5 红外光谱仪，其工作原理如图 3-1 所示，利用迈克尔逊（Michelson）干涉仪将一束红外光变为干涉光，干涉光透过待测物体部分被吸收，由检测仪检测吸收后的干涉光，并由计算机进行傅里叶变换计算，把干涉光谱转变为以波长或波数为横坐标的红外光谱图。红外光谱仪光路图如图 3-2 所示。

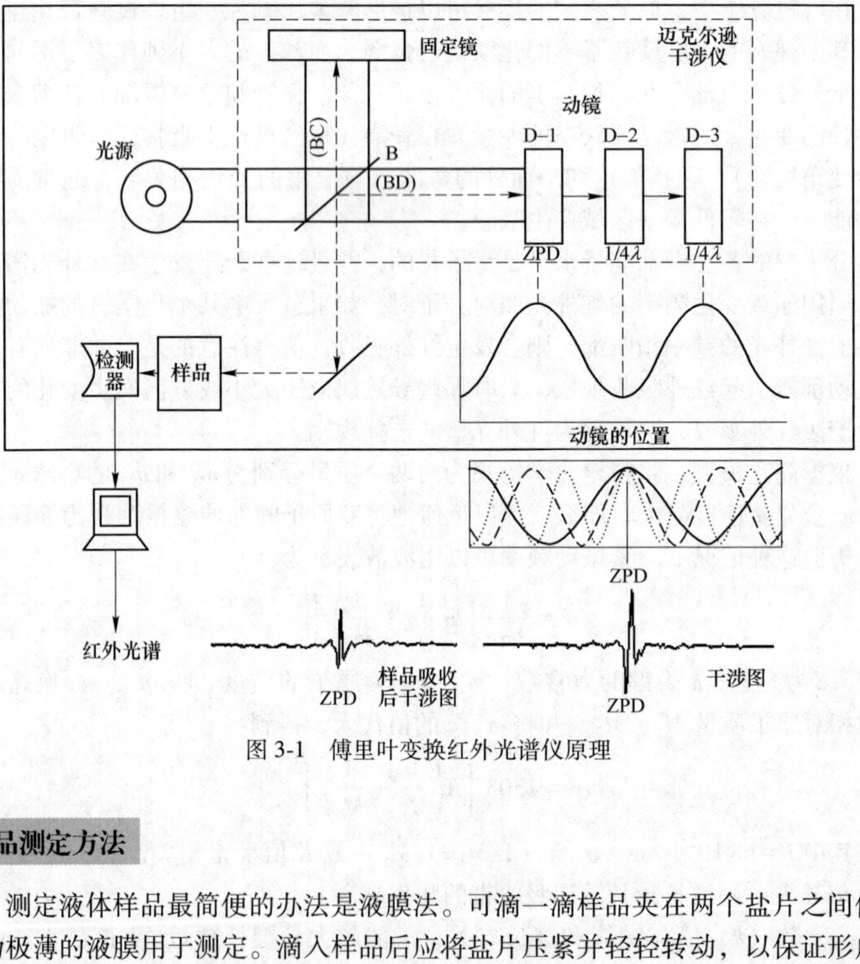

图 3-1　傅里叶变换红外光谱仪原理

样品测定方法

测定液体样品最简便的办法是液膜法。可滴一滴样品夹在两个盐片之间使其成为极薄的液膜用于测定。滴入样品后应将盐片压紧并轻轻转动，以保证形成的液膜无气泡，也可将液体放入样品池中进行测定，或者将待测样品夹于两层乙烯薄膜之间，但这种方法对 2900 cm^{-1}、1465 cm^{-1}和 1380 cm^{-1}吸收峰产生干扰，仅当无须关注 CH_3 和 CH_2 基团时，才可以用此方法。此外，还可以用样品池法进行测试，即将液体或气体置于特制的透明样品池（如 CaF_2 红外窗片）中测试。根据样品池本身的特性，能测定出样品在特定波长范围内的红外光谱图。

固体样品的测定可用两种方法：

一种称为液状石蜡研糊法。将 2~3 mg 的固体试样与 1~2 滴液状石蜡在玛瑙

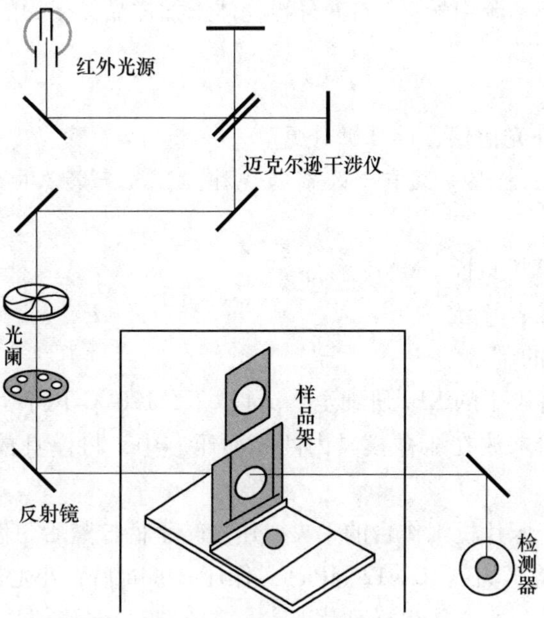

图 3-2　红外光谱仪光路图

研钵中研磨成糊状，使试样均匀地分散在液状石蜡中，然后把糊状物夹在盐片之间，放在样品池中进行测定。此法的缺点是液状石蜡本身在 2900 cm^{-1}、1465 cm^{-1} 和 1380 cm^{-1} 附近有强烈的吸收。

另一种方法称为溴化钾压片法。将 2~3 mg 试样与约 300 mg 无水溴化钾于玛瑙研钵中，研细后放在金属模具中，用压片机加压制成含有分散样品的卤盐薄片，这样可以得到没有杂质吸收的红外光谱。具体操作方法如下：

（1）取 200~300 mg 无水溴化钾与 2~3 mg 试样于玛瑙研钵中，研细。

（2）把磨细的粉末放在压样模具内两光面压芯中，将模具放入压片机中进行压片。

（3）将模具置于工作台的中央，用旋转杆拧紧后，前后摇动手动压把，达到所需压力（10~12 MPa），保持压力 2 min 后，拆卸压，取出透明薄片。

此方法的缺点是卤盐易吸水，有时在 3400~3710 cm^{-1} 附近产生吸收，对样品中是否存在羟基容易产生干扰。

所有用红外光谱分析的试样，都必须保证无水并有高的纯度（有时混合样品的解析例外），否则由于杂质和水的吸收，光谱图变得无意义。水不仅在 3710 cm^{-1} 和 1630 cm^{-1} 有吸收，而且对金属卤化物制作的样品池也有腐蚀作用。

仪器与药品

仪器：傅里叶变换红外光谱仪；电热鼓风干燥箱；干燥器。

药品：正丁醇；苯甲酸；2 对同分异构体未知样品；干燥的溴化钾粉末。

实验步骤

（1）开启红外光谱仪、计算机电源。

注意：1）取出样品仓装有干燥剂的烧杯，放入干燥器中。2）开启红外光谱仪后需预热。

（2）打开计算机桌面 OMNIC 程序。

（3）制备样品：

1）空白样片的制备。

①测样前，将烘干的 KBr 研细至 2 μm 以下，120 ℃下持续烘干 8 h 备用。

②把磨细的粉末放在压样模具内两光面压芯中，将模具放入压片机中进行压片。

③将模具置于压片机工作台的中央，用旋转手柄拧紧后，温和地上下摇动手动压把，达到所需压力（10~12 MPa），保压 2 min 后，小心卸压，取出模具。从模具中拆卸压模，小心取出样品片。

2）实验样品的制备。

①取 200~300 mg 烘干的 KBr 粉末放入玛瑙研钵中，将 2~3 mg 试样加入，混合后研磨至无颗粒感（最好小于 2 μm）。

②重复 1）中②③操作。

（4）将制好的样片用磁性样品架夹住，放入样品仓的中间位置。

（5）选择程序菜单中的“采集”，点击“采集背景”，测试空白样品。

（6）放入待测样品，选择“采集样品”。

（7）存储谱图数据（数据存 G 盘，可存储 spa、csv 等格式），取出样品。

当日样品测定完毕后，依次关闭 OMNIC 程序、红外光谱仪、计算机电源。将有干燥剂的烧杯放回样品仓。将磁性样品架清理干净。由于金属模具的压片座、顶部和底部组件都容易生锈，而且 KBr 有强吸湿性，因此每次实验结束后，应把残留在模具上的粉末及时除净，用酒精棉擦拭干净后再将其保存在干燥器中。

红外光谱解析

由于多原子分子的振动自由度数目较大，加之振动耦合等因素的影响，使红外光谱图变得相当复杂。尽管如此，人们在研究大量有机化合物红外光谱图的基础上发现，不同化合物中相同的官能团和某些化学键在红外光谱图中有大体相同的吸收频率，一般称为官能团或化学键的特征吸收频率。特征吸收频率受分子具体环境的影响较小，在比较狭窄的范围出现，彼此之间极少重叠，且吸收强度较大，很容易辨认，这是红外光谱用于分析化合物结构的重要依据。表 3-1 列出了常见的官能团和某些化学键的特征吸收频率。

表 3-1 常见官能团和化学键的特征吸收频率

基 团		频率/cm^{-1}	强 度
1. 烷基	C—H（伸缩）	2853~2962	(m~s)
	—CH(CH_3)$_2$	1380~1385，1365~1370	(s)
	—C(CH_3)$_3$	1385~1395	(m)
		约 1365	(s)
2. 烯烃基（均为 C—H 面外弯曲）	C—H（伸缩）	3010~3095	(m)
	C=C（伸缩）	1620~1680	(v)
	R—CH=CH_2C—H	985~1000，905~920	(s)
	R_2C=CH_2	880~900	(s)
	(*Z*)—RCH=CHR	675~730	(s)
	(*E*)—RCH=CHR	960~975	(s)
3. 炔烃基	≡C—H（伸缩）	约 3300	(s)
	C≡C（伸缩）	2100~2260	(v)
4. 芳烃基	Ar—H（伸缩）	约 3030	(v)
	芳烃取代类型（C—H 面外弯曲）：		
	一取代	690~710，730~770	(v，s)
	邻二取代	735~770	(s)
	间二取代	680~725，750~810	(s)
	对二取代	790~840	(s)
5. 醇、酚和羧酸	OH（醇、酚）	3200~3600	(宽，s)
	OH（羧酸）	2500~3600	(宽，s)
6. 醛、酮、酯和羧酸	C=O（伸缩）	1690~1750	(s)
7. 胺	N—H（伸缩）	3300~3500	(m)
8. 腈	C≡N（伸缩）	2200~2600	(m)

注：s=强；m=中；v=不定。

为了便于图谱解析，通常把红外光谱分成两个区域，即官能团区和指纹区，波数 1400~4000 cm^{-1} 的频率范围为官能团区，吸收主要是由于分子的伸缩振动引起的。常见的官能团在这个区域内一般都有特定的吸收峰；低于 1400 cm^{-1} 的区域称为指纹区，其间吸收峰的数目较多，这是由化学键弯曲振动和部分单键的伸缩振动引起的，吸收带的位置和强度随化合物而异。如同人有不同的指纹一样，许多结构类似的化合物，在指纹区可找到它们的差异，因此，指纹区鉴定化合物起着非常重要的作用。如未知物的红外光谱图中的指纹区与某一标准样品相同，就可能断定它与标准样品是同一化合物。

分析红外光谱图的顺序是先官能团区，后指纹区；先高频区，后低频区；先强峰，后弱峰。即先在官能团区找出最强的峰的归宿，然后再在指纹区找出相关峰。对许多官能团来说，往往不是存在一个而是存在一组彼此相关的峰。也就是说，除了主证，还需有佐证，才能证实其存在。

目前，人们已把已知化合物的红外光谱图陆续汇集成册，这就给鉴定未知物带来了极大的方便。如果未知物和某已知物具有完全相同的红外光谱，那么这个未知物的结构也就确定了。应当指出，红外光谱只能确定一个分子所含的官能团，即化合物的类型，要确定分子的准确结构，还必须借助其他波谱甚至化学方法的配合。图 3-3 中给出了典型的红外光谱图，在图中指明了每个特征吸收谱带的位置，并在表 3-2 中进行了峰的解析。

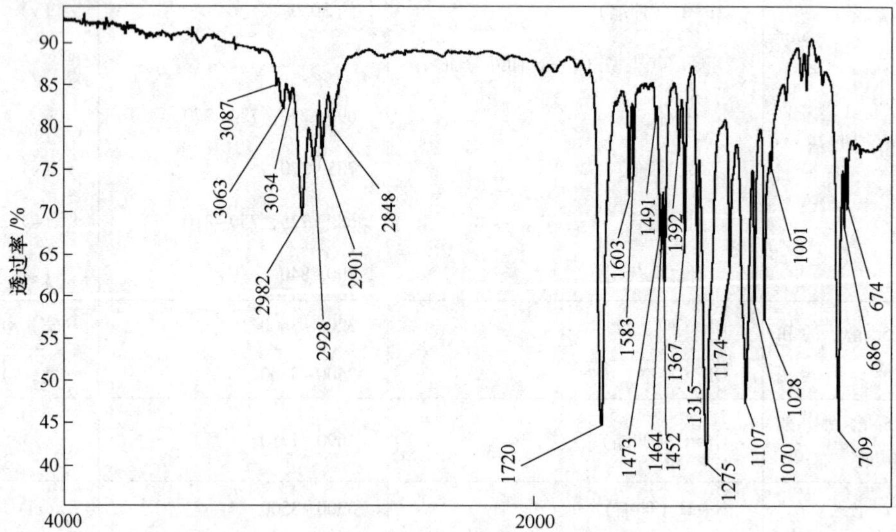

图 3-3　苯甲酸乙酯的红外光谱图

表 3-2 苯甲酸乙酯红外光谱图解析

波数/cm^{-1}	振 动 峰	对应结构
3087，3063，3034	苯环上 C—H 伸缩振动峰	苯环
1603，1583，1491，1452	苯环骨架 C═C 伸缩振动峰	苯环
1174，1070，1028，1001	苯环上 C—H 面内振动峰	苯环
709	芳氢的面外弯曲振动峰	单取代苯环
686	苯环的折叠振动峰	单取代苯环
1720	C═O 伸缩振动峰（共轭）	C═O
2982，2901	CH_3 中 C—H 伸缩振动峰	CH_3
1464，1367	CH_3 中 C—H 弯曲振动峰	CH_3
2928，2848	CH_2 中 C—H 伸缩振动峰	CH_2
1473，1392	CH_2 中 C—H 弯曲振动峰	CH_2
1275	C—O—C 不对称伸缩振动峰	C—O—C
1107	C—O—C 对称伸缩振动峰	C—O—C

思考题

（1）用压片法制样时，为什么要求将固体样品研磨到颗粒粒度小于 2 μm？

（2）压片时为什么要求 KBr 粉末干燥并避免吸水受潮？

（3）测定样品红外光谱时，对环境温度、湿度有什么要求？

3.2 紫外吸收光谱

从 20 世纪 30 年代初以来，紫外光谱已广泛用于有机分析。作为一种吸收光谱，其主要用来鉴定可产生紫外吸收的化合物，并可用于定量分析。用此光谱与其他测试技术相结合，可以完成未知物结构的鉴定。

实验 3-2 苯系物紫外吸收光谱的测定及分析

实验目的

（1）了解紫外分光光度法的原理。

（2）掌握用紫外分光光度计对有机化合物进行定性、定量检测的方法。

（3）培养利用紫外光谱分析和解决实际问题的能力。

实验原理

1. 紫外可见分光光度法原理

紫外可见分光光度法是基于物质吸收了一定波长的紫外光（波长 200~380 nm）或可见光（波长 380~780 nm）后引起分子中价电子能级跃迁而形成的一种分析方法。不同物质分子中电子类型、电子分布和电子结构不同，产生的紫外可见光谱就不同，因此可用于定性分析和结构分析。另外，物质溶液对某一特定波长的紫外光或可见光的吸收强度与该物质溶液的浓度呈正相关性，遵循朗伯-比耳定律：$A=\lg(I/I_0)=\varepsilon bc$，当入射光波长 λ 及光程 b(cm) 一定时，在一定浓度范围内，有色物质的吸光度 A 与该物质的浓度 c(mol/L) 成正比。其中，I 为透射光强度；I_0 为入射光强度；ε 为摩尔吸光系数。因此，紫外可见分光光度法也可以用于物质的定量分析。

紫外分光光度计主要用于含共轭体系化合物的检测。利用紫外分光光度计发出不同波长的单色光，依次通过某一含有共轭体系化合物的溶液测定其吸光度。以波长为横坐标，吸光度为纵坐标作图，就得到紫外-可见吸收光谱图。最大吸收波长 λ_{max} 和摩尔吸光系数 ε 是化合物特征常数，利用它们可对含有共轭体系物质进行定性鉴定。

2. 紫外可见分光光度计

紫外可见分光光度计主要由光源、单色器、吸收池、检测器和计算机等组成，其光路示意图如图 3-4 所示。它具有灵敏度高、选择性好、准确度高、使用浓度范围广、分析成本低、操作简便快速、应用广泛等特点。

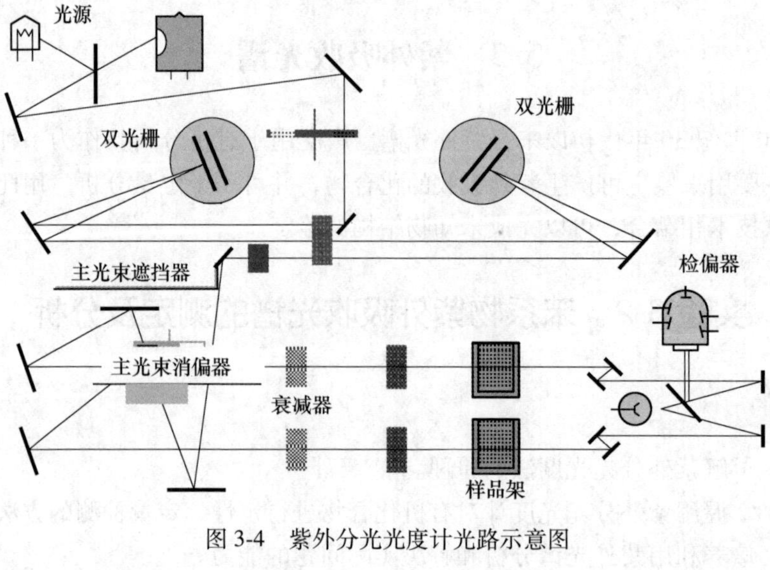

图 3-4　紫外分光光度计光路示意图

光源需要输出稳定的强度大的连续波段的连续光谱，如钨灯、卤钨灯（波长350~2500 nm），氘灯或氢灯（波长180~460 nm），或可调谐激光光源等。

单色器由入射狭缝、出射狭缝、透镜系统和色散元件（棱镜或光栅）组成，是可产生单色光束的装置。单色器可以将光源发射的连续光谱分解成单色光，并筛选出所需的单色光束。吸收池又叫比色皿，用于液体样品的吸光度测量。根据材质不同，分为石英池和玻璃池两种。石英池可用在紫外光到可见光区，玻璃池只用于可见光区。吸收池的光程一般为0.5~10 cm。积分球可以实现固体紫外光谱的测量。

检测器又称光电转换器。常用的有光电管或光电倍增管，光电倍增管更为灵敏，适用于微量物质的检测。近年来还使用光导摄像管或光电二极管矩阵作检测器，具有快速扫描的特点。

仪器与药品

仪器：TU1901紫外分光光度计；比色皿（10 mL）2对；容量瓶（250 mL）7个；移液管（1 mL）3支；具塞标准口锥形瓶（10 mL）7个；锥形瓶（50 mL）7个；滴管若干；擦镜布若干；烧杯（500 mL）2个；回收瓶（500 mL）4个。

药品：苯；甲苯；苯乙酮；苯酚；邻羟基苯甲酸；苯甲酸；对羟基苯甲酸。

实验步骤

1. 试剂配制

（1）苯溶液：1 mL苯置于250 mL容量瓶中，用无水乙醇稀释到刻度。

（2）甲苯溶液：1 mL甲苯置于250 mL容量瓶中，用无水乙醇稀释到刻度。

（3）苯乙酮溶液：1 mL苯乙酮置于250 mL容量瓶中，用无水乙醇稀释到刻度。

（4）苯酚溶液：精确称取0.1000 g苯酚置于250 mL容量瓶中，用无水乙醇稀释到刻度。

（5）邻羟基苯甲酸溶液：精确称取0.1000 g邻羟基苯甲酸置于250 mL容量瓶中，用无水乙醇稀释到刻度。

（6）苯甲酸溶液：精确称取0.1000 g苯甲酸置于250 mL容量瓶中，用无水乙醇稀释到刻度。

（7）对羟基苯甲酸溶液：精确称取0.1000 g对羟基苯甲酸置于250 mL容量瓶中，用无水乙醇稀释到刻度。

2. 样品测定

在紫外分光光度计上分别对上述溶液进行扫描，波长范围是200~400 nm，得到吸收光谱。

（1）仪器开机。先打开与紫外分光光度计连接的计算机，进入操作环境。

确认样品室中无挡光物后，再打开分光计的电源开关，开启 UVWin 操作软件，仪器进入初始化过程，需要等待几分钟。自检无误后，仪器进入主工作程序。开机预热 30 min❶。

（2）参数设置。选择“光谱扫描”模式，进入“参数设置”，分别设置如下参数。

光度方式：Abs；

扫描速度：中速；

采样间隔：2 nm；

波长范围：200~400 nm；

纵坐标范围：0.000~2.000；

光谱带宽：2.0 nm。

（3）基线校正。选择“测量”—“基线校正”，仪器提示插入空白样品，此时在内外两个样品架上放入装有空白溶剂（乙醇）的比色皿❷，点击“确定”，进行基线校正，此时需要等待 1~2 min。

（4）试样测试。基线校正后将外侧比色皿取出，用干净的比色皿盛装事先配制好的试样。对于定性测试，可以将上述配置好的待测溶液取 100 μL 后稀释到 2 mL 左右进行测量。点击软件中绿色“开始”按钮，按钮变红，测试开始，2 min 左右后测试结束，提示存储文件。

（5）对于定量测试，选择待测样品的最大吸收波长，在测试软件中选择定量测试模式，设置波长后按照同样的方法测试。用过的比色皿需要用空白溶剂（乙醇）反复冲洗，干燥后再次装入待测试样进行测试。

（6）测试结束后，将文件通过另存方式存储成 .spd 文件，或通过导出方式存储成 .txt 或 .csv 格式文件，用作图软件进行紫外图谱的绘制，分析数据。

（7）关机。依次关闭紫外可见分光光度计的主机电源、UVWin 程序、计算机电源。

思考题

（1）测试过程中引起误差的因素有哪些？如何减少误差？

（2）本实验中为什么使用石英比色皿而不能使用玻璃比色皿？使用比色皿应注意哪些问题？

（3）举例说明取代基的性质对苯环的吸收峰产生什么影响？

---

❶ 仪器使用前预热仪器 15~30 min，为了延长光源的使用寿命，使用时应尽量减少开关次数，短时间工作间隔内可以不关灯，刚关闭的光源灯不要立即重新开启。

❷ 用擦镜布把比色皿外壁擦净，使透光面保持干净。实验操作时，手捏比色皿毛面。测定完毕，及时用蒸馏水冲洗比色皿，不能用毛刷刷洗比色皿。

3.3 核磁共振波谱

核磁共振波谱（nuclear magnetic resonance spectroscopy，NMR），是将核磁共振现象应用于测定分子结构的一种波谱技术，是常用的有机化合物结构表征的重要方法。核磁共振波谱研究主要集中在氢核磁共振谱（^{1}H-NMR）和碳核磁共振谱（^{13}C-NMR），其特点是样品用量少，灵敏、快捷、结果准确，广泛应用于生物化学、分析化学、有机化学等学科的研究，如蛋白质、核酸等生物大分子的结构、构象分析等。核磁共振的成像诊断技术（magnetic resonance imaging，MRI）已成为医学诊断的重要工具。

哈佛大学的珀塞尔小组和斯坦福大学的布洛赫小组在20世纪40年代末和50年代初分别独立开发了核磁共振波谱法。因为他们的发现，爱德华·珀塞尔（Edward Mills Purcell）和费利克斯·布洛赫（Felix Bloch）分享了1952年度的诺贝尔物理学奖。

实验 3-3 核磁共振波谱测定有机化合物的结构与分析

实验目的

（1）了解核磁共振波谱仪的基本结构和工作原理。

（2）能够运用核磁共振波谱仪测试有机化合物的氢谱，并能对简单核磁氢谱进行解析。

（3）通过实验培养运用核磁共振波谱技术解析有机化合物结构的能力。

实验原理

1. 核磁共振原理

质子数或中子数为奇数的原子核具有自旋角动量，可以产生磁矩，比如^{1}H、^{13}C、^{19}F、^{31}P 等，这些原子核在外磁场中将发生能级分裂，核磁矩以不同取向绕外磁场回旋。当另一个垂直于外磁场的射频磁场同时作用于核上，并且其照射场的频率等于核在外磁场的回旋频率时，则原子核吸收电磁辐射能量，由低能级的核跃迁到高能级，产生相应的吸收信号发生，发生核磁共振现象。在不同化学环境中，有机分子中的磁性核，如氢核，将在不同的频率位置发生吸收。不同类型的质子的吸收峰出现在谱图中的不同频率位置，这种不同的频率位置通常用化学位移（δ）表示。由吸收峰的分裂状况可得出耦合常数（J），表明各组质子在分子中的关系。δ 和 J 与结构之间的密切联系有助于化合物结构的分析与鉴定。

由氢核引起的核磁共振称为^{1}H核磁共振（^{1}H -nuclearmagnetic resonance，^{1}H-NMR）。

2. 核磁共振波谱仪

傅里叶变换核磁共振波谱仪是20世纪70年代发展起来的核磁共振仪器，它具有灵敏度高、测定速度快、可实现多种特殊实验技术等优点。其原理如图3-5所示，该仪器是在恒定磁场中，施加一个有一定能量的强而短的脉冲，这个脉冲包含了一定的频率范围，它能使相应频率范围内所有的核同时发生共振跃迁。检测器检测的是脉冲结束后跃迁到高能态的原子核，通过弛豫过程返回低能态时发出的信号。这个信号称作自由感应衰减信号（FID），是一个随时间而变化的信号，亦称为时域信号。通过傅里叶变换从FID信号中变换出谱线在频率域中的位置及其强度，即通常所见的核磁共振波谱图。傅里叶变换核磁共振波谱仪主要由磁体、射频振荡器、射频接收器、探头及信号控制、处理与显示系统等组成。

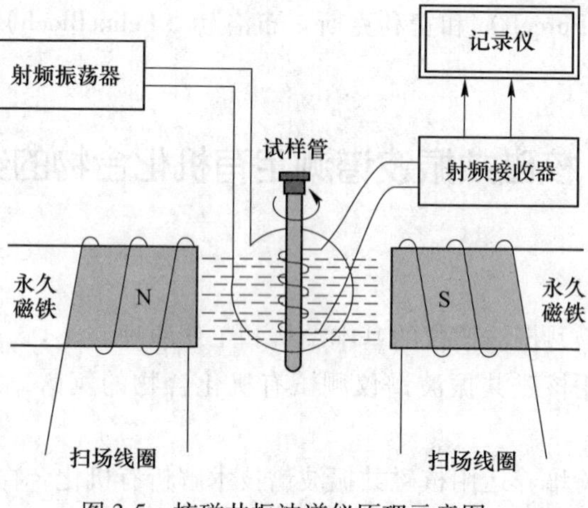

图3-5 核磁共振波谱仪原理示意图

核磁共振波谱法被广泛用于化合物的结构鉴定、定量分析和动力学研究等。常用样品溶剂有氘代氯仿、氘代二甲亚砜、氘代丙酮、氘代苯等。

（1）结构鉴定。对于某些结构简单的化合物，根据核磁共振波谱图即可确定其结构，鉴定未知物结构的一般步骤如下：测出不同环境质子的化学位移，根据化学位移大小与基团的关系，初步判断各种质子的化学环境。利用积分曲线计算各峰的相对面积，求出不同基团间的质子数之比。考虑自旋裂分，用谱图的裂分峰数来确定组成分子的结构单元。将各结构单元适当组合，列出每一种可能的化合物。测出每一种可能的化合物纯品的核磁共振波谱图，然后与未知样品的谱图进行比较。也可以直接与标准谱图进行比较，以确定未知样品是哪种化合物。

（2）定量分析。吸收峰的面积与产生该峰的质子数成正比，因此在分析混合物试样中某一特定组分时，只要用于标定的峰不被其他组分的峰干扰，这个峰的面积就可以直接用于含量的测定，而不需要用被测组分的纯品作校正曲线。每个质子的信号面积可以从已知浓度的内标化合物得到。

仪器与药品

仪器：核磁共振波谱仪；核磁管（外径5 mm，长度200 mm）。

药品：乙酰水杨酸；苯甲酸乙酯；正丁醇；异丁醇；苯；甲苯；氘代氯仿（含1%四甲基硅烷，TMS）。

实验步骤

1. 样品的制备

将约5 mg乙酰水杨酸加入核磁管中，再向其中加入500~600 μL氘代氯仿，使乙酰水杨酸溶解，盖上核磁帽，作为待测样。

将约125 μL苯甲酸乙酯、正丁醇、异丁醇、苯及甲苯分别加入核磁管中，再向其中加入500~600 μL氘代氯仿，混合均匀，盖上核磁帽，作为待测样。

2. 样品测试

按照说明书操作：放置样品，建立新文件，锁场，匀场，设定HNMR谱的采样脉冲程序及参数，采样，设定谱图处理参数，处理谱图，打印。

（1）开机准备。核磁共振波谱仪在测试样品前需要进行开机准备，包括开机、调节分辨率、调节幅度与相位等操作，此部分需由专业人员操作。

（2）放置样品。用纸巾或绸布将核磁管外表面擦拭干净，垂直放入待测样品，填写样品名称并定义数据保存路径。

（3）测试。设置好^{1}H-NMR谱的采样脉冲程序及参数，然后仪器自动进行锁场、匀场、采样等操作。测试完毕后，取出核磁管。

（4）核磁数据处理。利用核磁数据处理软件对所得数据进行处理，将其转化为相应的核磁谱图，过程包括傅里叶变换、调整相位、基线校正、积分、定标、标记化学位移等步骤。

思考题

（1）为什么测试时要选用氘代试剂作为溶剂？

（2）自旋裂分是什么原因引起的，它在结构解析中有什么作用？

（3）测试时应该做好哪些防护措施？

3.4 气相色谱-质谱联用分析法

气相色谱-质谱联用分析法（GC-MS）是一种高效且广泛应用的分析技术，

它将气相色谱（gas chromatography，GC）的高分辨率与质谱（mass spectrometry，MS）的高灵敏度完美结合。通过接口技术，GC 能够将复杂混合物分离成单个组分，随后这些组分被送入 MS 进行进一步的分析检测。这种联用技术不仅满足了 MS 对气态试样的进样要求，还通过不断进步的接口设计，实现了结构更小、操作更简便的连接方式。自 1957 年首次实现 GC 与 MS 的联用，GC-MS 已成为生物样品中药物与代谢物定性定量的重要工具，广泛应用于复杂组分的分离与鉴定。气相色谱-质谱联用分析法是成熟的两谱联用技术，适合分析小分子、易挥发、热稳定且能够汽化的化合物，广泛应用于高分子材料、生物医学、环境科学、考古学以及地球化学等多个领域。

实验 3-4　气相色谱-质谱联用分析法测定混合物的成分

实验目的

（1）了解气相色谱-质谱联用分析法的原理。

（2）能够用气相色谱-质谱联用仪分析混合物的组分。

实验原理

气相色谱-质谱联用仪的主要部件有气相色谱仪、接口、质谱仪、真空系统和计算机系统，如图 3-6 所示。常规的气相色谱仪主要包含气路系统、进样系统、色谱分离系统、温度控制及检测系统；常规的质谱分析仪主要包含真空系统、进样系统、离子源、质量分析器、检测器。

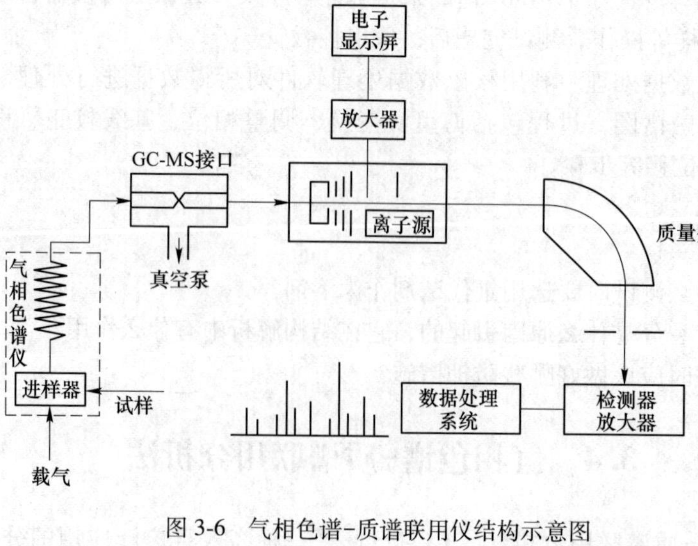

图 3-6　气相色谱-质谱联用仪结构示意图

气相色谱原理：根据物质的沸点、极性或吸附性质的不同来实现混合物的分离。气体为流动相，以固体或均匀涂渍在载体上的液体为固定相，物质组分在气液（固）两相间不断分配平衡，各组分在固定相的保存时间有差异，按照不同时间从色谱柱中流出，实现混合组分的分离。

质谱原理：待测化合物先被汽化，后续进入离子源的电离室中，待测物分子吸收能量后分子离子化，经电场加速后，进入质量分析器，并按质荷比大小依次抵达检测器，得到质谱图。由于在相同实验条件下每种化合物都有其确定的质谱图，因此将所得谱图与已知谱图对照，就可确定待测化合物。

气相色谱-质谱联用仪一般配置电子轰击（EI）和化学电离（CI）两种电离源，其分析器包括单四极杆分析器、三重四极分析器、扇形磁场、离子阱、飞行时间分析器等类型。气相色谱-质谱联用仪原理如图 3-7 所示。由于已经建立了化合物的标准 EI 质谱图库，采用 EI 电离源进行气相色谱-质谱联用分析时，可通过即时检索迅速确定被测物的分子质量和结构。

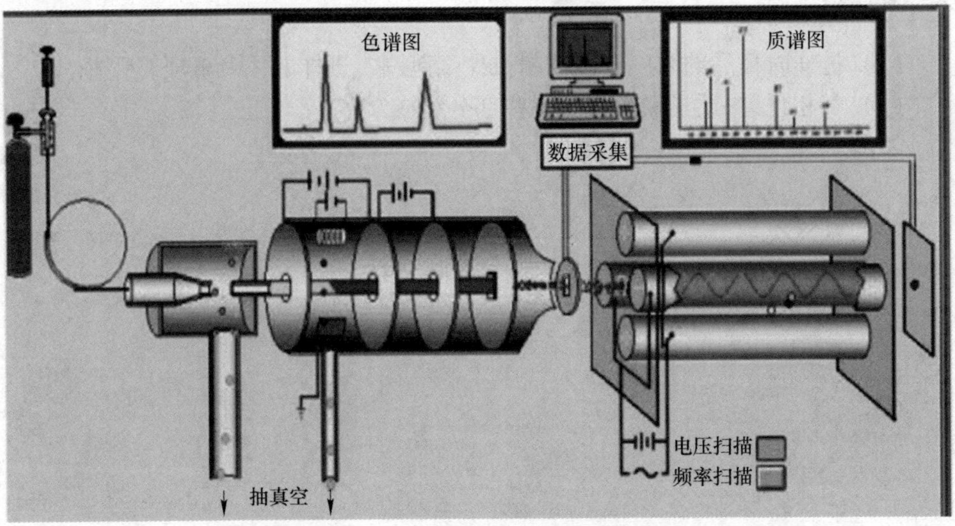

图 3-7 气相色谱-质谱联用仪原理示意图

仪器与药品

仪器：气相色谱-质谱联用仪；微量进样器；样品瓶等。

药品：正己烷；正庚烷；正辛烷；正壬烷；正癸烷。

实验步骤

（1）按照气相色谱-质谱联用仪操作说明书，依次打开计算机开关、气相色谱仪的电源开关，色谱工作站。

（2）按照工作站操作指南，设置实验参数。

（3）配制待测样品，正己烷、正庚烷、正辛烷、正壬烷和正癸烷各 100 μL 于一个样品瓶中混匀。

（4）开始运行，洗针后进样，开始进样分析，工作站记录数据。

（5）样品分析完成后，进行仪器降温。

（6）按照操作指南在数据分析工作站中开始数据处理工作，分析质谱图，并打印结果。

（7）关闭仪器。

1）在降温结束后（各通路温度降为 50 ℃），退出工作站。

2）关闭计算机。

3）关气相色谱仪电源。

4）质谱电源勿关。

思考题

（1）进样时样品的浓度应该控制在什么范围？进样的注意事项有哪些？

（2）气相色谱-质谱联用仪由哪些部分组成？

4 基本合成实验

基本合成实验可使学生掌握有机化学实验中的基本知识与技能。要求学生了解合成实验的反应原理，包括对反应温度的控制、溶剂的选择、催化剂的使用以及相关反应条件的控制；同时要了解分离原理，加强对所学物质理化性质的理解，特别是要学习和掌握基本合成实验操作及分离操作。

实验 4-1 环己烯的制备

环己烯（cyclohexene）用于有机合成中间体、油类萃取，以及用作溶剂。

实验目的

（1）了解以浓磷酸催化环己醇脱水制取环己烯的原理和方法。

（2）初步掌握分馏、常压蒸馏和萃取分离操作。

实验原理

环己醇在浓磷酸作用下，由分子内部脱去一分子水而形成烯烃。

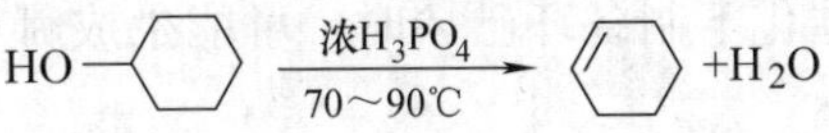

仪器与药品

仪器：50 mL 圆底烧瓶；分馏柱；温度计；锥形瓶；分液漏斗；蒸馏装置。

药品：环己醇，10 mL（9.6 g，0.096 mol）；5%碳酸钠溶液，2 mL；浓磷酸（85%），5 mL；饱和氯化钠溶液，5 mL。

实验步骤

在 50 mL 圆底烧瓶中加入 10 mL 环己醇、5 mL 85%浓磷酸[1]，振摇烧瓶，使

[1] 可用浓硫酸作脱水剂，用量一般比用浓磷酸时少两倍左右。硫酸的价格虽比磷酸低廉，但在反应中较易炭化，并且会产生刺鼻的二氧化硫气体。

溶液混匀，安装成分馏装置（见图 2-23）。边加热边搅拌，缓慢加热至沸腾，控制分馏柱顶部温度不超过 95 ℃[1]，慢慢地蒸出生成的环己烯和水。当烧瓶内只剩下很少量的残渣并出现阵阵白雾时，即可停止加热。全部蒸馏时间约需 30 min。

把馏出液转移至分液漏斗中，加入 5 mL 饱和氯化钠水溶液，振摇后静置，分出水层；再加 2 mL 5%碳酸钠溶液，振荡后（注意放气）静置分层。

有机层用 1~2 g 无水氯化钙干燥，然后蒸馏，收集 80~85 ℃的馏分，可得环己烯 4~5 g。纯环己烯是无色液体，沸点 83 ℃，折光率 $n_D^{20}=1.4465$。其红外光谱图如图 4-1 所示。

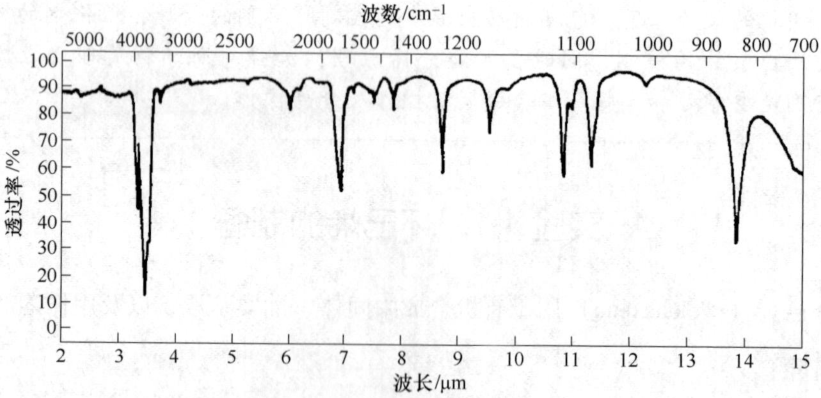

图 4-1 环己烯的红外光谱图

思考题

（1）粗制的环己烯中，加入饱和氯化钠水溶液的目的是什么？

（2）环己醇在酸催化下制备环己烯时，可能生成哪些副产物？在分离纯化过程中如何除去？

（3）环己醇在酸催化下制备环己烯时，为什么分馏柱顶部的温度不超过 95 ℃？

实验 4-2 2-甲基-2-己醇的制备

2-甲基-2-己醇（2-methyl-2-hexanol）用于有机合成、油类萃取，以及用作溶剂。

[1] 反应中环己烯与水形成共沸物（沸点 70.8 ℃，含水 10%），环己醇与环己烯形成共沸物（沸点 64.9 ℃，含环己醇 30.5%），环己醇与水形成共沸物（沸点 97.8 ℃，含水 80%），所以蒸馏温度不可过高，速度不宜过快，以每 2~3 s 1 滴为宜，减少未作用的环己醇蒸出。

实验目的

（1）了解格氏（Grignard）试剂的制备及2-甲基-2-己醇的合成原理。

（2）掌握回流、萃取和蒸馏等操作。

实验原理

2-甲基-2-己醇是利用格氏试剂与丙酮发生加成反应，然后水解制备而成。

$$CH_3(CH_2)_2CH_2Br + Mg \xrightarrow{\text{无水乙醚}} CH_3(CH_2)_2CH_2MgBr$$

$$CH_3(CH_2)_2CH_2MgBr + CH_3COCH_3 \xrightarrow{\text{无水乙醚}} CH_3(CH_2)_2CH_2\underset{\displaystyle OMgBr}{\underset{|}{C}}(CH_3)_2$$

$$CH_3(CH_2)_2CH_2\underset{\displaystyle OMgBr}{\underset{|}{C}}(CH_3)_2 + H_2O \longrightarrow CH_3(CH_2)_2CH_2\underset{\displaystyle OH}{\underset{|}{C}}(CH_3)_2 + Mg(OH)Br$$

仪器与药品

仪器：250 mL三口烧瓶；回流冷凝管；滴液漏斗；干燥管；温度计；锥形瓶；分液漏斗；烧杯；蒸馏装置。

药品：1-溴丁烷[1]，13.5 mL(17.0 g，0.13 mol)；丙酮，10 mL(7.9 g，0.14 mol)；镁屑，3.1 g(0.13 mol)；10%硫酸溶液，100 mL；无水碳酸钾；无水乙醚；乙醚。

实验步骤

1. 正丁基溴化镁的制备

在250 mL三口烧瓶[2]上分别安装搅拌器[3]、冷凝管及滴液漏斗，在冷凝管及滴液漏斗的上口装置氯化钙干燥管。瓶内放置3.1 g镁屑[4]或除去氧化膜的镁条、15 mL无水乙醚及一小粒碘片；在滴液漏斗中混合13.5 mL 1-溴丁烷和15 mL无水乙醚。先向瓶内滴入约5 mL混合液，数分钟后即见溶液呈微沸状态，碘的颜

---

❶ 如需替换，可用12 mL（0.16 mol）溴乙烷代替1-溴丁烷，其余步骤相同，产物为2-甲基-2-丁醇。蒸馏收集95~105 ℃的馏分。纯2-甲基-2-丁醇沸点为102 ℃，折光率为1.4052。

❷ 本实验所用仪器及试剂必须充分干燥。1-溴丁烷用无水氯化钙干燥并蒸馏纯化，丙酮用无水碳酸钾干燥，并蒸馏纯化。

❸ 搅拌棒的密封如用简易密封装置，可用液状石蜡润滑。

❹ 镁屑不应采用长期放置的。若是长期放置的镁屑，可用5%盐酸溶液与之作用数分钟，抽滤除去酸液后，依次用水、乙醇、乙醚洗涤，以除去镁屑表面的氧化膜。这样处理过的镁屑抽干后置于干燥器内备用。也可用镁带代替镁屑，使用前用细砂纸将其表面擦亮，剪成小段。

色消失[1]。若不发生反应，可用温水浴加热。反应开始比较剧烈，必要时用冷水浴冷却。待反应缓和后，从冷凝管上端加入 25 mL 无水乙醚。开动搅拌，并滴入其余的1-溴丁烷醚混合液。控制滴加速度，维持反应液呈微沸状态。滴加完毕后，在水浴上回流 20 min，使镁屑几乎作用完全。

2. 2-甲基-2-己醇的制备

将上面制好的格氏试剂在冰水浴冷却和搅拌下，自滴液漏斗中滴入 10 mL 丙酮和 15 mL 无水乙醚的混合液，控制滴加速度，勿使反应过于猛烈。加完后，在室温继续搅拌 15 min，溶液中可能有白色黏稠状固体析出。

将反应瓶在冰水浴冷却和搅拌下，自滴液漏斗分批加入 100 mL 10%硫酸溶液分解产物（开始滴入宜慢，以后可逐渐加快）。待分解完全后，将溶液倒入分液漏斗中，分出醚层。水层每次用 25 mL 乙醚萃取两次，合并醚层，用 30 mL 5%碳酸钠溶液洗涤一次，用无水碳酸钾干燥[2]。

将干燥后的粗产物醚溶液滤入 25 mL 蒸馏瓶，用温水浴蒸去乙醚[3]，再直接加热蒸出产品，收集 137~141 ℃的馏分。

纯 2-甲基-2-己醇的沸点为 143 ℃，折光率为 1.4175。

思考题

（1）如在反应未开始时加入大量 1-溴丁烷有什么不好？

（2）本实验有哪些可能的副反应，如何避免？

（3）为什么本实验得到的粗产物不能用无水氯化钙干燥？

实验 4-3　苯甲醇的制备

苯甲醇（benzyl alcohol）可用于制作香料和调味剂（多数为脂肪酸酯）；在涂料、油墨领域可作为溶剂与助溶剂；也可用于医药针剂中作添加剂，药膏剂或药液里作为防腐剂；可用作尼龙丝、纤维及塑料薄膜的干燥剂，制取苄基酯或醚的中间体。苯甲醇有微香的气味，在香料工业中常用作稀释剂。在注射青霉素的时候，为了防止患者疼痛感过强，常常用苯甲醇进行麻醉，这样注射时疼痛感就不会过于强烈，故苯甲醇又被称为“无痛水”。

---

❶ 为了使开始时 1-溴丁烷局部浓度较大，易于发生反应，故搅拌应在反应开始后进行。若 5 min 后反应仍不开始，可用温水浴温热，或在加热前加入一小粒碘促使反应开始。

❷ 2-甲基-2-己醇能与水形成共沸物，因此必须进行很好的干燥，否则前馏分将大大增加。

❸ 由于醚溶液体积较大，可分批过滤蒸去乙醚。

实验目的

（1）掌握合成苯甲醇的两种方法。

（2）巩固回流、蒸馏操作及电动搅拌机的使用方法。

方 法 一

实验原理

苯甲醇是由苯甲醛与甲醛（无 α-H）在浓的强碱存在下，发生交叉的 Cannizzaro 反应制备而成。

仪器与药品

仪器：250 mL 三口烧瓶；回流冷凝管；滴液漏斗；温度计；锥形瓶；分液漏斗；烧杯；蒸馏装置。

药品：苯甲醛，18.8 mL(18.0 g，0.17 mol)；甲醛，15 mL(5.4 g，0.18 mol)；氢氧化钾（粒状），25 g；甲醇，36 mL+15 mL；苯，30 mL；无水碳酸钠。

实验步骤

安装一套带有机械搅拌器、滴液漏斗及温度计的回流装置，如图 1-5 所示。

往烧瓶中加入 25 g 氢氧化钾和 36 mL 甲醇，用冷水冷却烧瓶，搅拌使氢氧化钾溶解，当温度降至 60 ℃时，在搅拌下从滴液漏斗中逐渐滴加事先配制好的 18.8 mL 苯甲醛、15 mL 甲醛溶液及 15 mL 甲醇的混合溶液，保持瓶内温度在 60~70 ℃之间，必要时加热，加热约 50 min 停止反应。

把回流装置改成蒸馏装置，蒸去甲醇，直至温度达 101 ℃为止。

往反应混合物中加入 50 mL 水，冷却后分层，分出有机层，水层再用 30 mL 苯分三次萃取，合并萃取液及有机层，用 10 mL 水洗两次，苯层用无水碳酸钠干燥。

蒸去苯后，蒸馏收集 204~206 ℃馏分。

思 考 题

（1）本实验用的是什么反应？

（2）使用甲醇和苯时应注意哪些事项？

方　法　二

实验原理

在碱性水溶液中，可由卤烃水解制备醇。由于卤烃均不溶于水，需要加入相转移催化剂——四乙基溴化铵，并在强烈搅拌下反应，可缩短反应时间。

仪器与药品

仪器：250 mL 三口烧瓶；回流冷凝管；滴液漏斗；温度计；锥形瓶；烧杯；分液漏斗；蒸馏装置。

药品：苯氯甲烷（氯化苄），10 mL（10.6 g，0.084 mol）；碳酸钾，8 g；50%四乙基溴化铵溶液，2 mL；无水硫酸镁；乙醚。

实验步骤

将 8 g 碳酸钾溶于 80 mL 水中制备碳酸钾水溶液，参考图 1-5 安装搅拌反应装置。在 250 mL 三口瓶中加入新配制的碳酸钾水溶液及 2 mL 50%四乙基溴化胺[1]水溶液，在滴液漏斗中加入 10 mL 苯氯甲烷。开动搅拌器，加热至回流，然后逐滴加入苯氯甲烷于三口瓶中（约 30 min）。滴加完毕后，继续搅拌回流，反应约 1.5 h。停止加热，将反应混合物冷却至 30~40 ℃。为防止碱的析出给分离带来困难，温度不能过低。将反应液移入分液漏斗，分出油层。碱液用乙醚萃取三次，每次用量 6 mL。合并萃取液与粗苯甲醇于锥形瓶中，加无水硫酸镁干燥。

安装蒸馏装置。将干燥透明的苯甲醇乙醚溶液倒入 50 mL 圆底烧瓶中，先在水浴上蒸出乙醚，然后改用空气冷凝管，用电热套加热蒸馏，收集 200~208 ℃的馏分。

纯苯甲醇为无色透明液体，沸点 205.4 ℃，密度 1.0419，折光率 $n_D^{20}=1.5396$。

思 考 题

（1）本反应加入相转移催化剂的作用是什么？

（2）本实验为何采用碳酸钾作为苯氯甲烷的碱性水解试剂？

实验 4-4　二苯甲醇的制备

二苯甲醇（diphenyimethanol）是重要的医药中间体，可以用来合成苯甲托

---

❶ 也可采用其他相转移催化剂，如四丁基溴化铵、四乙基氯化铵、聚乙二醇、溴化三甲基十六烷基铵替代。

品、苯海拉明等药品，而且二苯甲醇具有一定的生物活性，包括抗氧化、抗菌、抗病毒和抗肿瘤等作用，因此在医药和保健领域也有一定的应用前景。二苯甲醇也被用作染料、香精、防腐剂和植物生长调节剂的合成。

实验目的

（1）了解二苯甲醇的制备方法、还原剂的种类及特点。

（2）掌握重结晶、减压过滤等基本操作。

实验原理

在碱性溶液中用锌粉还原二苯甲酮是制备二苯甲醇常用的方法，适用于中等规模的实验室制备。对于小量合成，硼氢化钠是更理想的还原剂，理论上 1 mol 硼氢化钠能还原 4 mol 醛酮。

方法一：锌粉还原

$$C_6H_5\overset{\overset{\displaystyle O}{\|}}{C}C_6H_5 \xrightarrow{\text{Zn, NaOH}} C_6H_5\overset{\overset{\displaystyle OH}{|}}{C}HC_6H_5$$

方法二：硼氢化钠还原

$$C_6H_5\overset{\overset{\displaystyle O}{\|}}{C}C_6H_5 \xrightarrow{CH_3OH,\ NaBH_4} C_6H_5\overset{\overset{\displaystyle OH}{|}}{C}HC_6H_5$$

仪器与药品

仪器：50 mL 圆底烧瓶；25 mL 圆底烧瓶；回流冷凝管；搅拌子；150 mL 烧杯 2 个；量筒；抽滤瓶；布氏漏斗。

方法一药品：二苯甲酮，1. 8 g(0. 010 mol)；锌粉，2. 0 g(0. 030 mol)；氢氧化钠，2. 0 g(0. 049 mol)；95%乙醇；浓盐酸；石油醚（60~90 ℃）。

方法二药品：二苯甲酮，1. 8 g(0. 010 mol)；硼氢化钠，0. 23 g(0. 0061 mol)；甲醇，8 mL；石油醚（60~90 ℃）。

实验步骤

方法一：锌粉还原

在 50 mL 圆底烧瓶中加入 2. 0 g 氢氧化钠、1. 8 g 二苯甲酮、2. 0 g 锌粉和 20 mL 95%乙醇，装上回流冷凝管，搅拌使氢氧化钠和二苯甲酮逐渐溶解。在 80 ℃水浴中搅拌 2 h，冷却。

减压过滤，残渣用少量 95%乙醇洗涤，然后将滤液倒入盛有 90 mL 冰水和 4 mL 浓盐酸的烧杯中，立即出现白色沉淀，减压过滤。粗品干燥后可用石油醚（60~90 ℃）重结晶，得白色针状晶体，产率约 80%。

方法二：硼氢化钠还原

在 25 mL 圆底烧瓶中加入 1. 8 g 二苯甲酮和 8 mL 甲醇，装配好回流冷凝管和搅拌子，搅拌使其溶解。迅速称取 0. 23 g 硼氢化钠加入烧瓶中，搅拌使之溶解。反应体系放热，会自然升温至沸腾，然后室温下反应 20 min。加入 3 mL 水，加热至沸，保持 5 min。冷却，有结晶析出。晶体析出完全后，进行减压过滤，干燥后用环己烷或石油醚（60~90 ℃）重结晶。得到的二苯甲醇为白色或浅黄色晶体，产率 70%~80%，熔点为 67~68 ℃。

思考题

（1）硼氢化钠还原后，为什么加入水并加热至沸腾，然后再冷却结晶？

（2）简述硼氢化钠还原法制备二苯甲醇的反应机理。

实验 4-5　正丁醚的制备

正丁醚（*n*-butyl ether），常用作溶剂、电子级设备的清洗剂和麻醉剂。

实验目的

（1）掌握低级伯醇脱水制备醚的原理。

（2）掌握分水器的使用，巩固萃取、蒸馏操作。

实验原理

正丁醚是由低级伯醇在浓硫酸催化下，共热而生成。

主反应：

$$2CH_3CH_2CH_2CH_2OH \xrightleftharpoons[135\ ℃]{浓\ H_2SO_4} (CH_3CH_2CH_2CH_2)_2O + H_2O$$

副反应：

$$CH_3CH_2CH_2CH_2OH \xrightarrow[>135\ ℃]{浓\ H_2SO_4} CH_3CH_2CH{=}CH_2 + H_2O$$

仪器与药品

仪器：50 mL 三口烧瓶；回流冷凝管；分水器；温度计；锥形瓶；分液漏斗；烧杯；蒸馏装置。

药品：正丁醇，15.5 mL（12.5 g，0.165 mol）；浓硫酸，2.2 mL（4.0 g）；50%硫酸，16 mL；无水氯化钙。

实验步骤

按图 4-2 所示安装仪器。

在 50 mL 三口烧瓶中，加入 15.5 mL 正丁醇和约 2.2 mL 浓硫酸，用磁力搅拌混合均匀。在分水器中加入（$V-2$）mL 水❶，缓慢加热，使瓶内液体开始回流。

在分水器中可以发现液面增加，这是由于反应生成的水以及未反应的正丁醇，经冷凝管聚集在分水器内，由于密度的不同，水在下层，密度较水小的正丁醇浮于水面而流回到反应瓶中，继续加热至瓶内温度升高到 134~135 ℃（不超过 140 ℃，约需 30 min）。待分水器全部被水充满时，表示反应已基本完成。如继续加热，则溶液变黑，并有大量副产物丁烯生成。反应物冷却后，把反应物连同分水器中的水一起倒入内盛 25 mL 水的分液漏斗中充分振摇，静置。

分出产物正丁醚，用两份 8 mL 50%硫酸萃取洗涤两次❷，再用 10 mL 水洗涤一次，然后用无水氯化

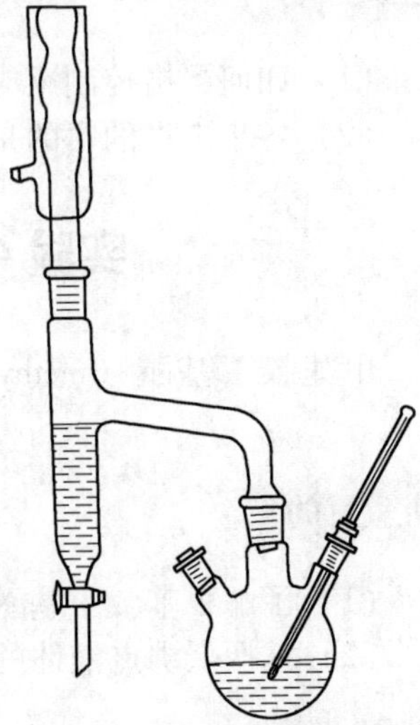

图 4-2　正丁醚制备装置

---

❶ 如果从醇转换成醚的反应是定量进行的话，那么反应中应该被除去的水的体积数可以按下式计算：

$$2CH_3(CH_2)_2CH_2OH-H_2O = (CH_3CH_2CH_2CH_2)_2O$$

$$\begin{array}{ccc} 2\times74\ g & 18\ g & 130\ g \\ 12.5\ g & x & \end{array}$$

$$x=\frac{18\times12.5}{2\times74}=1.52\ (g)$$

所以，在实验以前预先在分水器里加（$V-2$）mL 水，V 为分水器的容积，那么加上反应以后生成的水一起正好充满分水器，而使汽化冷凝后的醇正好溢流返回反应瓶中，从而达到自动分离的目的。

❷ 也可以用以下方法精制正丁醚：待混合物冷却后，转入分液漏斗，仔细用 20 mL 2 mol/L 的氢氧化钠洗涤至呈碱性，然后用 10 mL 水以及 10 mL 饱和氯化钙洗去未作用的正丁醇，以后用前法一样进行干燥，蒸馏。前面用 50%硫酸处理是因为正丁醇能溶解在 50%的硫酸中，而产物正丁醚则很少溶解。

钙干燥。将干燥后的产物仔细地注入蒸馏烧瓶中，蒸馏收集 139~142 ℃的馏分。

纯正丁醚的沸点为 142 ℃，折光率为 1. 3992，红外光谱图如图 4-3 所示。

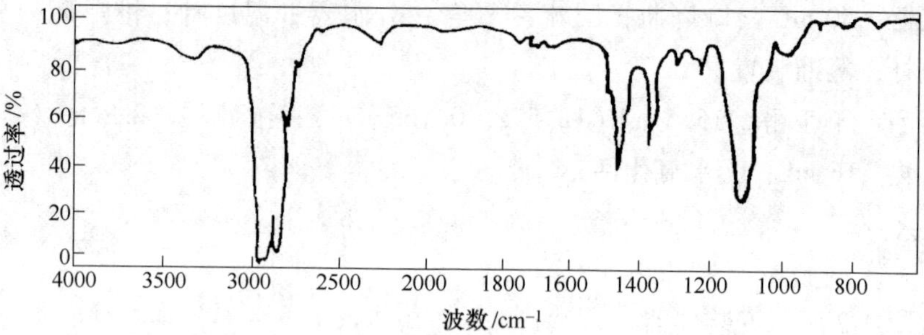

图 4-3　正丁醚红外光谱图

思考题

（1）如何严格控制反应温度防止产物炭化？怎样得知反应进行得比较完全？

（2）各步洗涤的目的是什么？

实验 4-6　甲基叔丁基醚的制备

甲基叔丁基醚（methyl tert-butyl ether），简称 MTBE，可用作油品抗爆添加剂。

实验目的

（1）了解甲基叔丁基醚的制备原理。

（2）掌握低沸点液体的蒸馏方法。

实验原理

叔丁醇[1]在酸催化下容易形成较稳定的正碳离子，继而与甲醇作用生成甲基叔丁基醚。

$$(CH_3)_3COH + HOCH_3 \xrightarrow[\triangle]{15\%H_2SO_4} (CH_3)_3COCH_3 + H_2O$$

仪器与药品

仪器：250 mL 圆底烧瓶；分馏柱；温度计；锥形瓶；分液漏斗；蒸馏装置。

---

[1] 叔丁醇熔点为 25. 5 ℃，沸点为 82. 5 ℃，有少量水存在时呈液体。如果室温较低，加料困难时，可以加入少量水，使之液化后再加料。

药品：叔丁醇，19 mL(14.8 g，0.2 mol)；甲醇，16 mL(12.8 g，0.4 mol)；15%硫酸，70 mL；无水碳酸钠，3~5 g；10%亚硫酸钠溶液。

实验步骤

在250 mL圆底烧瓶上配置分馏柱，分馏柱顶端装上温度计，在其支管处依顺序配置直形冷凝管、接引管和接收瓶。接引管支管连接橡胶管并导入水槽，接收瓶置于冰浴中。将70 mL 15%硫酸、16 mL甲醇和19 mL叔丁醇加入到圆底烧瓶中，振摇使之混合均匀，加入搅拌子，缓慢加热，收集49~53 ℃时的馏分。

将收集液转入分液漏斗，依次用水、10% Na_2SO_3水溶液、水洗涤，除去醚层中的醇和可能有的过氧化物。当醇洗净时，醚层显得清澈透明，然后用无水碳酸钠干燥。蒸馏并收集53~56 ℃时的馏分，称量、测折光率并计算产率。

甲基叔丁基醚为无色透明液体，沸点55~56 ℃，$n_D^{20}=1.3690$，相对密度0.740。红外光谱图如图4-4所示。

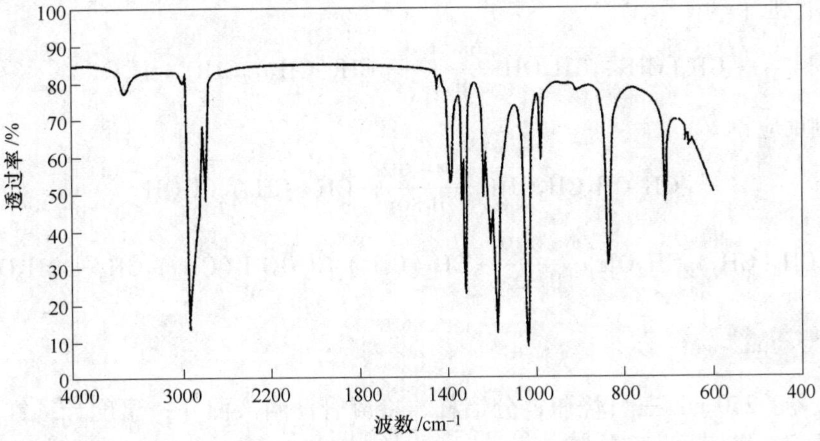

图4-4　甲基叔丁基醚红外光谱图

思考题

（1）通常混合醚的制备宜采用威廉姆森合成法，为什么本实验可以用硫酸催化脱水法制备混合醚-甲基叔丁基醚？

（2）为什么要以稀硫酸作催化剂？如果采用浓硫酸会使反应产生什么结果？

（3）反应过程中，为何要严格控制馏出温度？馏出速度过快或馏出温度过高，会对反应带来什么影响？

（4）分析甲基叔丁基醚的红外光谱，指出与2815 cm^{-1}、1200 cm^{-1}和1030 cm^{-1}等吸收峰相对应的基团。

实验 4-7　正丁醛的制备

正丁醛（butyraldehyde 或 butanal）用于树脂、塑料增塑剂、硫化促进剂、杀虫剂等的合成中间体。

实验目的

（1）了解醇氧化制备醛的原理。
（2）掌握分馏操作。

实验原理

在实验室中，可用重铬酸钠作氧化剂，伯醇经氧化得到正丁醛。为防止醛被氧化以及其他副反应发生，应及时把醛从反应混合物中蒸出。

主反应：

$$CH_3(CH_2)_2CH_2OH \xrightarrow[H_2SO_4]{Na_2Cr_2O_7} CH_3(CH_2)_2CHO + H_2O$$

副反应：

$$CH_3CH_2CH_2CHO \xrightarrow[H_2SO_4]{Na_2Cr_2O_7} CH_3(CH_2)_2COOH$$

$$2CH_3(CH_2)_2CH_2OH \xrightarrow[H_2SO_4]{Na_2Cr_2O_7} CH_3(CH_2)_2COOCH_2(CH_2)_2CH_3 + 2H_2O$$

仪器与药品

仪器：250 mL 三口烧瓶；分馏柱；冷凝管；滴液漏斗；温度计；锥形瓶；分液漏斗；烧杯；蒸馏装置。

药品：正丁醇，28 mL（22.2 g，0.3 mol）；重铬酸钠，30 g（0.13 mol）；浓硫酸，22 mL；无水硫酸镁。

实验步骤

按图 4-5 安装仪器。

取 250 mL 烧杯，将 30 g 重铬酸钠溶于 165 mL 水中，在玻璃棒不断搅拌及冷水浴下，缓慢加入 22 mL 浓硫酸。

取 250 mL 三口瓶，加入 28 mL 正丁醇，1~2 粒沸石。将新配制的重铬酸钠溶液倒入滴液漏斗中，开始缓慢加热至正丁醇微沸，当三口瓶中蒸气上升并到达分馏柱的底部时，开始滴加重铬酸钠溶液。控制滴加速度，以分馏柱顶部温度计读数不超过 80 ℃为宜（大约需要 20 min 滴加完毕）。此时接收器中有正丁醛生成❶，由于氧化反应为放热反应，应随时注意温度变化，并控制分馏柱顶部温度计读数在 75~85 ℃之间。

当氧化剂全部滴加完后，继续缓慢加热 15~20 min。当温度计读数超过 95 ℃时，停止收集。

将粗正丁醛倒入分液漏斗中，分去水层。将油层倒入干燥的磨口锥形瓶中，并用无水硫酸镁干燥。安装好蒸馏装置。将干燥过的粗产物倒入 50 mL 圆底烧瓶中，加入 1~2 粒沸石，缓慢加热，收集 70~80 ℃的馏分❷。

纯正丁醛为无色透明液体，沸点 75.7 ℃，相对密度 0.817。

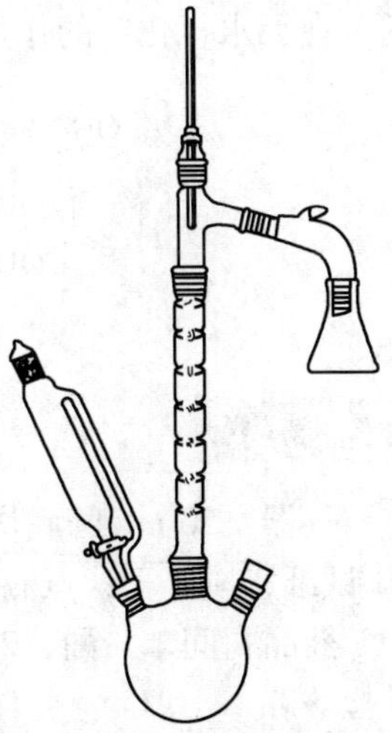

图 4-5　正丁醛制备装置

思考题

（1）列举实验室中制备正丁醛的其他方法。

（2）总结正丁醛产率较低的原因。

（3）本实验为何选用无水硫酸镁作干燥剂？

实验 4-8　2,4-二羟基苯乙酮的制备

2,4-二羟基苯乙酮（2,4-dihydroxyacetophenone）是有机合成原料，医药工业上用于制备冠心病药物“乙氧黄酮”，也可以用于制备农药、黄酮等精细化工产品。

实验目的

（1）了解 Friedel-Crafts 酰基化反应原理。

（2）巩固回流、减压过滤基本操作。

实验原理

合成芳香酮最普遍使用的方法是 Friedel-Crafts 酰基化反应，产物是二芳基酮或芳基烷基酮。2,4-二羟基苯乙酮可以由间苯二酚为原料，采用乙酸为酰化试

---

❶ 此时蒸出的是正丁醛与水的混合物，接收器应用冰水浴冷却。正丁醛与水形成恒沸混合物，沸点 68 ℃，正丁醛含量为 90.3%。

❷ 为防止正丁醛被氧化，应将其保存于棕色瓶中。大部分正丁醇在 73 ℃开始蒸出。如需回收正丁醇，可加大火焰，继续加热，收集 80~120 ℃的馏分。

剂，在无水氯化锌的作用下在苯环上引入乙酰基。

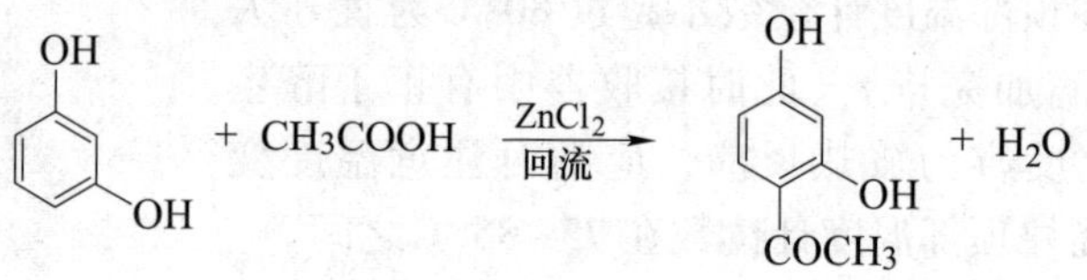

仪器与药品

仪器：50 mL 圆底烧瓶；回流冷凝管；烧杯；抽滤瓶；布氏漏斗；表面皿；pH 试纸；搅拌子；点滴板。

药品：间苯二酚，2.25 g(20.0 mmol)；无水氯化锌，2.5 g；冰乙酸，6 mL；稀盐酸。

实验步骤

向干燥的 50 mL 圆底烧瓶中加入无水氯化锌 2.5 g、冰乙酸 6 mL，振荡溶解后加入间苯二酚 2.25 g，搅拌回流 1 h。冷却至室温后，将反应液转移至盛有 40 mL 水的烧杯中，搅拌下用稀盐酸酸化至 pH=2，在冰水中充分冷却，析出橘红色晶体，抽滤，冷水洗涤 3 次，抽干得粗产物。粗产物在水中重结晶，可得到橘黄色针状或叶状结晶，熔点为 143~145 ℃。

思考题

（1）本实验如果仪器不干燥或药品中含水，对实验的进行有什么影响？

（2）怎样提高 2,4-二羟基苯乙酮的产率？

实验 4-9　2-羟基查尔酮的制备

2-羟基查尔酮（2-hydroxychalcones）属于查尔酮类化合物，这类物质广泛存在于植物中，如茶叶、蔬菜等，具有抗菌抗炎效果。2-羟基查尔酮可用作药物合成中间体，如制备黄酮醇类化合物。

实验目的

（1）了解 2-羟基查尔酮的合成原理。

（2）掌握减压过滤和重结晶操作。

实验原理

稀碱作用下，邻羟基苯乙酮与苯甲醛发生羟醛缩合反应，即 Claisen-Schmidt

反应，可以制备2-羟基查尔酮。反应方程式如下：

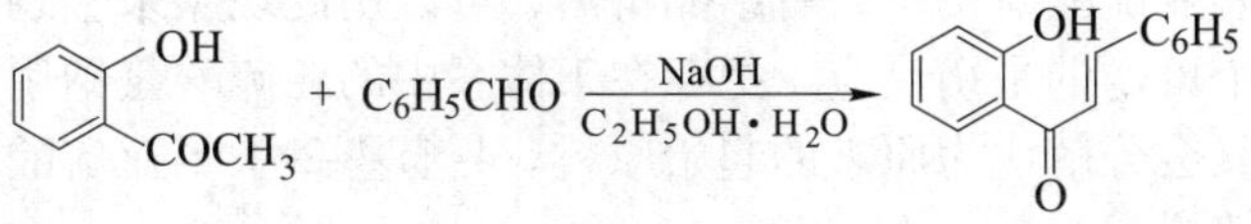

仪器与药品

仪器：25 mL圆底烧瓶；50 mL烧杯；移液枪；温度计；抽滤瓶；布氏漏斗；点滴板；pH试纸。

药品：2-羟基苯乙酮，1.6 g（11.8 mmol）；苯甲醛，1.2 g（11.3 mmol）；氢氧化钠，1.0 g；无水乙醇，3.5 mL；5%盐酸。

实验步骤

在25 mL的圆底烧瓶中加入1.0 g氢氧化钠和5.0 mL水，放入搅拌磁子搅拌，溶解后，再加入2.5 mL无水乙醇和2-羟基苯乙酮（1.6 g）的混合溶液，滴加由1.2 g苯甲醛和1.0 mL无水乙醇配制的混合溶液。35 ℃左右搅拌约0.5 h，样品逐渐变为橙色，同时有固体析出，难以搅拌时停止实验。

在冰水浴中，将产物用5%的盐酸酸化至pH＝7～8，待固体析出完全后，减压过滤，晾干。粗产品可用乙醇重结晶。纯2-羟基查尔酮为黄色结晶，熔点为86～88 ℃。

思考题

（1）如何控制Claisen-Schmidt反应的反应条件？

（2）量取苯甲醛后，为什么要马上盖上试剂瓶盖？

实验4-10　4-苯基-2-丁酮亚硫酸氢钠加成物的制备

4-苯基-2-丁酮（4-Phenyl-2-butanone）存在于天然烈香杜鹃的挥发油中，也是重要的医药中间体，临床上具有止咳、祛痰的作用。作为治疗剂时，经常制备为亚硫酸氢钠加成物，易于服用和存放。

实验目的

（1）了解4-苯基-2-丁酮亚硫酸氢钠加成物的合成原理。

（2）熟练掌握回流、减压过滤等基本操作。

实验原理

醛、脂肪族甲基酮和部分环状酮与过量的饱和亚硫酸氢钠溶液一同振荡，不需要催化剂就可以发生亲核加成反应，生成α-羟基磺酸钠。α-羟基磺酸钠易溶于水，不溶于饱和亚硫酸氢钠，会有结晶析出，可以用此现象来鉴别醛酮。由于该加成反应是一个可逆的平衡反应，把存在于体系中的亚硫酸氢钠用酸或碱不断地除去，加成物又会分解成为原来的起始原料。4-苯基-2-丁酮亚硫酸氢钠加成物的制备反应方程式为：

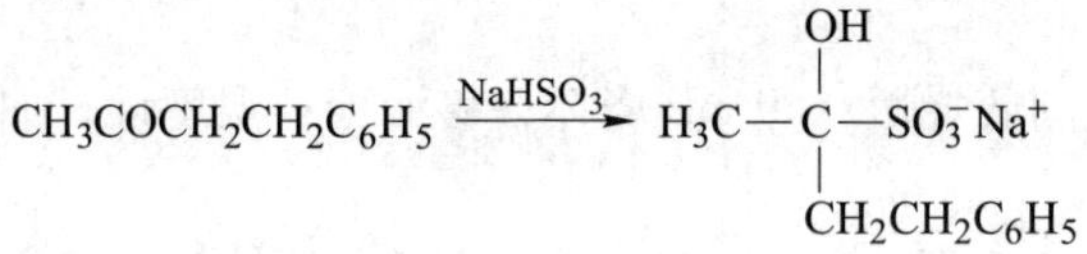

仪器与药品

仪器：50 mL 三口烧瓶；回流冷凝管；烧杯；温度计；搅拌子；50 mL 锥形瓶；抽滤瓶；布氏漏斗；移液枪。

药品：4-苯基-2-丁酮，2.8 mL(18.7 mmol)；亚硫酸氢钠，2.1 g(20.0 mmol)；95%乙醇，12.5 mL。

实验步骤

在 50 mL 三口烧瓶中，加入 2.1 g 亚硫酸氢钠和 9 mL 水，安装回流冷凝管、温度计，放入搅拌子。搅拌下慢慢加热到 80 ℃左右。在 50 mL 锥形瓶中，加入 2.8 mL 4-苯基-2-丁酮和 95%乙醇（12.5 mL）混匀，从冷凝管上口分批加入三口烧瓶中，然后加热至回流 15 min，得到透明溶液。

将产物转移到烧杯内，冷却，晶体析出完全后抽滤，固体用少量乙醇洗涤两次，得到白色片状结晶。

思考题

（1）回流时间为什么不能超过 15 min?

（2）试写出该亲核加成反应的机理。

实验 4-11　环己酮肟的制备

环己酮肟（cyclohexanone oxime），是生产已内酰胺的关键有机中间体，在树脂、合成纤维和工程塑料的制造中应用广泛。

实验目的

（1）了解环己酮肟制备的反应原理。

（2）熟练掌握减压过滤操作。

实验原理

环己酮与盐酸羟胺发生亲核加成反应，脱水得到环己酮肟。

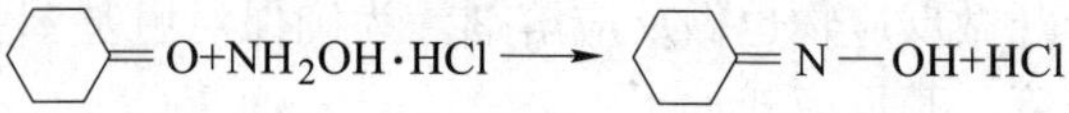

仪器与药品

仪器：100 mL 锥形瓶；烧杯；搅拌子；量筒；抽滤瓶；布氏漏斗；移液枪；橡胶塞。

药品：环己酮，2.6 mL(2.5 g，25.3 mmol)；盐酸羟胺，2.4 g(33.0 mmol)；结晶乙酸钠，3.4 g(24.0 mmol)。

实验步骤

在 100 mL 锥形瓶中，加入 17 mL 水和 2.4 g 盐酸羟胺，磁力搅拌使之溶解。再加入 2.6 mL 环己酮，磁力搅拌使之溶解。在另一烧杯中，把 3.4 g 结晶乙酸钠溶于 7 mL 水中，搅拌下将此乙酸钠溶液滴加到上述溶液中，即可得粉末状环己酮肟。为使反应进行完全，可用橡胶塞塞紧瓶口，用力振荡约 5 min。把锥形瓶放入冰水浴中冷却。粗产物在布氏漏斗上抽滤，用少量水洗涤，尽量挤出水分。取出滤饼，放在空气中晾干，称重。

纯环己酮肟为无色棱柱晶体，熔点为 90 ℃。

思 考 题

(1) 为什么把反应完的混合物先放到冰水浴中冷却然后再过滤？

(2) 粗产物抽滤后，用少量水洗涤除去什么杂质？用水量的多少对实验结果有什么影响？

(3) 加乙酸钠的作用是什么？

实验 4-12 对甲基-*N*-乙酰苯胺的制备

对甲基-*N*-乙酰苯胺（*N*-(4-methylphenyl)-acetamide），微溶于水，易溶于醇、醚、乙酸乙酯、冰乙酸和热水。它是重要的有机合成中间体，在化工、医药行业中具有重要价值。

实验目的

(1) 了解对甲基-*N*-乙酰苯胺的合成原理。

(2) 巩固回流、重结晶等基本操作。

实验原理

对甲基-*N*-乙酰苯胺可以由对甲基苯胺和乙酸酐为原料，通过酰胺化反应来制备。其中乙酸酐既做反应物也做反应溶剂。为确保对甲基苯胺转化完全，可以对反应进行加热回流。其反应式如下：

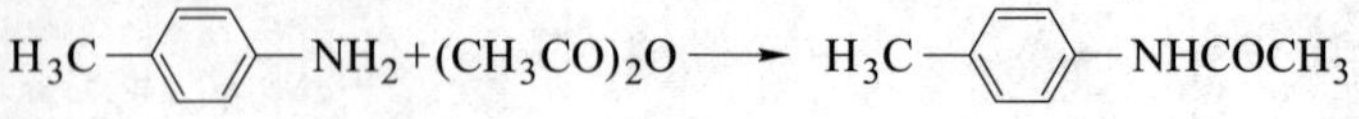

仪器与药品

仪器：25 mL 圆底烧瓶；回流冷凝管；150 mL 烧杯；搅拌子；电子天平。

药品：对甲苯胺，2.0 g(18.6 mmol)；乙酸酐（新蒸馏），2.4 mL。

实验步骤

在 25 mL 的圆底烧瓶中，加入 2.0 g 对甲苯胺和 2.4 mL 乙酸酐，装上回流冷凝管及搅拌子，反应立即发生并放热，使固体完全溶解。可加热回流 10 min，在通风橱中趁热将反应混合物倒入装有 150 mL 冷水的烧杯中，边加边搅动，立即析出浅黄色固体，逐渐变为白色。抽滤，用少量冷水洗涤结晶 3 次，得粗产品。纯对甲基-*N*-乙酰苯胺是无色针状结晶，熔点为 149~151 ℃。

思考题

（1）为什么反应中需要使用新蒸馏的乙酸酐？

（2）芳胺的酰基化反应比较容易，其常用的酰基化试剂有哪些？

实验 4-13　乙酰苯胺的制备

乙酰苯胺（acetanilide）是磺胺类药物的原料，可用作止痛剂、退热剂、防腐剂和染料中间体。

实验目的

（1）学习苯胺乙酰化反应的原理和方法。

（2）掌握重结晶、减压过滤基本操作。

实验原理

用苯胺与冰乙酸反应制备乙酰苯胺。其反应式如下：

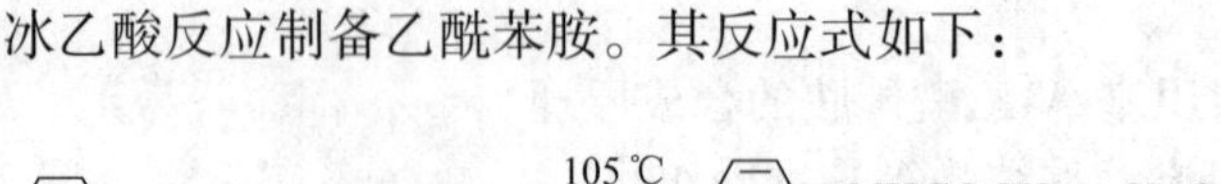

仪器与药品

仪器：锥形瓶；分馏柱；温度计；抽滤瓶；布氏漏斗；表面皿。

药品：苯胺❶，5 mL（5.1 g，0.055 mol）；冰乙酸，7.5 mL（7.8 g，0.13 mol）；锌粉，0.1 g；活性炭粉，0.5 g。

实验步骤

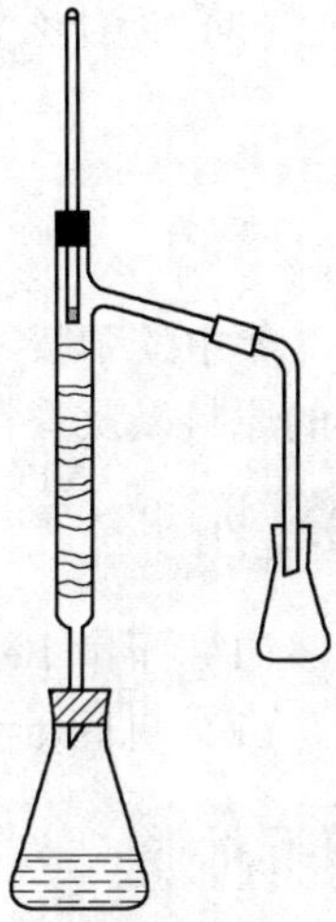

图 4-6 乙酰苯胺制备装置

实验装置如图 4-6 所示。往烧瓶中加入 5 mL 苯胺、7.5 mL 冰乙酸，摇匀，加 0.1 g 锌粉。缓慢加热，保持反应混合物微沸 10 min，然后逐渐升温，当温度计读数达到 100 ℃左右时即有液体流出，保持温度在105 ℃左右，40~60 min 后，可适当提高温度到 110 ℃，蒸出大部分的水和乙酸。当温度出现波动或自行下降时，表明反应完成。这时，蒸出的水和乙酸大约有 4 mL。趁热将烧瓶残液倒入盛有 80 mL 冷水的烧杯中❷，即有白色固体析出，稍加搅拌并冷却。抽滤，用少量冷水洗涤。

把上面粗制的乙酰苯胺溶入 100 mL 热水中加热至沸腾。如果仍有未溶解的油珠，需补加热水，直到油珠完全溶解为止❸。稍冷后加约 0.5 g 活性炭粉，用玻璃棒搅拌并煮沸 1~2 min，趁热用热水漏斗过滤，冷却滤液，即得白色片状的乙酰苯胺晶体。抽滤，晾干后称重，产率约为 65%。纯乙酰苯胺的熔点为 113~114 ℃。乙酰苯胺红外光谱图如图 4-7 所示。

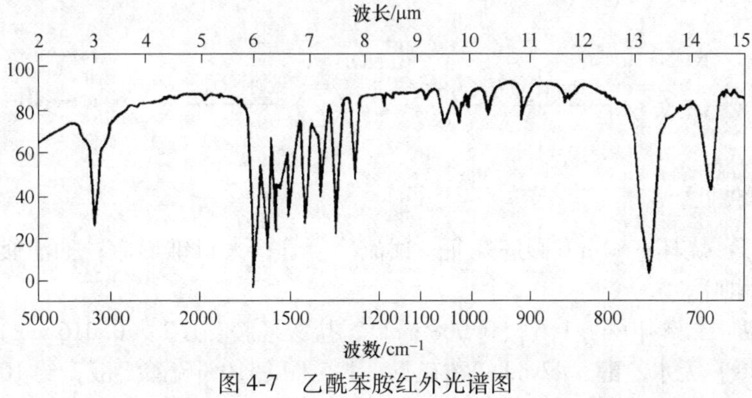

图 4-7 乙酰苯胺红外光谱图

❶ 久置的苯胺色深有杂质，需蒸馏纯化，新蒸出的苯胺是无色或淡黄色的液体。

❷ 若残液直接冷却，固体产物易黏附在烧瓶壁上，不易处理。趁热倾入冷水中，操作方便易行，可用以除去残余的乙酸及未作用的苯胺。苯胺可成为苯胺乙酸盐溶于水中。

❸ 在不同温度下，乙酰苯胺在 100 mL 水中的溶解度（*g*）为：0.46（20 ℃），0.56（25 ℃），0.48（50 ℃），3.45（80 ℃），5.5（100 ℃）。

思考题

(1) 为什么本实验装置中要装分馏柱?

(2) 苯胺的乙酰化反应有什么用途? 常用的乙酰化试剂有哪些? 试比较它们的乙酰化能力。

(3) 为什么要加入活性炭，且要在稍冷后方能加入?

实验 4-14 苯甲酰苯胺的制备

苯甲酰苯胺（*N*-phenyl benzamide）是制备农药如杀虫剂、植物生长调节剂等的原料以及香料和医药的中间体。

实验目的

(1) 了解 Beckmann 重排反应的基本原理。

(2) 巩固重结晶和减压过滤基本操作。

实验原理

二苯甲酮与盐酸羟胺反应生成肟，然后在浓硫酸或者五氯化磷等酸性试剂作用下发生分子重排反应生成酰胺。这类型的反应被称为 Beckmann 重排反应。

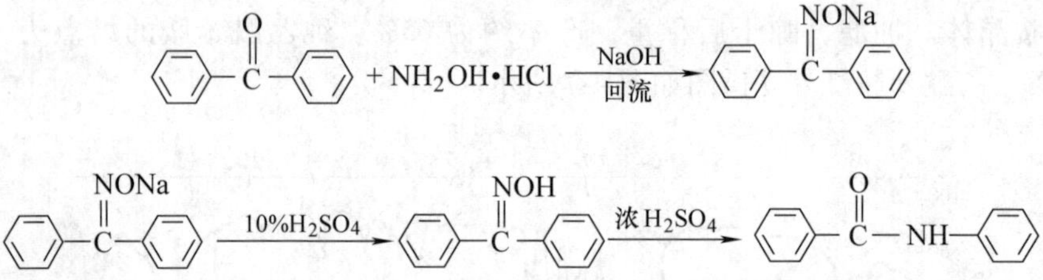

仪器与药品

仪器：烧杯；50 mL 圆底烧瓶；回流冷凝管；大口锥形瓶；抽滤瓶；布氏漏斗；表面皿。

药品：二苯甲酮，1.6 g(0.008 mol)；盐酸羟胺，1.2 g(0.016 mol)；氢氧化钠，2.0 g；无水乙醇，42 mL；浓硫酸，1.5 mL；10%硫酸溶液，约 10 mL。

实验步骤

1. 二苯甲酮肟的制备

在 50 mL 圆底烧瓶中，加入 1.6 g 二苯甲酮和 10 mL 无水乙醇，搅拌溶解后，依次加入 1.2 g 盐酸羟胺（溶于 2.4 mL 水中）及 2 g 氢氧化钠（溶于 4 mL 水中）

的溶液，磁力搅拌，加热回流 30 min 后，将反应物倒入 20 mL 水中，此时得一透明溶液（pH=13~14）。

加入 10%硫酸溶液约 8 mL 至不再有沉淀析出（pH≈1），抽滤。用少量冷水洗涤，粗产物用乙醇—水重结晶（30 mL+30 mL），必要时用活性炭脱色。产物是白色晶体，熔点为 145 ℃。

2. 苯甲酰苯胺的制备

将装有 0.8 g 二苯甲酮肟的锥形瓶置于冷水浴中，慢慢加入 1~1.5 mL 浓硫酸，固体溶解后水浴加热，逐渐将水加热至沸，在沸水浴中继续反应 10~15 min，然后放入冰水浴中，慢慢加入 10 g 碎冰，这时有沉淀析出，将锥形瓶在冰水浴中放置至沉淀完全，抽滤，用冰水洗至中性。粗产物可用乙醇—水重结晶（12 mL+12 mL），必要时可用活性炭脱色。

思考题

（1）除用浓硫酸作催化剂外，Beckmann 重排反应还可用哪些试剂作催化剂？

（2）Beckmann 重排反应为何要在强酸作用下进行？

实验 4-15 9,10-二氢蒽-9,10-α,β-丁二酸酐的制备

9,10-二氢蒽-9,10-α,β-丁二酸酐是一种重要的有机染料中间体。

实验目的

（1）了解 Diels-Alder 反应的原理及其在有机合成上的应用。

（2）巩固减压过滤基本操作。

实验原理

9,10-二氢蒽-9,10-α,β-丁二酸酐可由蒽与顺丁烯二酸酐经共轭加成而制得。

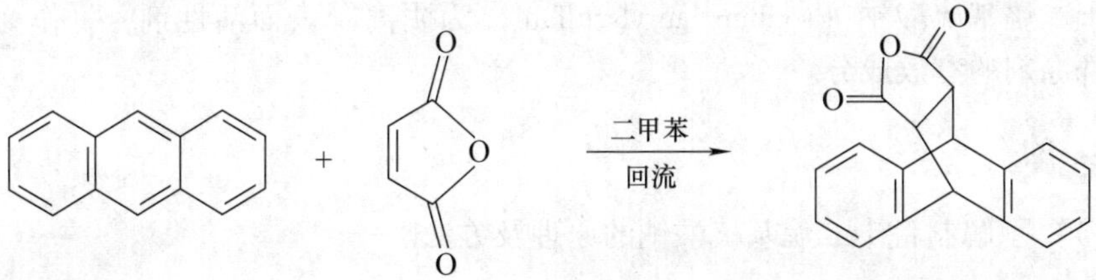

仪器与药品

仪器：25 mL 及 50 mL 圆底烧瓶；回流冷凝管；抽滤瓶；布氏漏斗；表面皿。

药品：

（1）常量。蒽，2.0 g(0.01 mol)；顺丁烯二酸酐，1.0 g(0.01 mol)；二甲苯，25 mL。

（2）半微量。蒽，0.4 g（0.002 mol）；顺丁烯二酸酐，0.2 g（0.002 mol）；二甲苯，5 mL。

实验步骤

1. 常量法

在 50 mL 圆底烧瓶中加入 2.0 g 蒽、1.0 g 顺丁烯二酸酐和 25 mL 无水的二甲苯，连接回流冷凝管，加热回流 25 min。将液面的边缘上析出的晶体振荡下去，再继续加热 5 min，停止加热。当不回流时，趁热经一预热过的布氏漏斗过滤，滤液放冷，抽滤分出固体产物，在真空干燥箱中干燥，产量约为 2 g，熔点为 262~263 ℃（分解）。

2. 半微量法

在 25 mL 圆底烧瓶中加入 0.4 g 蒽和 0.2 g 顺丁烯二酸酐❶，再加入 2~3 mL 二甲苯❷作溶剂，装上空气冷凝管，加热。稍振摇反应物，使其完全溶解并维持反应液沸腾，回流 20 min。停止加热，于室温下放置，让其慢慢冷却，结晶完成后抽滤，即得粗产品。

粗产品用 1~2 mL 二甲苯重结晶可得无色晶体❸，熔点的文献值为 262 ℃。

思考题

（1）本实验中使用的二甲苯如未经干燥，会对实验带来什么影响？

（2）测定熔点时，如温度上升过快，对结果有什么影响？

实验 4-16　十二烷基硫酸钠的制备

十二烷基硫酸钠（sodium lauryl sulfate）为阴离子表面活性剂，可作为洗衣粉及洗涤剂的有效成分。

实验目的

（1）了解制备十二烷基硫酸钠的原理及方法。

❶ 顺丁烯二酸酐如放置过久，用时应重结晶。称 10 g 顺丁烯二酸酐加 15 mL 三氯甲烷，煮沸数分钟，趁热过滤，冷却后即析出纯净的顺酐。抽滤，置干燥器中晾干，熔点为 53 ℃。

❷ 在使用前二甲苯最好用分子筛干燥。

❸ 抽滤出的产物，要在真空干燥箱内进一步干燥，如干燥不好，产物在空气中吸收水分，发生部分分解，导致熔点下降。

（2）巩固萃取、蒸馏基本操作。

实验原理

本实验以浓硫酸与十二醇反应生成硫酸单十二烷基酯，再加入碳酸钠水溶液使其成盐，即生成十二烷基硫酸钠。

$$CH_3(CH_2)_{10}CH_2OH + HOSO_3H \xrightarrow{\text{冰浴}} CH_3(CH_2)_{10}CH_2OSO_3H + HCl$$

$$2CH_3(CH_2)_{10}CH_2OSO_3H + Na_2CO_3 \longrightarrow 2CH_3(CH_2)_{10}CH_2OSO_3^-Na^+ + H_2O + CO_2$$

仪器与药品

仪器：250 mL 烧杯；锥形瓶；温度计；分液漏斗。

药品：十二醇（月桂醇），10 g(0.054 mol)；浓硫酸，2.9 mL(5.3 g，0.054 mol)；无水碳酸钠，10 g(0.094 mol)；正丁醇，50 mL；冰，500 g；饱和碳酸钠水溶液，50 mL；冰乙酸，10 mL；丙酮，15 mL。

实验步骤

把 10 mL 冰乙酸倒入干燥的 250 mL 烧杯中，并将烧杯置于冰浴中冷却至 5 ℃左右，然后把冷却后的烧杯放在通风橱中，用滴管向烧杯中慢慢滴加 2.9 mL 浓硫酸。滴加完毕，将烧杯置入冰浴中，用玻璃棒边搅拌边将 10 g 十二醇❶慢慢加入烧杯中❷，大约在 5 min 内加完。然后在 5 ℃条件下，继续搅拌反应30 min，使十二醇全部溶解。如果还有部分醇没溶解，可撤除冰浴，在室温下延长搅拌时间，直至十二醇完全溶解，反应即至终点。

将盛有 30 g 碎冰的 250 mL 烧杯置于通风橱中，把反应混合物慢慢倒在碎冰上，再加入 30 mL 正丁醇，用玻璃棒充分搅拌 3 min。然后，在搅拌下慢慢滴加饱和碳酸钠水溶液❸直到反应混合物呈微碱性（pH=8）。接着，再向混合物加入 10 g 无水碳酸钠，稍加搅拌后静置片刻，使没有溶解的碳酸钠沉积在烧杯底部，然后将液相倾入分液漏斗，静置分层。收集液相中的上层油层，分出来的水相再以 20 mL 正丁醇萃取。正丁醇萃取液与前面收集的油相合并，静置于分液漏斗中，将残余水相分离完全。

打开水泵，在减压条件下用旋转蒸发仪蒸除正丁醇溶剂，当大部分溶剂蒸除后，十二烷基硫酸钠呈白色稠状物析出，将稠状物置于烘箱中，在 80 ℃条件下干燥，然后称量并计算产率。

十二烷基硫酸钠沸点为 204~207 ℃，其红外光谱图如图 4-8 所示。

---

❶ 十二醇的熔点为 24 ℃，室温较低时，反应前要将十二醇充分研细。

❷ 在搅拌反应过程中，要避免将水溅进烧杯中。

❸ 加入碳酸钠水溶液会产生大量的二氧化碳，滴加时不可太快，以防溶液随气体溢出烧杯。

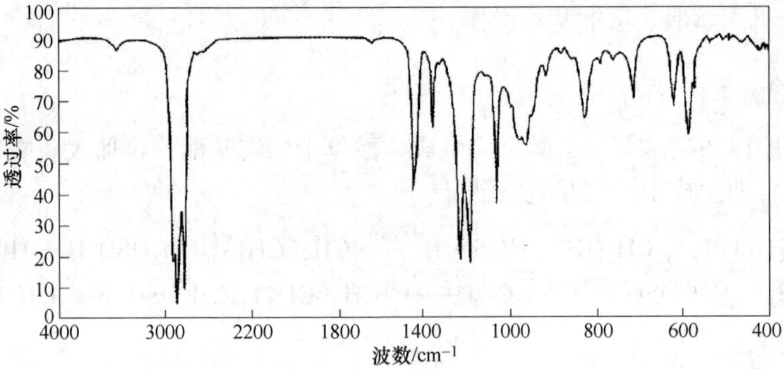

图 4-8　十二烷基硫酸钠红外光谱图

思考题

用正丁醇对十二烷基硫酸钠进行萃取时，为什么要加入过量的固体碳酸钠？

实验 4-17　乙酸异戊酯的绿色制备

绿色化学是在 20 世纪 90 年代诞生的，它是人们认识到传统化学的不足而产生的一门新兴学科。绿色化学就是用化学原理和方法来减少或消除工业生产过程中对生态环境有害的原料、催化剂、试剂、副产物等的一门科学，是从源头上阻止环境污染的化学，它是化学未来发展的方向。

传统化学更关注如何通过化学的方法得到更多的目标产物，而在此过程中对环境的影响则考虑较少，即使考虑也着眼于事后的治理而不是事前的预防。而绿色化学是对传统化学和化学工业的革命，它是以生态环境意识为指导，研究对环境没有（或尽可能小的）副作用，在技术上和经济上可行的化学品和化学过程。要预防化学污染，最关键的问题应该是培养具有环境保护意识的人，树立可持续发展的观念。

乙酸异戊酯（isoamyl acetate）在工业上主要用作食用香料和溶剂，是一种用途广泛的有机化工产品。乙酸异戊酯具有水果香味，并略带花香，存在于苹果、香蕉等果实中。乙酸异戊酯的合成方法很多，传统的方法是以浓硫酸为催化剂，由乙酸和异戊醇直接酯化反应制得，虽然硫酸反应活性较高且价廉，但却存在着腐蚀设备、反应时间长、副反应多、产率低、产品纯度低、后处理过程复杂、污染环境等缺点。

实验目的

（1）了解乙酸异戊酯的绿色合成的基本原理。

（2）掌握乙酸异戊酯的绿色合成的基本操作。

实验原理

本实验采用醋酐与异戊醇在不加催化剂条件下直接合成乙酸异戊酯的方法，来实现绿色化合成的目的。改进后的方法具有不污染环境、副反应少、反应时间短、产品纯度高、收率高等优点。反应式为：

$$(CH_3CO)_2O + (CH_3)_2CHCH_2CH_2OH \xrightleftharpoons{85\ ℃} CH_3COOCH_2CH_2CH(CH_3)_2 + CH_3COOH$$

仪器与药品

仪器：50 mL 和 100 mL 圆底烧瓶；回流冷凝管；分液漏斗；蒸馏装置。

药品：异戊醇，11 mL(0.10 mol)；醋酐，11.4 mL(0.12 mol)；饱和碳酸钠溶液；饱和氯化钠溶液；饱和氯化钙溶液；无水硫酸镁。

实验步骤

在 100 mL 的圆底烧瓶中加入 11 mL（0.10 mol）异戊醇和 11.4 mL（0.12 mol）醋酐，85 ℃水浴反应 1.2 h，冷却反应液，将反应液倒入分液漏斗中，静置分去水层，有机层用饱和碳酸钠溶液中和至不再有二氧化碳气体逸出❶，有机相为中性。分去水层后，有机相分别用 10 mL 饱和氯化钠、10 mL 饱和氯化钙溶液洗涤一次，再用无水硫酸镁干燥至溶液澄清，蒸馏，收集 139~143 ℃馏分。

产物产率为 94.8%❷，测量产品折射率并进行红外光谱测定分析。

思考题

（1）乙酸异戊酯的绿色合成与普通的非绿色合成有何不同？其合成思路有何特点？

（2）反应产生的乙酸如何回收？

实验 4-18　乙酰乙酸乙酯的制备

乙酰乙酸乙酯（ethyl acetoacetate）广泛应用于食用香精中，主要用以调配苹果、杏、桃等食用香精。它在制药工业用于制造氨基比林、维生素 B 等，在染料工业中用作合成染料的原料和用于电影基片染色，在有机工业中用作溶剂和合成有机化合物的原料。

---

❶ 注意分液漏斗要放气。

❷ 不用任何催化剂的条件下，用醋酐为酰化试剂得到的乙酸异戊酯产率较高。该实验若在回流温度下反应，反应液温度 128 ℃，反应时间 1.5 h，乙酸异戊酯的产率可高达 97.8%。其原因，一方面是醋酐比乙酸具有更高的反应活性，另一方面反应生成的乙酸对酯化反应具有一定的催化作用，从而提高了反应速率和产物的产率。

实验目的

（1）了解克莱森（Claisen）酯缩合反应原理。

（2）巩固减压蒸馏等操作。

实验原理

含有α-氢的酯在碱性催化剂存在下，可与另一分子的酯发生克莱森酯缩合反应，生成β-羰基酸酯，可以依此来制备乙酰乙酸乙酯。采用金属钠作催化剂，所制得的乙酰乙酸乙酯是一个酮式和烯醇式的混合物，在室温下含有93%的酮式及7%的烯醇式。

$$2CH_3\overset{\overset{O}{\|}}{C}-OC_2H_5 + C_2H_5ONa \longrightarrow CH_3\overset{\overset{ONa}{|}}{C}=CH\overset{\overset{O}{\|}}{C}-OC_2H_5 + 2C_2H_5OH$$

$$CH_3\overset{\overset{ONa}{|}}{C}=CH\overset{\overset{O}{\|}}{C}-OC_2H_5 + CH_3COOH \longrightarrow CH_3\overset{\overset{O}{\|}}{C}-CH_2\overset{\overset{O}{\|}}{C}-OC_2H_5 + CH_3COONa$$

仪器与药品

仪器：100 mL圆底烧瓶；回流冷凝管；干燥管；温度计；锥形瓶；分液漏斗；烧杯；蒸馏装置。

药品：乙酸乙酯，18 mL(16.5 g，0.19 mol)；钠，1.7 g(0.07 mol)；50%乙酸，10 mL；饱和食盐水；无水硫酸钠。

实验步骤

在100 mL圆底烧瓶中放入18 mL乙酸乙酯和1.7 g新切成小薄片的金属钠[1]，迅速装上一带有氯化钙干燥管的冷凝管。反应立即开始，反应液处于微沸状态。若反应过于剧烈则用冷水稍微冷却一下，若反应不立即开始，可用缓慢直接加热，促进反应开始后即移去热源。

剧烈反应过后，利用热水浴保持反应体系一直处于微沸状态。至反应后期可

---

[1] 为提高产品的收率，常采用钠珠代替切成小片的金属钠，钠珠的制法如下：

将1.7 g清除掉表皮的金属钠放入一装有回流冷凝管的100 mL圆底烧瓶中，立即加入25 mL预先用金属钠干燥过的二甲苯，将混合物加热至金属钠完全熔融，停止加热，拆下烧瓶，立即用塞子塞紧后包在毛巾内剧烈振荡，使钠分散成尽可能小且均匀的钠珠，随着二甲苯逐步冷却，钠珠迅速固化，待二甲苯冷却至室温后，将二甲苯倾去（在通风橱内或通风处操作）。

如有压钠机，也可将1.7 g金属钠用压钠机直接压成钠丝后使用。

用电热套缓慢地加热，至金属钠全部作用完毕❶。反应结束时整个体系为棕红色透明溶液，但有时也可能夹带有少量黄白色沉淀❷。

待反应物稍冷后，将圆底烧瓶取下，然后一边振摇一边不断地加入 50%乙酸（约 10 mL）直至整个反应液呈弱酸性为止❸。将反应液移入分液漏斗中，加入等体积的饱和食盐水，用力振荡后放置、分层，分出的酯层用无水硫酸钠干燥，将干燥过的酯层移入蒸馏烧瓶中，先在热水浴上蒸去未作用的乙酸乙酯，当流出液的温度达到 95 ℃时，停止蒸馏。

将瓶内剩余液体移入 50 mL 圆底烧瓶中，进行减压蒸馏❹，收集某一真空度下的相应馏分即为产品。本实验务必连续操作完成❺。

纯乙酰乙酸乙酯沸点为 180.4 ℃（同时分解）。

思考题

（1）如何证明产物是两种互变异构体的平衡混合物？

---

❶ 一般要求金属钠全部消耗掉，但极少量未反应的金属钠并不妨碍进一步操作。

❷ 黄色固体即是饱和析出的乙酰乙酸乙酯的钠盐。

❸ 由于乙酰乙酸乙酯中亚甲基上的氢的酸性（$pK_a=11$）比醇强，故在醇钠存在时，乙酰乙酸乙酯将转化成钠盐，即为反应结束时实际制得的产物。当用 50%的乙酸处理钠盐时，便使之转化为乙酰乙酸乙酯。

当溶液已呈弱酸性，而尚有少量固体未溶解时，可加少量水使其溶解。要注意避免加入过量的乙酸，否则会增加酯在水中的溶解度而降低产率。另外，当酸度过高时，会促进副产物“去水乙酸”的生成。

❹ 乙酰乙酸乙酯在常压蒸馏时很容易分解为“去水乙酸”，故应采用减压蒸馏。乙酰乙酸乙酯的沸点与压力的关系见表 4-1。

表 4-1 乙酰乙酸乙酯的沸点与压力的关系

压力/Pa	101325	7999	5333	4000	2666	2400	1867	1600
沸点/℃	181	97	92	88	82	78	74	71

❺ 本实验中酯的产率通常根据金属钠的用量来计算。请注意：本实验从头至尾应尽可能在 1~2 天内完成，任何两步操作之间的间隔太长都会促使“去水乙酸”的生成。

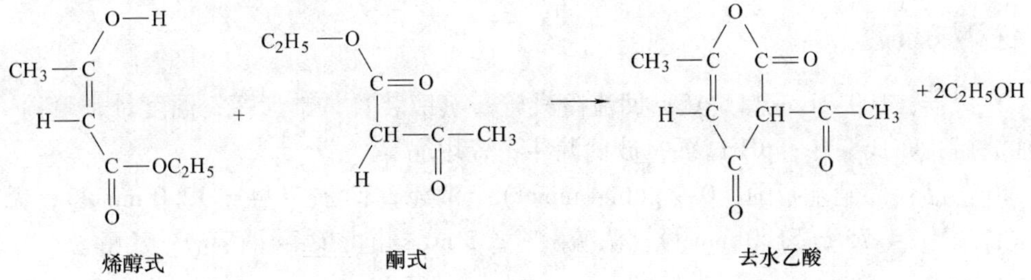

“去水乙酸”通常溶于酯层内，随过量乙酸乙酯的蒸出，特别是在最后减压蒸馏时，随着部分乙酰乙酸乙酯的蒸出，“去水乙酸”就呈棕黄色固体析出。

（2）本实验为什么不用乙醇钠而用金属钠来制取乙酰乙酸乙酯的钠盐？得到钠盐后为什么加50%的乙酸而不用盐酸？酸化后为什么要加饱和食盐水？

实验4-19 8-羟基喹啉的制备

分子环上含有杂原子（碳以外的原子）、具有芳香性的环状化合物称为芳香杂环化合物。8-羟基喹啉（8-oxyquinolin）是一种芳香稠杂环化合物，它是制备卤化喹啉类抗阿米巴药物的重要中间体，也是染料、农药的中间体，还可用作化学分析中的络合滴定指示剂，其硫酸盐和铜盐是优良的防腐剂、消毒剂和防霉剂。

实验目的

（1）了解并掌握Skraup反应原理及应用。

（2）掌握回流、水蒸气蒸馏及减压过滤操作。

实验原理

斯克洛甫（Skraup反应）是合成喹啉及其衍生物的主要方法。它是由芳胺、甘油、硫酸和硝基苯（相应于所用芳胺的硝基化合物做氧化剂，或其他氧化剂）一起反应，生成喹啉的方法。其反应机理为：甘油在酸性条件下先生成丙烯醛，芳胺对其进行共轭加成得到β-芳胺基丙醛，关环脱水得到二氢喹啉，再通过相应氧化剂的氧化得到喹啉产物。8-羟基喹啉可采用邻氨基苯酚、甘油、硫酸和邻硝基苯酚共热制备。其反应式如下：

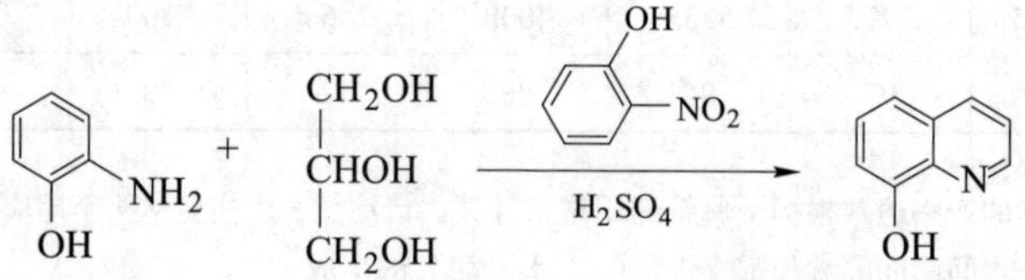

仪器与药品

仪器：100 mL三口烧瓶；回流冷凝管；蒸馏装置；锥形瓶；温度计；量筒；抽滤瓶；布氏漏斗；pH试纸；玻璃漏斗；瓷坩埚等。

药品：邻硝基苯酚，0.9 g(6.4 mmol)；邻氨基苯酚，1.4 g(12.0 mmol)；无水甘油[1]，4.75 g(51.0 mmol)；浓硫酸，2.3 mL；饱和碳酸钠溶液；乙醇。

---

[1] 无水甘油的制法：在通风橱中，把甘油放在蒸发皿中，在沙浴上加热至180 ℃即可。

实验步骤

在 100 mL 三口烧瓶中，加入 0.9 g 邻硝基苯酚、1.4 g 邻氨基苯酚和 4.75 g 无水甘油，混合均匀后缓慢加入 2.3 mL 浓硫酸，安装回流装置，小火加热。反应液微沸时立即撤去热源❶。反应液激烈沸腾放出大量热，待反应缓和后继续加热，保持回流 1~1.5 h。稍冷后，进行水蒸气蒸馏，除去未反应的邻硝基苯酚。将 3 g 氢氧化钠溶于 6 mL 水中，待烧瓶内液体冷却后加入，滴加饱和碳酸钠溶液调至中性❷，再进行第二次水蒸气蒸馏，蒸出 8-羟基喹啉（收集馏出液约 100 mL）。馏出液充分冷却后，晶体析出完全，抽滤，收集晶体，晾干后得粗产品 2 g 左右。粗产品用 4∶1（体积比）的乙醇-水❸重结晶得到纯产物约 1.5 g。

取 0.5 g 产物进行升华操作，可得到美丽的针状晶体。纯 8-羟基喹啉的熔点为 75~76 ℃。

思考题

（1）为什么第一次水蒸气蒸馏是在酸性条件，而第二次是在中性条件进行？

（2）本制备反应中，加入浓硫酸的作用是什么？

（3）在 Skraup 法合成中，如果用对甲基苯胺与甘油为原料，应得到什么产物，又应选用哪种硝基化合物作氧化剂？

实验 4-20　二甲氧基柱［5］芳烃的制备

超分子化学作为“超越分子的化学”，是化学领域的一门新兴学科，与其他学科如材料、高分子、信息乃至生命科学都存在着密不可分的关系。1987 年，诺贝尔化学奖授予了 C. J. Pedersen、D. J. Cram 和 J. M. Lehn，以奖励他们对超分子化学所作的贡献，这同时也标志着超分子化学的诞生。超分子化学是研究两种或两种以上化学物质通过分子间非共价相互作用形成的有高度组织、结构确定，并且具有一定功能的超分子结构的科学，其中非共价相互作用主要包括氢键、π-π 堆积、金属配位、静电作用、范德华力、疏水作用等，主要研究的内容包括主-客体相互作用、分子自组装、动态共价键、分子机器等。

---

❶ 本反应是强放热反应，反应液呈微沸时，反应开始，如不及时移去热源，反应液可能冲出反应瓶外。

❷ 8-羟基喹啉既可溶于酸又可溶于碱形成盐，成盐后不能被水蒸气蒸馏出来，故将反应液中和至 pH = 7~8 时，水蒸气蒸馏出的产物最多。

❸ 用乙醇-水混合物作重结晶溶剂时，要在回流冷凝装置中制备热饱和溶液。

大环化学是超分子化学的主要研究领域之一。冠醚、环糊精、杯芳烃及葫芦脲是超分子化学的四代大环主体。在2008年，一种命名为柱芳烃的新型主体分子首次被合成出来。它具有刚性和对称的柱状结构，显示出迷人的主客体性质，并已经在不同的领域得到了广泛的应用，成为第五代大环主体。

实验目的

（1）了解柱芳烃及超分子化学基础知识。

（2）了解并掌握Friedel-Crafts烷基化反应原理及应用。

（3）了解溶剂对产率的影响。

实验原理

柱[*n*]芳烃，结构简单，可通过一步反应直接合成，并且易于纯化，使其成为开发各种功能化材料的骨架，为开发功能化材料铺平了道路。它具有对称结构，单元间对位桥连接从侧面和顶面看分别为柱状和多边形结构。柱芳烃的体系在超分子化学中发挥着重要作用，因为它们具有良好的富电子腔以容纳特定离子和分子，如图4-9所示，乙基柱芳烃可容纳适当个数的甲醇分子。柱芳烃的官能团多样性与其超分子组装的能力相结合，已经有很多应用，例如形成超分子凝胶、药物递送系统、生物物理应用、分离和存储材料以及光捕获系统等。

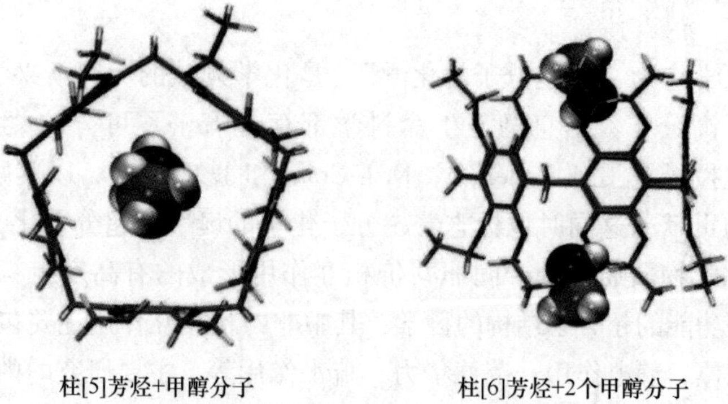

柱[5]芳烃+甲醇分子　　　　柱[6]芳烃+2个甲醇分子

图4-9　柱芳烃主客体络合图

二甲氧基柱[5]芳烃（dimethoxypillar[5]arene），可以作为分子模板，在化学传感、分子识别、功能化荧光探针和催化材料等方面发挥重要作用，广泛用于化学反应和配位化学领域。其结构如图4-10所示。

Friedel-Crafts反应是向芳环上引入烷基和酰基最重要的方法，在合成上具有

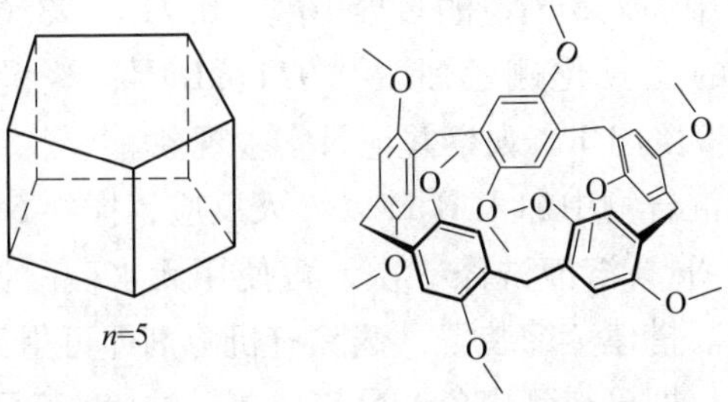

图 4-10　二甲氧基柱[5]芳烃的结构示意图

很大的实用价值。通常用无水三氯化铝作催化剂，$ZnCl_2$、$FeCl_3$、BF_3，质子酸 HF、H_2SO_4 以及多聚磷酸等也可作为催化剂，不同的烷基化试剂也有类似的催化活性。除卤代烷（包括芳烷基卤，如 $ArCH_2Cl$、$ArCHCl_2$）外，其他能产生碳正离子的化合物如烯、醇等也可作为烷基化试剂。使用多卤代烷，可得到二芳基和多芳基烷烃。在本实验中，采用对二甲氧基苯、多聚甲醛为原料，1,2-二氯乙烷为溶剂，由 Friedel-Crafts 烷基化反应的可逆性，生成热力学稳定的五聚体，即二甲氧基柱[5]芳烃。但由于反应比较迅速，需要把握好时间、温度和催化剂用量，较短时间可能导致未生成产物或产率较低，时间较长、温度较高或者催化剂过量可能会导致生成低聚物，最佳反应比例为对二甲氧基苯∶多聚甲醛∶Lewis 酸=1∶3∶1。

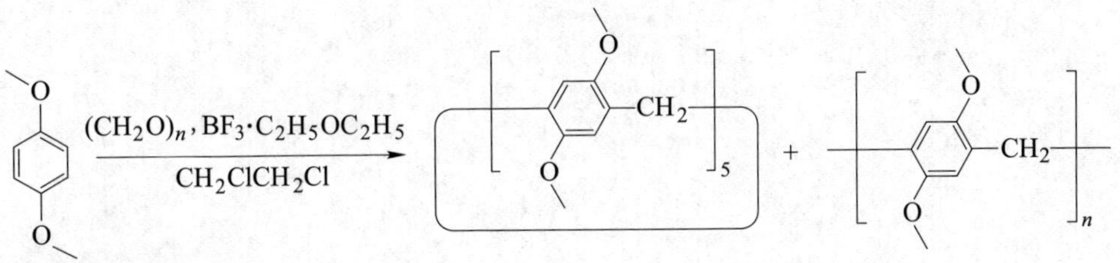

仪器与药品

仪器：100 mL 圆底烧瓶；搅拌子；蒸馏装置；2.5 mL 注射器；100 mL 分液漏斗；100 mL 烧杯；抽滤装置。

药品：1,4-二甲氧基苯，1 g(7.9 mmol)；多聚甲醛，0.71 g(23.6 mmol)；三氟化硼乙醚，0.974 mL；1,2-二氯乙烷；二氯甲烷；饱和氯化钠溶液；无水硫酸钠；丙酮。

实验步骤

将 1,4-二甲氧基苯（1 g，7.9 mmol）溶于 1,2-二氯乙烷（50 mL）中，加入

磁子搅拌。在该溶液中加入3当量的多聚甲醛（0.71 g，23.6 mmol）❶，然后使用注射器吸取1当量的三氟化硼乙醚（0.974 mL）❷，缓慢加入该体系，在室温（25 ℃）下❸搅拌大约1 h。观察并记录实验现象。

反应结束后，在混合物中加入H_2O以淬灭反应，搅拌5 min。将混合物进行分液，有机相用饱和NaCl溶液洗涤3次，再使用无水硫酸钠干燥。过滤，用少量二氯乙烷洗涤3次。搭建蒸馏装置，蒸除有机溶剂即可得到固体粗产物。用丙酮进行重结晶，过滤，即可得到白色产品二甲氧基柱[5]芳烃。

思考题

（1）为何选用1,2-二氯乙烷作为反应溶剂？

（2）反应时间对产物有何影响？时间过短和过长会导致什么结果？

（3）本次实验现象的颜色如何变化？能否依据颜色变化来确定反应的完成，说说你的理由（可查阅资料）。

---

❶ 1,4-二甲氧基苯、多聚甲醛的反应量需控制在1∶3，防止副产物产生的量过多。

❷ 三氟化硼乙醚适当过量，因为三氟化硼乙醚非常容易挥发，防止催化剂的用量不够，导致反应不完全。吸取三氟化硼乙醚时需十分小心，全程在通风橱中进行，头部远离瓶口，谨慎操作；使用完后，用封口膜缠紧，放入冰箱保存。反应容器必须经过干燥，因为三氟化硼乙醚遇水极容易分解，导致催化剂失效。

❸ 反应温度最好控制在30 ℃以下，防止反应过热生成聚合物副产物。

5 非常规条件的有机合成方法

随着科学技术的发展，涌现出许多新的合成方法，其中有些方法已经应用于实际的生产之中。基于此，本章介绍常见的非常规条件的有机合成方法，包括电解法、超声法、微波辅助制备、固态有机合成、光辐射有机合成等。本类实验要求学生掌握单个实验的反应原理及操作，同时还要了解相应合成方法的原理、特点和应用范围。从而，加深学生对有机合成技术领域的了解，开拓视野，并培养学生的创新意识，锻炼其创造性思维和创新能力。

实验 5-1 电解法制备碘仿

碘仿（iodoform），黄色有光泽的片状结晶，又称黄碘，在医药和生物化学中作防腐剂和消毒剂。碘仿可以由乙醇或丙酮与碘的碱溶液作用而制得，也可用电解法制备。本实验以石墨碳棒作电极，直接在丙酮-碘化钾溶液中进行电解反应，十分方便地制取碘仿。

实验目的

（1）了解电有机合成法制备碘仿的基本原理。

（2）初步掌握电化学合成及减压过滤操作。

实验原理

阳极：
$$2I^- - 2e \longrightarrow I_2$$

阴极：
$$2H^+ + 2e \longrightarrow H_2$$

$$I_2 + 2OH^- \rightleftharpoons IO^- + I^- + H_2O$$

$$CH_3\overset{\overset{\displaystyle O}{\|}}{C}CH_3 + 3IO^- \longrightarrow CH_3COO^- + CHI_3\downarrow + 2OH^-$$

副反应：
$$3IO^- \longrightarrow IO_3^- + 2I^-$$

仪器与药品

仪器：烧杯；棒形磁子；抽滤瓶；电极；稳压电源。

药品：丙酮，1 mL(0.8 g，0.014 mol)；碘化钾，6 g(0.361 mol)；异丙醇，6~8 mL。

实验步骤

按图 5-1 安装好电解装置。

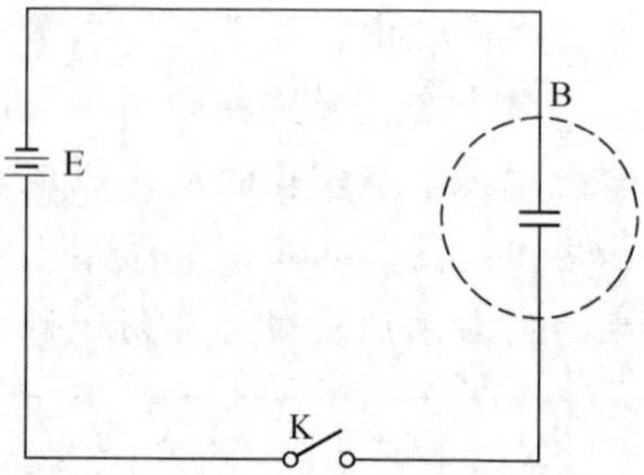

图 5-1 电解装置

图中 B 为电解池（100 mL 烧杯），置于磁力搅拌器的磁板上，放入两根工作电极[1]，E 为 6 V 直流电源，K 为开关。电解池内放入 80 mL 蒸馏水、1 mL 丙酮和 6 g 碘化钾，开动磁力搅拌器，充分搅匀，至碘化钾溶解。闭合 K，进行电解。电解 20~25 min 后，打开 K，停止电解。用小布氏漏斗减压滤取电解时生成的固体，再溶于 6~8 mL 异丙醇中（于水浴中微热），趁热过滤，用冷水冷却滤液，即析出黄色结晶状的碘仿[2]。碘仿的红外光谱图如图 5-2 所示。

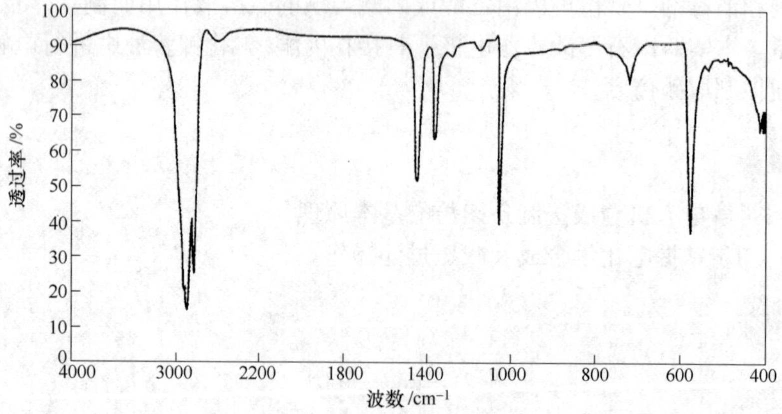

图 5-2 碘仿的红外光谱图

思考题

（1）开始电解后，工作电极周围出现什么颜色的物质，为什么？

---

[1] 可用两根 $\phi=6$ mm、$L=100$ mm 的炭精棒。两电极间的距离越小越好，但不能互相接触造成短路。

[2] 本实验只电解 20~25 min，电解反应并未完全，故本实验不要求计算产率。

（2）随着电解的进行产生什么特殊气味，为什么？

实验 5-2 超声法制备二苯亚甲基丙酮

二苯亚甲基丙酮（dibenzylidene acetone）是重要的有机合成中间体，在染色工业上也可用作媒染剂、固着剂和配制镀锌增光剂。

本实验是超声波促进的化学反应。超声是指超出人耳听觉频率范围（16～19 kHz）的声波。超声不仅能缩短反应时间、提高反应产率，而且反应更加温和，对大多数合成过程如亲电加成、亲核加成、环加成、氧化、还原、取代、缩合、偶联等反应都有促进作用。已有成套的超声化学反应仪供应，但价格昂贵。教学实验可用超声清洗器代替超声反应仪，其频率在 20～80 kHz，功率 50～500 W，适于一般的化学反应。

实验目的

（1）了解超声波促进化学反应的原理。

（2）掌握超声波促进 Claisen-Schmidt 反应操作方法。

（3）掌握回流和重结晶基本操作。

实验原理

超声化学反应主要源于声空化——液体中周期性的空腔形成、振荡、生长、收缩及崩溃，伴随力学、热学、化学、生物学等效应。声空化过程是集中声场能量并迅速释放的过程，在极短的时间和极小的空间内瞬间产生 5000 K 以上高温和大于 1 MPa 的压力，速率变化率高达 1010 K/s，产生强烈冲击波和 110 m/s 的微射流，为一般条件难以实现甚至不可能实现的化学反应提供一种特殊的物理环境，开启了化学反应的新通道。

本实验中苯甲醛和丙酮在稀碱作用下，发生缩合反应（Claisen-Schmidt 反应），缩合产物自发脱水生成稳定的共轭体系得到 α,β-不饱和醛酮。在超声波促进下，可以缩短反应时间，提高产率。

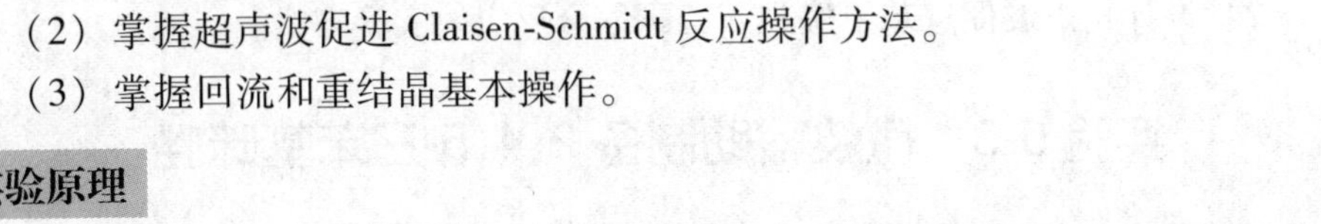

仪器与药品

仪器：50 mL 圆底烧瓶；量筒；烧杯；抽滤瓶；布氏漏斗；搅拌子；移液枪。

药品：苯甲醛❶，3 mL(3.12 g，29.7 mmol)；丙酮，1 mL(0.8 g，13.8 mmol)；10%氢氧化钠溶液，10 mL；95%乙醇。

实验步骤

在 50 mL 圆底烧瓶中，分别加入 10 mL 95%乙醇、10 mL 10%氢氧化钠溶液、3 mL 苯甲醛和 1 mL 丙酮，混合均匀。把圆底烧瓶放入室温下的超声波清洗器水槽中，并塞上塞子防止挥发，超声辐射 10 min❷。取出圆底烧瓶放入冰水浴中冷却，抽滤，用冷水洗涤滤饼至中性。

粗产物转入 50 mL 圆底烧瓶中，加少许 95%乙醇，安装回流冷凝装置，加热至微微沸腾，从冷凝管上口逐渐加 95%乙醇直至固体溶解。冷却烧瓶，待晶体析出完全后，抽滤，用少许 95%乙醇洗涤滤饼，干燥，称量，产量约 2.5 g。纯二苯亚甲基丙酮为无色晶体，熔点为 112 ℃。

思 考 题

（1）反应结束后，为什么用冰水浴冷却反应瓶？

（2）设计超声波促进苯甲醛与苯乙酮缩合反应的实验方案。

实验 5-3　微波辅助制备 2,4,5-三苯基咪唑

2,4,5-三苯基咪唑是一种多取代咪唑类化合物。多取代咪唑类化合物由于其重要的生理活性被广泛应用在蛋白激酶抑制剂、钙拮抗剂、强心剂、抗肿瘤药物等合成中。此外该类化合物在离子液体领域也有重要应用，如在有机合成、催化、萃取、采矿等领域显示出良好的应用前景。

实验目的

（1）了解微波加热在有机合成中的应用。

（2）掌握微波辅助合成法、过滤及重结晶的基本操作。

实验原理

微波是频率在 300 MHz~300 GHz（波长在 1 mm~100 cm）范围内的电磁波，波长位于电磁波谱的红外和无线电波之间。自 1986 年 Richard N. Gedye 教授对微波炉内进行的酯化反应、水解反应和氧化反应等的研究以来，微波技术被广泛用于狄尔斯-阿尔德（Diels-Alder）反应、烷基化反应、羟醛缩合（Aldol）反应、

❶ 必须用新蒸馏的苯甲醛，否则其中的苯甲酸杂质影响反应产率。

❷ 无超声波促进，反应时间一般为 30 min。

重排反应、加成反应以及杂环合成反应中，形成了 MAOS 化学（microwave assisted organic synthesis chemistry），即微波辅助有机合成化学这一新兴交叉学科。微波化学反应具有反应速度快、产率高、选择性好、副产物少等特点，并能使某些常规加热方法不能发生的反应顺利进行。

微波加热是一种直接作用于分子的加热，它主要通过极化机制和电子、离子传导机制进行。通常，极性分子更易吸收微波辐射，所以，在非极性溶剂体系中，极性反应物所处的实际温度要高于反应体系中其他物质的表观温度，这可能会使得某些常规加热方法下不容易发生的反应能在微波下发生。此外，在微波场中，分子运动的取向与直接加热过程中也有所差别，这种取向的局部有序性往往会增大分子间的有效碰撞概率，改变分子排列的焓和熵效应，或诱导分子的振动状态，使分子发生活化，从而使得反应顺利进行。

本实验采用二苯乙二酮，苯甲醛和乙酸铵在微波作用下直接环化制备 2,4,5-三苯基咪唑，无须额外溶剂和催化剂。反应式为：

仪器与药品

仪器：微波反应器；25 mL 圆底烧瓶；抽滤瓶；布氏漏斗。

药品：二苯乙二酮，0.21 g(1.0 mmol)；苯甲醛，0.11 g(1.0 mmol)；乙酸铵，0.077 g(3.0 mmol)。

实验步骤

在 25 mL 圆底烧瓶中加入二苯乙二酮（0.21 g）、苯甲醛（0.11 g）、乙酸铵（0.077 g），混匀，置于微波反应器中，启动微波反应器，在 150W 和 120 ℃下，辐射 5 min。自然冷却反应体系后得到沉淀，过滤反应液，所得粗品用 95% 乙醇重结晶，产率 81%~93%，产品熔点为 276~277 ℃。

思考题

(1) 微波加热功率的大小是否会对产率造成影响？

(2) 反应中乙酸铵的作用是什么？为什么需要使用 3.0 mmol？

实验 5-4　固态研磨法合成 1-溴-2,4,6-三甲氧基苯

1-溴-2,4,6-三甲氧基苯是重要的有机合成中间体。常规的合成方法需要使用

大量的有机溶剂，而固相有机合成操作方便、不使用有机溶剂，具有极大的吸引力。近年来，研磨条件下的固相有机合成可以替代许多传统的有机合成过程，并实现在较温和的条件下取得更高的收率和选择性。

实验目的

（1）掌握研磨法制备有机物的操作方法与步骤。

（2）巩固萃取、干燥和重结晶等实验操作。

实验原理

研磨法能够加速反应的机理尚无定论，一般认为其促进作用在于通过摩擦生热和特殊的摩擦效应使反应体系的总自由能增加而使体系活化。这种特殊的摩擦效应表现在固体在外力作用下的破碎和颗粒减小所带来的表面自由能增加，以及颗粒在反应中的静力、剪切力共同作用下发生形变所储存的弹性张力能两个方面。这种特殊的活化作用将通过不同形式能量之间的转化而耗散，如化学分解或合成转化、粒子的破碎或无定形化、多晶转变等。

通常，1-溴-2,4,6-三甲氧基苯是采用富电子芳烃1,3,5-三甲氧基苯与溴代试剂在路易斯酸（Lewisacid）催化下发生亲电取代反应制备的。该类反应广泛用于合成卤代芳烃、硝基芳烃等芳烃衍生物。当环上含有富电子官能团时，亲电取代反应的活性会明显增高，有时无须催化剂也可顺利反应。

固态研磨法合成1-溴-2,4,6-三甲氧基苯，采用*N*-溴代丁二酰亚胺（NBS）作为亲电溴化试剂，其与1,3,5-三甲氧基苯在无催化剂和溶剂的条件下通过研磨即可高效地合成目标产物，反应式为：

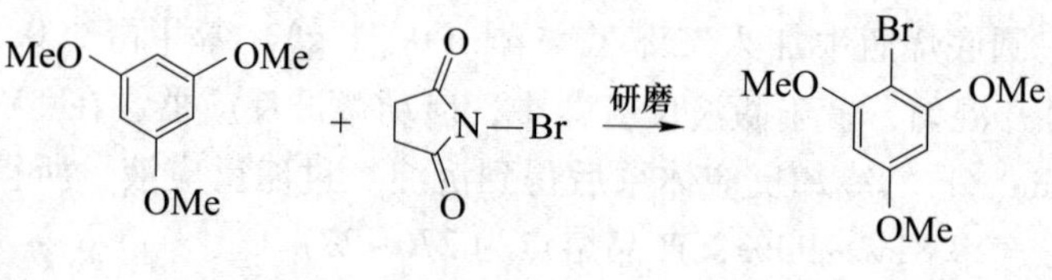

仪器与药品

仪器：研钵；烧杯；量筒；分液漏斗；圆底烧瓶；抽滤瓶；布氏漏斗。

药品：1,3,5-三甲氧基苯，1.0 g(6.0 mmol)；*N*-溴代丁二酰亚胺，1.16 g（6.5 mmol)；乙醚（10 mL)；无水氯化钙；无水硫酸钠；无水乙醇（5 mL)。

实验步骤

分别称取1,3,5-三甲氧基苯（1.0 g）和*N*-溴代丁二酰亚胺（1.16 g)，置于研钵中，不断研磨反应 15 min❶。反应完成后，将混合物转移至 100 mL 烧杯中，加入 10 mL 乙醚，混合物中加入 10%氢氧化钠溶液（5 mL），转移至分液漏斗，分液。再用 5 mL10%氢氧化钠溶液洗涤两次，5 mL 去离子水洗涤一次。收集有机相，并使用少量无水硫酸钠或无水氯化钙干燥，过滤，将有机相转移至圆底烧瓶中，加入无水乙醇（约 5 mL）重结晶得到白色固体产物，产率 70%~91%，产品熔点为 97~99 ℃。

思考题

（1）为什么需要使用 10%氢氧化钠溶液洗涤混合液？

（2）为什么可以采用无水乙醇进行重结晶？

实验 5-5　光辐射反式偶氮苯的异构化及顺、反偶氮苯的分离

由光的作用所引起的化学反应是一类重要的化学反应过程，又称光化学反应或光化作用，如植物的光合作用就是一类重要的光化学反应。物质可以在可见光或紫外线的照射下吸收光能从而发生一些化学转化，将吸收的光能转化为化学能。近年来，光化学有机合成已成为有机化学的重要分支，不仅可以合成结构多样的有机物分子，而且还能实现能量的转化和储存。

实验目的

（1）了解光化学合成的基本原理。

（2）掌握简单光化学合成实验技术。

（3）巩固薄层色谱法的实验操作。

实验原理

有机合成中常见的光化学反应有光异构化反应、光氧化/还原反应、光聚合反应和光取代反应等。光化学有机合成是在光的照射下，有机物分子吸收光子而使某些分子处于能量高的激发态，并引起分子内共价键的断裂和形成，或与其他分子之间发生化学转化生成特定有机物的过程。

偶氮苯有顺、反两种异构体。其中，反式异构体内能较低，稳定性强于顺式异构体。因此，通常方法制备得到的是反式异构体。在光的辐射下，反式偶氮苯

❶ 研磨时注意将边缘的混合物及时使用研磨杵或刮刀刮入研钵中间，使反应更加充分。研磨时间不能过短，否则反应不彻底，导致产物的纯度低。

能吸收紫外光形成活化分子，活化分子在失去过量的能量时会得到顺式异构体或反式异构体的基态。生成的混合物比例组成与光的波长和能量有关：当用 365 nm 的紫外光辐射时，能以 90%以上的比例生成不稳定的顺式异构体；而采用日光照射时，则顺式异构体仅稍多于反式异构体。反式偶氮苯的极性小于顺式偶氮苯，因此可以借助构型差异通过薄层色谱将它们分开。

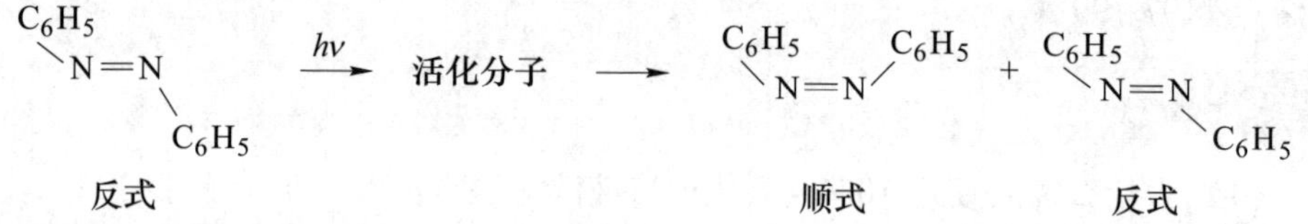

仪器与药品

仪器：石英玻璃管；紫外灯；GF_{254}硅胶板；点样毛细管；层析缸。

药品：偶氮苯；环己烷；苯等。

实验步骤

1. 反式偶氮苯的光化异构化

各取 50 mg 反式偶氮苯于两个小石英玻璃管中，分别加入 1 mL 无水苯，震荡溶解。将一个石英玻璃管放置于波长为 365 nm 的紫外光下照射 30 min；另一管用铝箔纸或黑胶带包好避光，进行对照。

2. 薄层色谱分析偶氮苯的顺、反异构体

用 GF_{254}硅胶板进行点样分析（参见 2. 11 薄层色谱）。用铅笔在距离薄层板两端各约 1 cm 处轻轻画一条线作为起点线和终止线，并在线上点样的位置做两个记号点，点之间距离 0. 5~1 cm，注意不能靠近薄层板的边缘。用两根管口平整的干净毛细管分别进行点样，1 号点为紫外光辐射后的样品，2 号点为未经光照的反式偶氮苯样品。

层析缸中放置由环己烷和苯❶（体积比为 3∶1）组成的展开剂。待薄层板上的苯挥发完毕后，用镊子夹住薄层板顶端，将其倾斜放入层析缸中。薄层板应与水平成 45°~66°，点样端在下方。注意不要将样品点浸入展开剂中，盖上盖子并保持层析缸静止进行展开。观察展开剂在薄层板上的移动过程，当展开剂到达终止线时，停止展开，用镊子取出薄层板，迅速用铅笔画出展开剂前沿线，并将薄层板晾干。可观察到色谱板上经光照后的偶氮苯溶液点样处上端有两个黄色斑点。判断哪一个斑点是顺式的，哪一个斑点是反式的，并分别计算各异构体的 R_f 值。

❶ 也可用 1,2-二氯乙烷或丙酮作为展开剂。

思考题

（1）为什么反式偶氮苯较顺式偶氮苯稳定?

（2）请用有机化学的结构理论解释为什么反式偶氮苯的极性小于顺式偶氮苯?

（3）为什么可以通过 R_f 值来初步鉴定有机化合物?

实验 5-6 可见光促进芳胺的杂芳基化反应

光催化，或称光氧化还原催化（photoredoxcatalysis），是利用光驱动电子转移进而实现化学反应的过程。其中，可见光催化可以采用廉价易得的光源，简化实验装置和流程，受到了广泛关注。尤其是可见光促进的有机合成反应具有反应条件温和、化学选择性好且清洁、能源消耗低等优点，已经成为有机化学家们关注的热点领域。

实验目的

（1）了解光催化反应的原理与意义。

（2）掌握光催化反应的装置搭建及操作方法。

（3）巩固萃取、蒸馏、柱层析等实验操作。

实验原理

可见光氧化还原催化反应通常依赖光敏剂在可见光激发下与有机物之间进行单电子转移（SET）。由于大多数小分子量的有机物不能吸收可见光，因此，大部分反应都需要加入额外的光敏剂作为光催化剂来促进反应的进行。常见的光催化剂包括一些染料分子和具有大的共轭结构的有机物，如曙红 Y(eosin Y)、酸性红 94（rose Bengal）、罗丹明 B(Rhodamine B)、$Arc\text{-}Mes^+$等。一些过渡金属配合物，如 $Ru(bpy)_3(PF_6)_2$、*fac*-$I_r(ppy)_3$ 等也能吸收可见光，催化部分有机反应。

对氨基苯腈、呋喃在亚硝酸叔丁酯（*t*-BuONO）和曙红 Y 的作用下，采用蓝光 LED 灯照射可以反应生成 4-(2-呋喃基）苯甲腈，其中曙红 Y 是该反应的光催化剂。反应式如下：

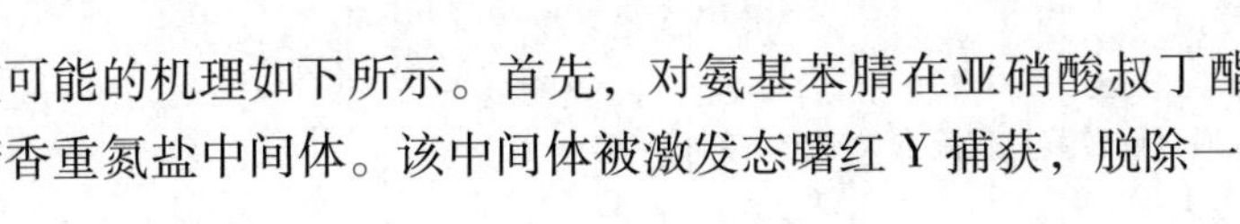

该反应可能的机理如下所示。首先，对氨基苯腈在亚硝酸叔丁酯的作用下，反应生成芳香重氮盐中间体。该中间体被激发态曙红 Y 捕获，脱除一分子氮气并被还原为芳基自由基中间体。该自由基可以与呋喃加成得到新的杂环自由基中间体，随后被曙红 Y$^{\bullet+}$氧化生成杂环碳正离子中间体，同时得到基态曙红 Y 完成催化循环。生成的杂环碳正离子中间体发生消除芳构化反应，脱除一个质子得到目标产物。

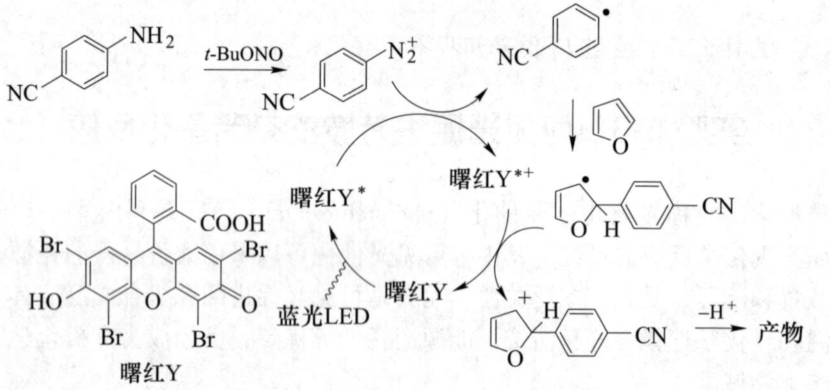

仪器与药品

仪器：30W 蓝光 LED 灯；层析板；层析杠；色谱柱；分液漏斗；蒸馏装置。

药品：呋喃；对氨基苯腈；亚硝酸叔丁酯；曙红 Y；二甲基亚砜；乙酸乙酯；无水乙醇；乙醚；无水硫酸钠。

实验步骤

将对氨基苯腈（118 mg，1.0 mmol）和呋喃（680 mg，10 mmol）、亚硝酸叔丁酯（124 mg，1.2 mmol）和曙红 Y（7 mg，10 mmol）加入 10 mL 反应管中，并加入 2 mL 二甲亚砜。反应物体系在 30W 蓝光 LED 灯照射并不断搅拌下反应 2 h，并通过 TLC 跟踪监测反应情况。反应完全后，将反应液转移至分液漏斗，并用乙酸乙酯（5 mL×3）萃取，饱和氯化钠溶液（5 mL×3）洗涤。有机相使用无水硫酸钠干燥后过滤，安装蒸馏装置，进行简单蒸馏，除去大部分乙酸乙酯溶剂❶。残余物用硅胶柱色谱法分离（乙酸乙酯：石油醚 = 1：9）进行洗脱，得到白色固体产物，产率 88%。

思考题

（1）芳香重氮盐的制备需要什么条件？

（2）如果用普通日光灯代替蓝光 LED 灯会有什么样的结果？

❶ 也可以通过旋转蒸发仪除去大部分溶剂。

6 综合性实验

综合性实验是将前后相关的几个有机合成实验及分析实验串联在一起，一般前一个实验为后一个实验的原料，并对反应中间体及产物进行分析表征。本类实验不仅要学生了解单个实验的反应原理及操作，更重要的是让学生掌握前后两个反应之间的关系和操作特点。

实验 6-1　1-溴丁烷的制备及红外光谱分析

1-溴丁烷（1-bromobutane）可作为稀有元素萃取剂、烃化剂及有机合成原料，还可作为药物、染料和香料的合成原料。

实验目的

（1）了解以正丁醇制备 1-溴丁烷的原理。

（2）掌握带有气体吸收装置的回流操作。

（3）了解红外光谱的测定方法。

实验原理

主反应：

$$NaBr + H_2SO_4 \xrightarrow{\text{回流}} HBr + NaHSO_4$$

$$CH_3(CH_2)_2CH_2OH + HBr \overset{\text{回流}}{\rightleftharpoons} CH_3(CH_2)_2CH_2Br + H_2O$$

副反应：

$$2CH_3(CH_2)_2CH_2OH \xrightarrow[\triangle]{\text{浓 } H_2SO_4} CH_3(CH_2)_2CH_2OCH_2(CH_2)_2CH_3 + H_2O$$

$$CH_3(CH_2)_2CH_2OH \xrightarrow[\triangle]{\text{浓 } H_2SO_4} CH_3CH_2CH{=}CH_2 + CH_3CH{=}CHCH_3 + H_2O$$

$$2HBr + H_2SO_4 \xrightarrow{\triangle} Br_2 + SO_2 + 2H_2O$$

仪器与药品

仪器：圆底烧瓶；回流冷凝管；气体吸收装置；分液漏斗；锥形瓶。

药品：正丁醇，9.5 mL(7.6 g，0.1 mol)；溴化钠，12.5 g(0.12 mol)；浓硫酸，14.5 mL；饱和 $NaHCO_3$ 溶液，8 mL；去离子水，8 mL(洗涤用)；无水氯化钙。

或者正丁醇，7.5 mL(6.1 g，0.08 mol)；溴化钠，10.0 g(0.10 mol)；浓硫酸，12.0 mL(0.22 mol)；饱和 $NaHCO_3$ 溶液，10 mL；去离子水，10 mL(洗涤用)；无水氯化钙。

实验步骤

1. 1-溴丁烷的制备

在 100 mL 圆底烧瓶中加入 10 mL 水，慢慢加入 12.0 mL 浓硫酸，边加边振摇，摇匀后冷至室温。再依次加入 7.5 mL 正丁醇及 10 g 溴化钠，充分振摇后装上回流冷凝管并在其上配有气体吸收装置（见图 1-5）。磁力搅拌，加热回流，约 40 min 后停止加热，稍冷后将回流装置改成蒸馏装置。加热蒸馏至反应瓶中油层消失且馏出液澄清为止，收集全部馏出液❶。

将馏出液移至分液漏斗中，用 6 mL 水洗涤❷，分出下层液体至另一干燥的分液漏斗中，用 4 mL 浓硫酸洗涤，静置并分去硫酸层❸（力求分干净!）。将余下的有机层从漏斗上口转移至干净的分液漏斗中，顺次用水、饱和碳酸氢钠及水各 6 mL 洗涤后，用无水氯化钙干燥 20 min。

蒸馏干燥后的产物，收集 99~103 ℃的馏分。

纯 1-溴丁烷的沸点为 101.6 ℃，折光率 $n_D^{20}=1.4399$。

2. 1-溴丁烷红外光谱的鉴定

测定 1-溴丁烷的红外光谱（见 3.1 节“红外光谱分析”），与 1-溴丁烷标准红外光谱图（见图 6-1）对比检验。

思考题

（1）将加料次序改为：先把溴化钠与浓硫酸混合，再加正丁醇和水，可以吗？为什么？

（2）在洗涤粗产物时，产物时而在上层，时而在下层，用什么简便的方法可以判断？

---

❶ 因反应混合物中有水，所以此项操作实际为水蒸气蒸馏，水与其不相溶的有机组分按一定比例馏出，当有机组分全部馏出后，馏出液方变澄清。欲进一步确证有机组分是否都蒸出，可取几滴馏出液加入水后振摇，若无油珠出现，表示蒸馏已完成。

❷ 若水洗后有机层仍显红色，加入饱和亚硫酸氢钠溶液几毫升洗涤除去。其原理如下：

$$Br_2 + 3NaHSO_3 \longrightarrow 2NaBr + NaHSO_4 + 2SO_2 + H_2O$$

❸ 浓硫酸可溶解存在于粗产物中的少量的、未反应的正丁醇及副产物正丁醚等杂质，在以后的蒸馏中，正丁醇和 1-溴丁烷可形成共沸物（沸点 98.6 ℃，含正丁醇 13%）而难以除去。

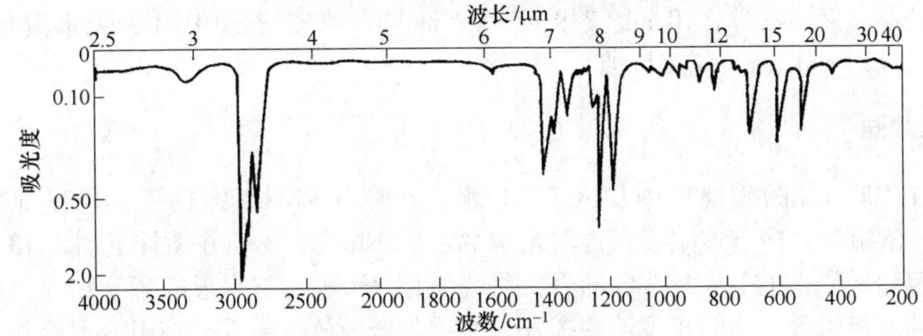

图 6-1　1-溴丁烷标准红外光谱图

（3）为什么蒸馏前一定要把无水氯化钙干燥剂滤掉？

实验 6-2　溴乙烷与苯乙醚的制备及红外光谱分析

本实验以乙醇为原料制备溴乙烷（bromoethane），然后溴乙烷与苯酚反应制备苯乙醚（ethoxybenzene），并对产物进行红外光谱分析。苯乙醚可用作化工生产的中间体，也可用于制作香料。

一、溴乙烷的制备及红外光谱分析

实验目的

（1）了解以醇为原料制备卤代烷的实验原理。
（2）掌握低沸物的蒸馏操作。

实验原理

溴化钠与浓硫酸反应生成氢溴酸，然后氢溴酸与醇作用得到溴代烷。

主反应：

$$NaBr + H_2SO_4 \longrightarrow HBr + NaHSO_4$$

$$C_2H_5OH + HBr \xrightleftharpoons{\text{浓 } H_2SO_4} C_2H_5Br + H_2O$$

副反应：

$$2C_2H_5OH \xrightarrow[\triangle]{\text{浓 } H_2SO_4} C_2H_5OC_2H_5 + H_2O$$

$$C_2H_5OH \xrightarrow[\triangle]{\text{浓 } H_2SO_4} C_2H_4 + H_2O$$

仪器与药品

仪器：圆底烧瓶；回流冷凝管；75°弯管；蒸馏装置；分液漏斗；锥形瓶。

药品：95%乙醇，10 mL(7.9 g，0.2 mol)；浓硫酸，19 mL；无水溴化钠，13 g(0.126 mol)；亚硫酸氢钠。

实验步骤

在100 mL圆底烧瓶中加入9 mL水，在冷却和不断振荡下，慢慢地加入19 mL浓硫酸。冷至室温后，再加入95%乙醇10 mL，然后在搅拌下加入13 g研细的溴化钠❶，再放入2~3粒沸石，将烧瓶用75°弯管与直形冷凝管相连，冷凝管下端连接引管。为防止溴乙烷挥发，在接收器内放入冷水，并用冷水冷却接收器，且使接引管的末端刚好浸没在接收器里的水面下❷。

在电热套上缓慢加热，瓶中物质开始发泡。控制火焰大小，使油状物质逐渐蒸馏出去。约30 min后慢慢加大火焰，到无油滴蒸出为止❸。

如果馏出液带有棕黄色，可加入适量亚硫酸氢钠除去颜色。将接收器中的液体倒入分液漏斗中，静置分层后，下层的粗制溴乙烷放入干燥的锥形瓶中❹。在冰水冷却下逐滴加入浓硫酸，同时振荡，直到溴乙烷变得澄清且有液层分出时为止（3~4 mL浓硫酸）。用干燥的分液漏斗小心地将硫酸分出，将溴乙烷从分液漏斗的上口倒入干燥的50 mL圆底烧瓶内，在干燥的蒸馏装置中用水浴加热，接收器用冰水浴冷却，蒸出溴乙烷。收集37~40 ℃馏分。溴乙烷为无色液体，沸点38.4 ℃，相对密度1.46。

测定溴乙烷的红外光谱，与溴乙烷标准红外光谱图（见图6-2）对比检验。

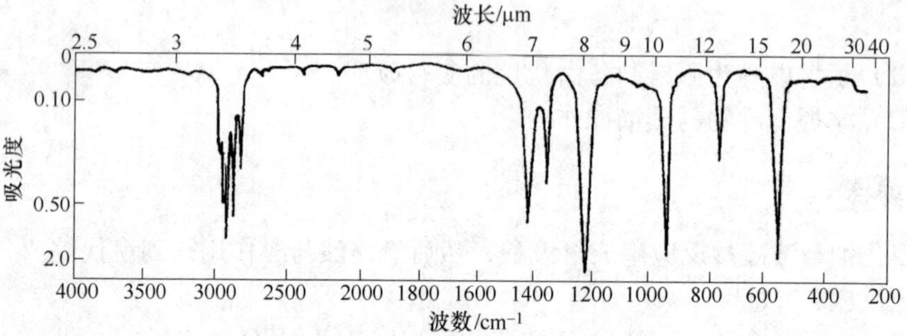

图6-2 溴乙烷标准红外光谱图

❶ 溴化钠要先研细，在搅拌下加入，以防止结块而影响反应进行。如用含有结晶水的溴化钠，其用量按物质的量换算，并相应减少加入的水量。

❷ 在反应过程中应密切注意防止接收器中的液体发生倒吸而进入冷凝管。一旦发生此现象，应暂时把接收器放低，使接引管的下端露出水面，然后稍稍加大火焰，待有馏出液出来时再恢复原状。反应结束时，先移开接收器，再停止加热。

❸ 整个反应过程需0.5~1 h，反应结束时，烧瓶中残液由浑浊变为清亮透明，应趁热将残液倒出，以免硫酸氢钠冷后结块，不易倒出。

❹ 要避免将水加入分出的溴乙烷中，否则加硫酸处理时将产生较多的热量而使产品挥发损失。

思考题

（1）制备溴乙烷时为什么要加入一定量的水？

（2）粗溴乙烷中加硫酸的目的是什么？

（3）本实验产率极易不高，分析其原因。

二、苯乙醚的制备及红外光谱分析

实验目的

（1）掌握威廉姆森法合成醚的原理。

（2）了解磁力搅拌器的使用方法。

实验原理

苯酚与氢氧化钠形成酚钠，酚钠与溴乙烷经威廉姆森合成法生成混醚。

反应式：

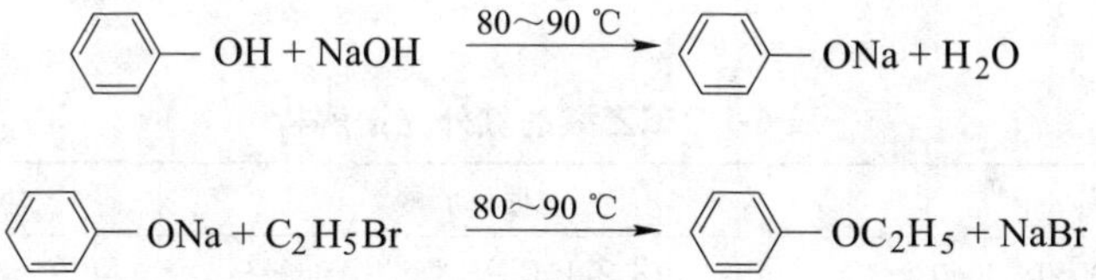

仪器与药品

仪器：三口烧瓶；恒压滴液漏斗；回流冷凝管；气体吸收装置；蒸馏装置；分液漏斗；锥形瓶。

药品：苯酚，7.5 g(0.08 mol)；溴乙烷，8.5 mL(12.4 g，0.12 mol)；无水乙醇，30 mL；氢氧化钠，4.0 g(0.10 mol)；饱和氯化钠水溶液；无水氯化钙。

实验步骤

1. 苯乙醚的合成

把搅拌子放入 250 mL 三口烧瓶内，然后加入 7.5 g 苯酚、4.0 g 氢氧化钠和 4 mL 水，装好恒压滴液漏斗和回流冷凝管，滴液漏斗中加入 8.5 mL 溴乙烷。在水浴中加热，使固体全部溶解，然后开启磁力搅拌器进行搅拌。调节水浴温度，保持在 80~90 ℃之间，然后缓慢滴加溴乙烷，约用 1 h。滴加完毕后，继续保持温度，搅拌 1.5 h。液体冷却后，加约 10 mL 水使析出的固体完全溶解。将液体倒入分液漏斗，分出水层。有机层用等体积的饱和氯化钠水溶液洗涤两次，分出粗产物，用无水氯化钙干燥。

将干燥好的粗产物进行蒸馏，收集165～173 ℃馏分。

纯苯乙醚为无色液体，沸点170 ℃，相对密度0.966。

2. 红外光谱的测定及解析

测定苯乙醚的红外光谱，与苯乙醚标准红外光谱图（见图6-3）对比检验。苯乙醚的红外光谱解析见表6-1。

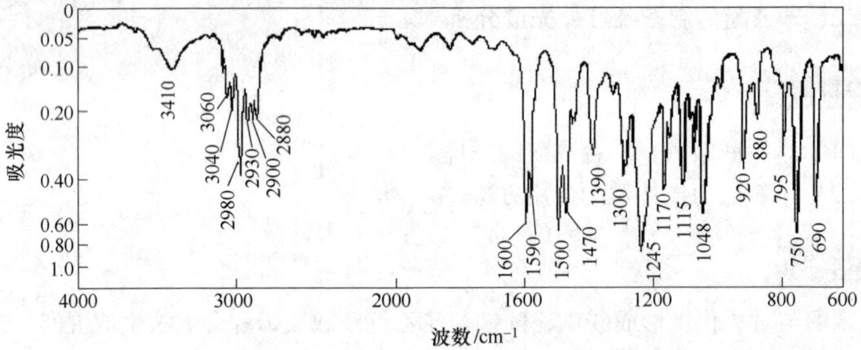

图6-3　苯乙醚标准红外光谱图

表6-1　苯乙醚的红外光谱解析

波数/cm^{-1}	振动峰	对应结构
3087，3060，3040	苯环上C—H伸缩振动峰	苯环
1600，1590，1500，1452	苯环骨架C＝C伸缩振动峰	苯环
1170，1115，1070，1028，1001	苯环上C—H面内振动峰	苯环
750	芳氢的面外弯曲振动峰	单取代苯环
690	苯环的折叠振动峰	单取代苯环
2980，2900	CH_3中C—H伸缩振动峰	CH_3
1464，1367	CH_3中C—H弯曲振动峰	CH_3
2930，2880	CH_2中C—H伸缩振动峰	CH_2
1470，1390	CH_2中C—H弯曲振动峰	CH_2
1245	C—O—C不对称伸缩振动峰	C—O—C
1048	C—O—C对称伸缩振动峰	C—O—C
920	O—C—C对称伸缩振动峰	O—C—C

思考题

（1）反应过程中回流的液体是什么？产生的固体是什么？为什么反应后期回流不太明显？

（2）能否用苯酚和乙醇在浓硫酸存在下加热脱水制备苯乙醚？为什么？

（3）如果合成溴乙烷时，分离不好，产物不纯，会对苯乙醚的合成产生什么影响？

实验 6-3　双酚 A 的制备及红外光谱分析

双酚 A（bisphenol A），化学名：2,2-双（4-羟基苯基）丙烷（2,2-bis(4-hydroxyphenyl) propane），它是制备环氧树脂、聚砜及聚碳酸酯的重要原料。

实验目的

（1）掌握缩合反应制备双酚 A 的方法。

（2）学习机械搅拌操作技术。

实验原理

在催化剂浓硫酸存在的条件下，可用苯酚与丙酮进行缩合反应制得双酚 A。反应过程中以甲苯为分散剂，防止双酚 A 结块。

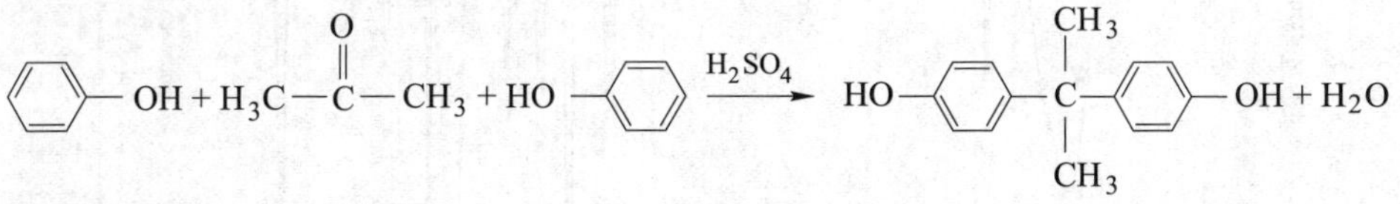

仪器与药品

仪器：三口烧瓶（50 mL）；Y 形管；滴液漏斗；球形冷凝管；温度计；布氏漏斗；抽滤瓶；烧杯（100 mL）和电动搅拌机。

药品：丙酮 2 mL(1.5 g，0.027 mol)；苯酚 5 g(0.053 mol)；甲苯；98%硫酸 3 mL。

实验步骤

1. 双酚 A 的合成

将 5 g 苯酚加入三口烧瓶中（见图 6-4），在不断搅拌下，加入 2 mL 丙酮。当苯酚全部溶解后，控温达到 15 ℃时，在保持匀速搅拌情况下，开始逐滴加入浓硫酸 3 mL❶。保持反应混合物的温度在 35 ℃以下（最好在 25~30 ℃之间）❷。溶液颜色由无色透明转为橘红色或淡黄色，逐渐变黏，搅拌持续 1.5 h，液体变得相当稠厚。

---

❶ 浓硫酸滴加速度应当缓慢而且均匀，若滴加过快，由于局部反应过于激烈，会使产品变深。

❷ 反应温度不超过 35 ℃是关键之一。温度过高，反应物色深，产物难分离。

在搅拌下，将 25 mL 冰水倒入上述液体中，快速充分搅拌，至溶液底部的黄色（或微红色）沉淀完全搅拌悬浮起后，用冰水浴充分冷却，减压过滤。将滤饼用水洗涤至呈中性为止，彻底抽滤干后，然后烘干。粗产品在 50~60 ℃烘干 4 h，再于 100~110 ℃ 烘干 4 h。

将粗产物干燥后，用甲苯进行重结晶，每克粗产品需 4~5 mL 甲苯溶剂。产量约 3 g，纯双酚 A 是白色针状晶体，熔点为 155~156 ℃。

2. 双酚 A 的红外光谱测定

将提纯干燥后的产品，用红外光谱仪进行测定，并与双酚 A 标准红外光谱图（见图 6-5）比较检验。

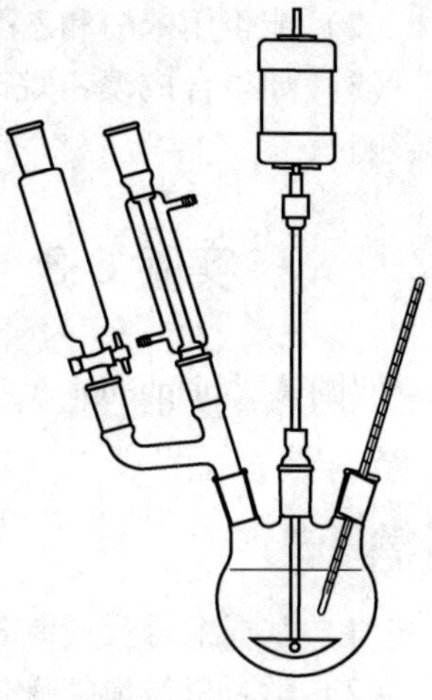

图 6-4　反应装置

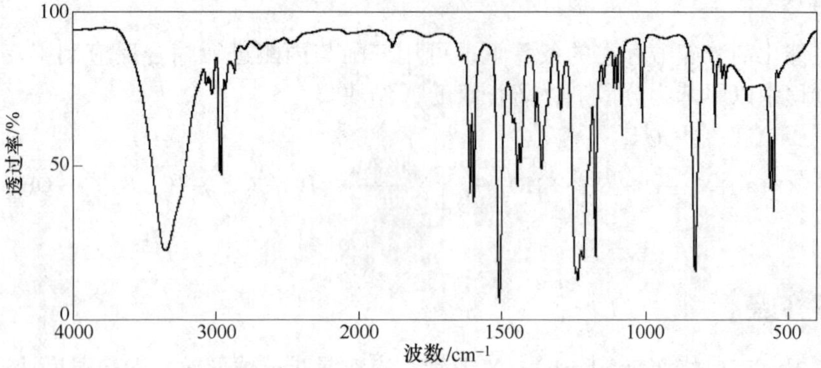

图 6-5　双酚 A 标准红外光谱图

实验 6-4　二苯基羟乙酸的制备及红外光谱分析

二苯基羟乙酸（benzilic acid）是合成药物苯那辛（胃复康）的重要中间体，也可用于合成农药和染料等，具有重要价值。

实验目的

（1）了解二苯乙二酮重排制备二苯基羟乙酸的原理。

（2）巩固回流、冷却、重结晶等操作。

（3）掌握红外光谱鉴定有机物结构的方法。

实验原理

α-二酮与碱（氢氧化钠、氢氧化钾等）反应，可以得到 α-羟基酸盐，这个反应被称为二苯羟乙酸重排。该反应对芳基取代和脂肪族的二酮或 α-醛酮均有效。如果用烷氧负离子代替羟基负离子，可以直接得到相应的酯。值得注意的是，易被氧化的烷氧负离子（如乙氧基负离子或异丙氧基负离子）将苯偶酰还原成二苯乙醇酮。本实验采用二苯乙二酮和氢氧化钾共热得到羧酸盐后，经酸化即产生二苯基羟乙酸，反应方程式如下：

$$C_6H_5-\overset{\overset{\displaystyle O}{\|}}{C}-\overset{\overset{\displaystyle O}{\|}}{C}-C_6H_5 \xrightarrow{KOH} (C_6H_5)_2\underset{\underset{\displaystyle OH}{|}}{C}-COOK \xrightarrow{H^+} (C_6H_5)_2\underset{\underset{\displaystyle OH}{|}}{C}-COOH$$

仪器与药品

仪器：50 mL 圆底烧瓶；回流冷凝管；搅拌子；量筒；烧杯；抽滤瓶；布氏漏斗；移液枪。

药品：二苯乙二酮（苯偶酰），2.5 g(12.0 mmol)；氢氧化钾，3 g(53.6 mmol)；95%乙醇，7.5 mL；浓盐酸，3 mL。

实验步骤

在 50 mL 圆底烧瓶中，溶解 3 g 氢氧化钾❶于 5 mL 水中，然后加入 7.5 mL 95%乙醇。混合均匀后，再加入 2.5 g 二苯乙二酮，溶液呈深紫色。安装回流冷凝管，加热回流 15 min。溶液颜色为黄色或浅黑色，加热过程即有固体析出。冷却，冰水中放置 0.5 h 后，过滤，用少量无水乙醇洗涤固体，得白色二苯基羟乙酸钾盐。溶于 50 mL 去离子水中，可过滤除去其中的不溶物。再用 3 mL 浓盐酸❷与 20 mL 水配制的盐酸溶液调节 pH，至不再产生白色结晶为止。冷却后减压过滤，用冷水洗几次，晾干称重。

二苯基羟乙酸是白色单斜针状结晶，熔点为 149~151 ℃。

思考题

（1）试写出二苯羟乙酸的重排机理。

（2）第一次抽滤后，为什么用无水乙醇洗涤？

实验 6-5　苯乙酮与苯亚甲基苯乙酮的制备及光谱分析

苯亚甲基苯乙酮（benzylideneacetophenone）用于有机合成，如合成甜味剂等。

---

❶ 氢氧化钾是强碱，称量时一定要戴手套，防止烧伤皮肤。

❷ 浓盐酸特别易挥发而且有很强的刺激性，量取时要戴口罩和手套。

本实验先制备苯乙酮并对所得产品进行红外光谱测定，然后由苯乙酮、苯甲醛在弱碱性条件下制备苯亚甲基苯乙酮，并用紫外光谱进行检测。

一、苯乙酮的制备及红外光谱分析

实验目的

（1）了解酰基化法制备芳香酮的原理。

（2）掌握无水回流及减压蒸馏操作。

（3）了解红外光谱的测定方法。

实验原理

Friedel-Crafts 反应是指芳香烃在无水三氯化铝等催化剂存在的条件下，同卤代烷、酰氯、酸酐作用，在苯环上发生亲电取代引入烷基或酰基的反应。用 Friedel-Crafts 反应进行酰基化时，反应可停止在一酰基化阶段，故可用来制取芳香酮。

反应式：

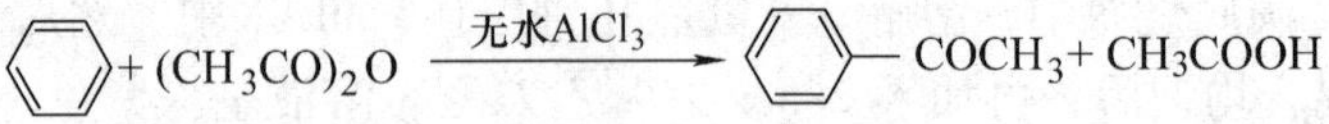

仪器与药品

仪器：三口烧瓶；恒压滴液漏斗；回流冷凝管；气体吸收装置；蒸馏装置；分液漏斗；锥形瓶。

药品：

（1）常量。无水三氯化铝，20 g（0.15 mol）；乙酸酐，6 mL（6.5 g，0.063 mol）；无水苯，31 mL（27 g，0.346 mol）；苯，30 mL；浓盐酸，50 mL；5%氢氧化钠；无水硫酸镁。

（2）半微量。无水三氯化铝，10 g（0.075 mol）；乙酸酐，3 mL（3.3 g，0.032 mol）；无水苯，15.5 mL（13.5 g，0.173 mol）；苯，15 mL；浓盐酸，25 mL；5%氢氧化钠溶液；无水硫酸镁。

实验步骤

1. 苯乙酮的制备

在 100 mL 干燥的三口烧瓶上，分别安装搅拌器、滴液漏斗及冷凝管，在冷凝管上端装一氯化钙干燥管，并接上气体吸收装置（见图 6-6）。

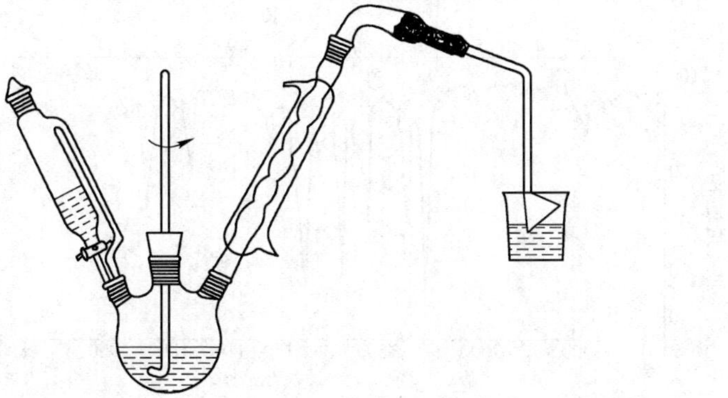

图 6-6 苯乙酮制备装置

迅速称取 10 g 粉末状的无水三氯化铝[1]，放入三口烧瓶中，立即加入用无水氯化钙干燥过的苯 15.5 mL，在搅拌下，用恒压滴液漏斗缓慢滴入 3 mL 乙酸酐及 5 mL 无水苯的混合液，约需 10 min[2]。加完后，加热回流至无氯化氢气体逸出为止（约 1 h）。然后，将三口烧瓶置于冷水浴中，在搅拌下慢慢滴入 25 mL 浓盐酸与 25 mL 冰水的混合液，当瓶内固体物完全溶解后，分出苯层。水层每次用 7.5 mL 苯萃取两次。合并苯层萃取液，依次用 5%的氢氧化钠溶液、水各 10 mL 洗涤后，用无水硫酸镁干燥。

将干燥后的粗产物先在水浴上蒸出苯[3]，再减压蒸馏，收集馏分[4]。

纯苯乙酮的沸点为 202 ℃，熔点为 20.5 ℃，折光率为 1.5372。

2. 苯乙酮红外光谱的测定

将提纯干燥后的产品，用红外光谱仪测定，所得谱图与苯乙酮标准红外光谱图（见图 6-7）进行对比，鉴定所合成产物是否为目标产物。

---

❶ 无水三氯化铝的质量是实验成败的关键之一，它极易吸潮，所以研细、称量、投料均需迅速，避免长时间暴露在空气中。

❷ Friedel-Crafts 反应是一放热反应，但它有一个诱导期，观察有氯化氢气体放出时反应即已开始，注意控制滴加酸酐的速度，勿使瓶内反应物剧烈沸腾。

❸ 由于最终产物不多，宜选用较小的蒸馏烧瓶，苯溶液可用分液漏斗分数次加入烧瓶中或在蒸馏过程中逐渐滴加。

❹ 苯乙酮在不同压力下的沸点见表 6-2。

表 6-2 苯乙酮在不同压力下的沸点

压力/Pa	533.3	799.9	1066.6	1333.2	3999.6	7999.6	13332.2
沸点/℃	60	68	73	78	102	120	134

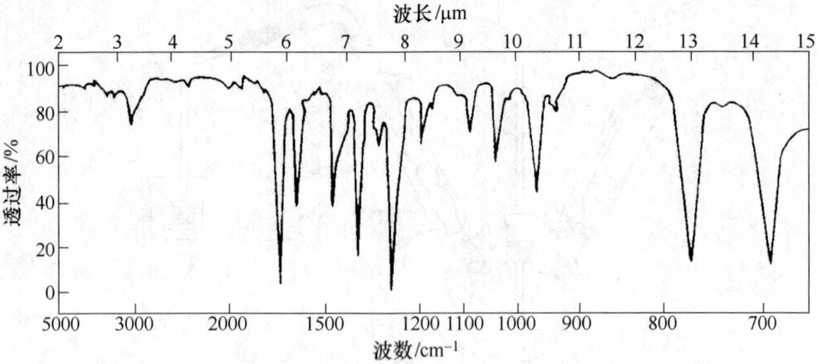

图 6-7 苯乙酮标准红外光谱图

思考题

（1）反应完成后为什么要加入浓盐酸及冰水的混合液？

（2）在 Friedel-Crafts 烷基化和酰基化的反应中三氯化铝的用量有何不同？为什么？

二、苯亚甲基苯乙酮的制备及紫外光谱分析

实验目的

（1）了解苯亚甲基苯乙酮的合成原理。

（2）巩固减压过滤操作及磁力搅拌器的使用方法。

（3）了解紫外光谱的测定方法。

实验原理

以氢氧化钠为缩合剂，苯甲醛和苯乙酮发生羟醛缩合反应，生成苯亚甲基苯乙酮❶。

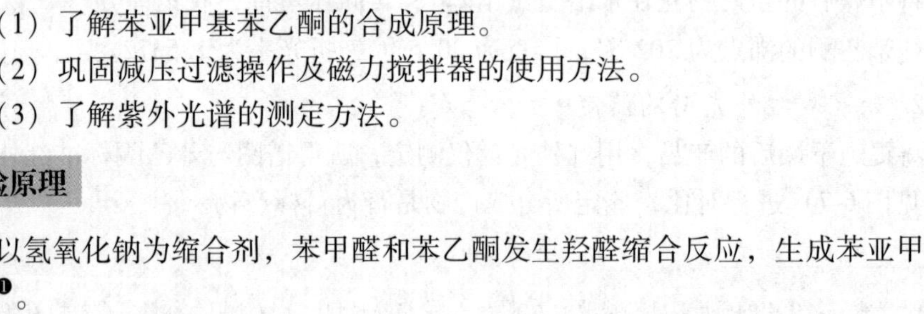

❶ 苯亚甲基苯乙酮的结构式为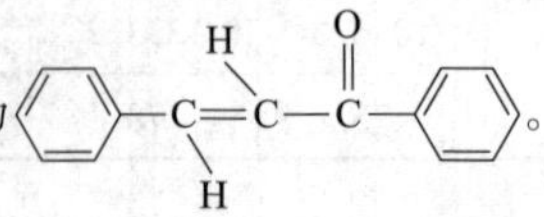。

仪器与药品

仪器：100 mL 锥形瓶；分液漏斗；烧杯；抽滤瓶；布氏漏斗；表面皿。

药品：苯乙酮，6 mL(6.2 g，0.05 mol)；苯甲醛，5.3 mL(5.6 g，0.05 mol)；10%氢氧化钠，25 mL；95%乙醇，15 mL。

实验步骤

1. 苯亚甲基苯乙酮的合成

在 100 mL 锥形瓶中，加入 10%氢氧化钠 25 mL、95%乙醇 15 mL、苯乙酮 6 mL。在冰水冷却下，一边摇动一边加入 5.3 mL 苯甲醛，放置室温后放入搅拌子并塞紧瓶塞，在磁力搅拌器上搅拌 1 h，当有黄色油状物析出时再搅拌 10 min。用分液漏斗分出油层，在分出的油状物中用搅拌棒摩擦瓶壁，促使结晶析出❶，当析出淡黄色的结晶后，放入冰水中使结晶完全，抽滤、晾干、称重。纯苯亚甲基苯乙酮❷为淡黄色结晶，熔点为 58~59 ℃。

2. 苯亚甲基苯乙酮的紫外光谱测定

用提纯干燥后的产品，配制 1 mg/100 mL 的乙醇溶液，用紫外光谱仪测定（具体操作见 3.2 节）。

实验 6-6 环己酮和己二酸的制备及红外光谱分析

己二酸（hexanedioic acid）主要用于制造尼龙 66 纤维和尼龙 66 树脂、聚氨酯泡沫塑料，还可用于生产润滑剂、增塑剂己二酸二辛酯，也可用于医药等方面。本实验分两部分，首先以环己醇为原料制备环己酮，并进行红外光谱测定，然后以环己酮为原料合成己二酸。

一、环己酮的制备及红外光谱分析

实验目的

（1）了解铬酸氧化法制备环己酮的原理。

（2）巩固蒸馏及分液萃取操作。

---

❶ 若仍不析出结晶，可用一小块滤纸包一块无水氯化钙，放于油状液中，稍振荡一下，放置后则析出结晶。

❷ 苯亚甲基苯乙酮能使某些人皮肤过敏，实验过程中应注意。

实验原理

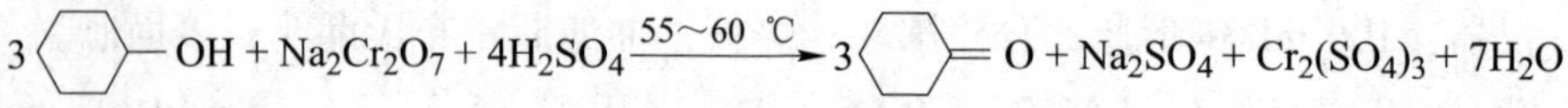

仪器与药品

仪器：100 mL 锥形瓶；温度计；分液漏斗；蒸馏装置；烧杯。

药品：

（1）常量。环己醇，10.5 mL（10 g，0.1 mol）；$Na_2Cr_2O_7 \cdot 2H_2O$，10.5 g（0.035 mol）；浓硫酸，10 mL；草酸，0.5 g。

（2）半微量。环己醇，5.3 mL（5 g，0.05 mol）；$Na_2Cr_2O_7 \cdot 2H_2O$，5.3 g（0.018 mol）；浓硫酸，5 mL；草酸，0.3 g。

实验步骤

1. 环己酮的合成

在 100 mL 锥形瓶中，放置 15 g 碎冰，慢慢加入 5 mL 浓硫酸。充分混合后，小心加入 5.3 mL 环己醇，在此混合液内插入一支温度计，将溶液冷至 30 ℃以下。

配制 5.3 g 重铬酸钠和 3 mL 水的溶液，取 0.5 mL 此溶液加入混合液中，充分振荡，这时可看到温度上升，反应液由橙红色变为墨绿色，表明氧化反应已经发生[1]，继续向锥形瓶中滴加剩余的重铬酸钠溶液，同时不断振荡锥形瓶，控制滴加速度，保持反应液温度在 25~30 ℃之间，如温度过高可适当在冰水浴中冷却。滴加完毕，继续振摇反应瓶直至观察到温度自动下降 1~2 ℃。在 55~60 ℃水浴中保温约 30 min。其间要不时振摇，使反应完全。然后加入约 0.3 g 草酸，使反应液完全变成墨绿色，以破坏过量的重铬酸盐。

将反应液转移至 100 mL 圆底烧瓶中，加入 25 mL 水、几粒沸石，安装成蒸馏装置[2]，将环己酮与水一同蒸出，环己酮与水能形成沸点为 95 ℃的共沸物，直至流出液不再浑浊后再多蒸出 4~5 mL[3]。在接收瓶中加入 4~5 g 食盐，然后倒入分液漏斗中静置，分出有机层，用无水碳酸钠干燥。蒸馏，收集 150~156 ℃的馏分。

纯环己酮的沸点为 155.65 ℃，相对密度为 0.9476。

2. 红外光谱测定及解析

测定所合成环己酮的红外光谱，与环己酮标准红外光谱（见图 6-8）比较检验。

---

[1] 若氧化反应没有发生，不要再继续滴加氧化剂，过量的氧化剂会使反应过于剧烈而难以控制。

[2] 实际上是一种简化的水蒸气蒸馏。

[3] 水的流出量不宜过多，否则盐析后，仍不免有少量的环己酮因溶于水而损失掉。31 ℃时环己酮在水中的溶解度为 2.4 g。

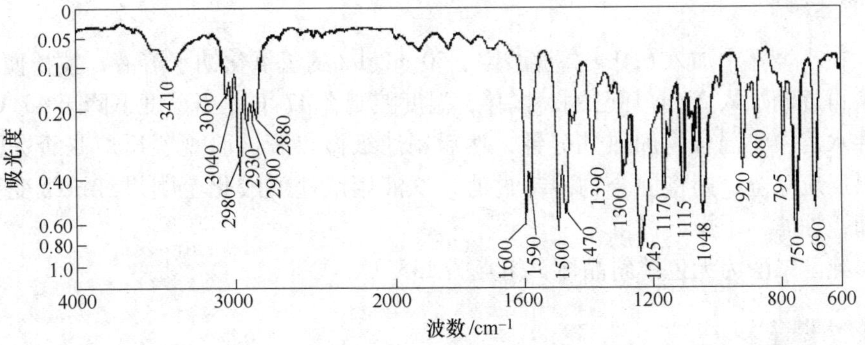

图 6-8 环己酮标准红外光谱

思考题

(1) 为什么要加入草酸？不加草酸有什么不好？

(2) 本反应可能有哪些副产物？写出有关反应方程式。

(3) 反应过程中为什么要振摇？

(4) 解释环己酮红外谱图中的特征吸收峰。

二、己二酸的制备

实验目的

(1) 了解环己酮氧化制备己二酸的原理。

(2) 巩固浓缩、过滤及重结晶等基本操作。

实验原理

$$=O + 2KMnO_4 + NaOH \xrightarrow{47\ ℃} NaOOC(CH_2)_4COONa + 2MnO_2 + H_2O$$

$$NaOOC(CH_2)_4COONa + HCl \longrightarrow HOOC(CH_2)_4COOH$$

仪器与药品

仪器：烧杯；温度计；抽滤瓶；布氏漏斗；表面皿；刚果红试纸。

药品：环己酮，3 mL(2.9 g，0.03 mol)；高锰酸钾，9.0 g(0.06 mol)；1%氢氧化钠溶液，75 mL；浓盐酸。

或者环己酮，2 mL(1.9 g，0.02 mol)；高锰酸钾，6.0 g(0.04 mol)；1%氢氧化钠溶液，50 mL；浓盐酸。

实验步骤

在小烧杯中加入 6.0 g 高锰酸钾、50 mL 1%的氢氧化钠水溶液，搅拌使之溶解，再逐滴加入 2 mL 环己酮。搅拌，温度控制在 47 ℃。当温度下降至 43 ℃时，在沸水浴中将混合物加热几分钟，然后用滤纸做点滴试验观察反应是否完全[1]。如果反应完全，则将混合物冷却过滤，滤液用浓盐酸酸化至刚果红试纸变蓝[2]，冷却，抽滤，干燥，称重。

纯己二酸为无色单斜晶体，熔点为 153 ℃。

思考题

为什么要控制反应温度？

实验 6-7　苯甲酸与苯甲酸乙酯的制备及红外光谱分析

本实验由氧化法合成苯甲酸，再以苯甲酸（benzoic acid）为原料制备苯甲酸乙酯（ethyl benzoate），并进行红外光谱的测定及分析。

一、苯甲酸的制备及红外光谱分析和用差示扫描量热仪测定熔点

实验目的

（1）了解甲苯氧化法制备苯甲酸的原理。

（2）复习回流、减压过滤和重结晶基本操作。

（3）了解红外光谱仪的使用方法和差示扫描量热仪（DSC）测定熔点操作。

实验原理

烷基苯在高锰酸钾的氧化下生成苯甲酸。

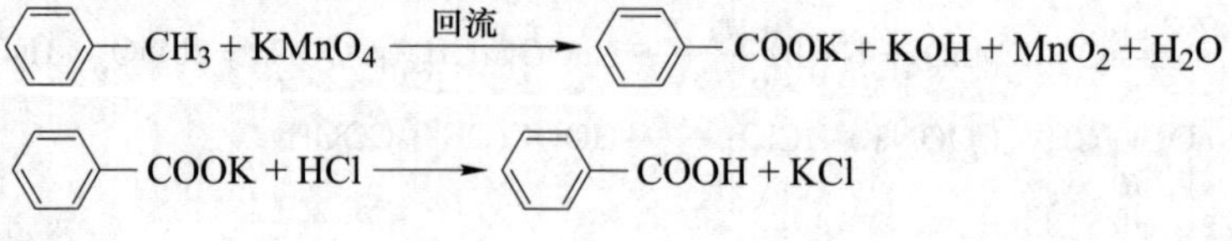

仪器与药品

仪器：500 mL 圆底烧瓶；回流冷凝管；抽滤瓶；布氏漏斗；表面皿；烧杯。

---

[1] 用玻璃棒蘸一滴反应液在滤纸上，则扩散的外围应无色，若呈紫红色，则可以向反应混合液中加入少量固体亚硫酸氢钠。

[2] 此时应析出结晶，若无结晶析出，则可将溶液浓缩至 20 mL 左右，冷却后则析出晶体。

药品：甲苯，3.5 mL(6.1 g，0.033 mol)；高锰酸钾，10.4 g(0.053 mol)；浓盐酸；亚硫酸氢钠。

或者甲苯，1.0 mL(0.9 g，0.0094 mol)；高锰酸钾，2.0 g(0.0127 mol)；浓盐酸；亚硫酸氢钠。

实验步骤

1. 苯甲酸的合成

在 50 mL 圆底烧瓶中加入 2.0 g 高锰酸钾、28 mL 水和 1.0 mL 甲苯，放入磁搅拌子，安装冷凝管，搅拌 2 min 后，缓慢加热至沸并保持回流[1]，直到回流液不再有明显油珠（约 50 min）。如果反应混合物显较深的紫色，稍冷后，先将圆底烧瓶取下，缓慢加入少量亚硫酸氢钠（约 2 g），振摇使紫色褪去后，再趁热减压过滤，用少量热水（5~10 mL）洗涤残渣。将滤液放在冷水浴中冷却，用浓盐酸酸化直至溶液呈强酸性，苯甲酸全部沉淀析出为止。抽滤，用少量冷水洗涤，尽量抽干。把苯甲酸在表面皿上摊开晾干并称重。粗产品可用热水重结晶。纯苯甲酸为无色针状晶体，熔点为 122.4 ℃。

2. DSC 测定产物的熔点

用 DSC 测定提纯后的合成产物苯甲酸的熔点，具体方法见 2.1 节。

3. 苯甲酸的红外光谱测定

将提纯干燥后的产品用红外光谱仪进行测定。苯甲酸标准红外光谱如图 6-9 所示，红外光谱解析见表 6-3。

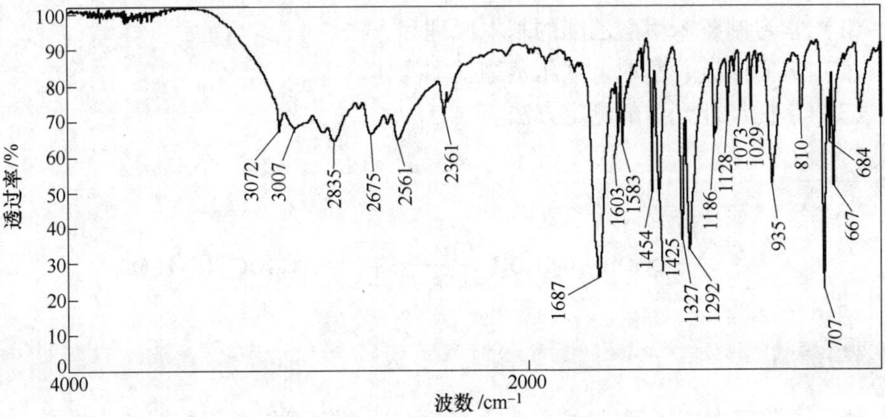

图 6-9　苯甲酸标准红外光谱

[1] 如不用磁搅拌子，可加入 2.0 g 高锰酸钾，28 mL 水后，再加沸石直接回流，并由回流管上口，分次小心缓慢加入甲苯。

表 6-3　苯甲酸红外光谱解析

波数/cm^{-1}	振　动　峰	对应结构
3072，3007	苯环上 C—H 伸缩振动峰	苯环
1603，1583，1493，1454	苯环骨架 C＝C 伸缩振动峰	苯环
1186，1128，1073	苯环上 C—H 面内振动峰	苯环
1029，1001	苯环上 C—H 面内振动峰	苯环
707	芳氢的面外弯曲振动峰	单取代苯环
684	苯环的折叠振动峰	单取代苯环
3200~2300	羧基中伸缩振动峰及其倍频、合频谱带（羧基间氢键）	OH
935	O—H 弯曲振动峰	OH
1687	C＝O 伸缩振动峰（共轭）	C＝O
1425，1327，1292	νC—O 及 δOH 的偶合谱带	C—O—H

思考题

（1）反应结束后，反应混合物呈紫色时为什么要加入少量亚硫酸氢钠？

（2）如何判断酸化过程中溶液已呈强酸性？

（3）用什么方法精制苯甲酸？

二、苯甲酸乙酯的制备及红外光谱分析

实验目的

（1）学习制备苯甲酸乙酯的基本原理和方法。

（2）巩固回流、萃取、减压蒸馏基本操作。

（3）掌握红外光谱的测定方法。

实验原理

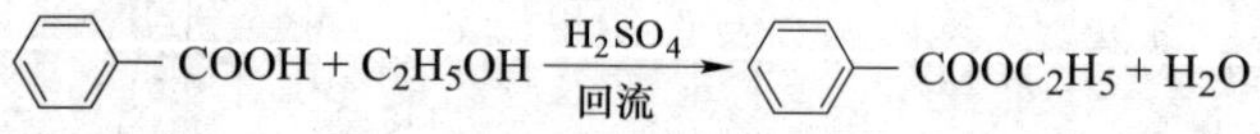

仪器与药品

仪器：圆底烧瓶；回流冷凝管；分液漏斗；蒸馏装置；锥形瓶；烧杯；减压蒸馏装置。

药品：苯甲酸，6 g(0.048 mol)；无水乙醇，40 mL(31.6 g，0.686 mol)；浓硫酸，2.0 mL；四氯化碳，10 mL；碳酸氢钠；无水氯化钙。

或者苯甲酸，4.5 g(0.036 mol)；无水乙醇，30 mL(23.7 g，0.515 mol)；浓

硫酸，1.5 mL；四氯化碳，8 mL；碳酸氢钠；无水氯化钙。

实验步骤

1. 苯甲酸乙酯的合成

在干燥的 100 mL 圆底烧瓶中加入 4.5 g 苯甲酸、30 mL 无水乙醇[1]、1.5 mL 浓硫酸和磁搅拌子。以磁力搅拌电热套为热源，安装反应装置。充分搅拌后[2]加热回流约 1 h。稍冷，将回流装置改为蒸馏装置，蒸出未反应的乙醇[3]，当温度超过 80 ℃时停止蒸馏。将反应物倒入 30 mL 冷水中，在搅拌下分批加入碳酸氢钠（约 3 g）中和至无 CO_2 产生为止，分出有机层。水层用 8 mL 四氯化碳萃取一次[4]，将分出的四氯化碳萃取液合并于上述有机层中，用无水氯化钙干燥。常压蒸出四氯化碳，再减压蒸馏，收集馏分。

纯苯甲酸乙酯为无色透明液体，沸点为 212.9 ℃。

2. 苯甲酸乙酯的红外光谱测定

将提纯的苯甲酸乙酯，用红外光谱仪进行测定，与苯甲酸乙酯标准红外光谱（见图 6-10）比较鉴定，谱图解析见表 6-4。

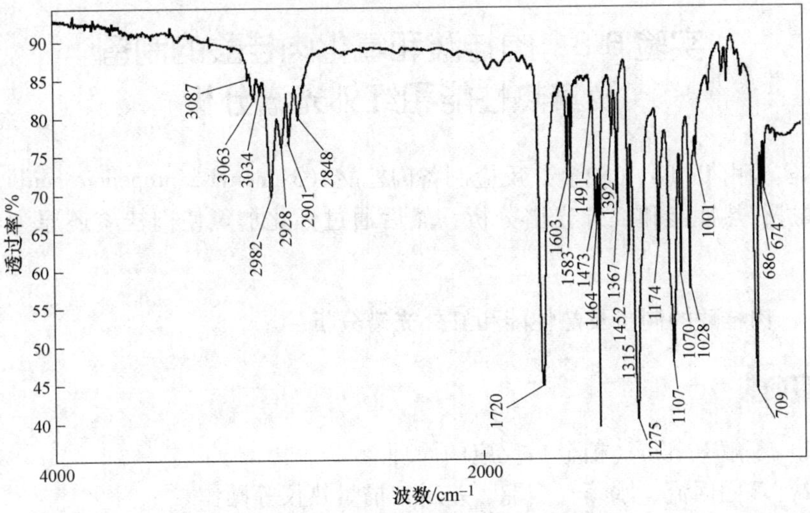

图 6-10　苯甲酸乙酯标准红外光谱

❶ 乙醇过量，既作原料，又作溶剂。

❷ 必须搅拌均匀，否则浓硫酸沉在底部，加热后会炭化。

❸ 反应中生成的水与无水乙醇形成共沸物蒸出有利于酯化反应完全。

❹ 苯甲酸乙酯的密度与水的密度比较接近，二者难以分离。加入适当有机溶剂如乙醚、苯或四氯化碳，则易于分层，便于分离。故在分出有机层困难时，可直接加入 8 mL 四氯化碳促进萃取分离。

表 6-4 苯甲酸乙酯红外光谱解析

波数/cm^{-1}	振 动 峰	对应结构
3087，3063，3034	苯环上 C—H 伸缩振动峰	苯环
1603，1583，1491，1452	苯环骨架 C＝C 伸缩振动峰	苯环
1174，1070，1028，1001	苯环上 C—H 面内振动峰	苯环
709	芳氢的面外弯曲振动峰	单取代苯环
686	苯环的折叠振动峰	单取代苯环
1720	C＝O 伸缩振动峰（共轭）	C＝O
2982，2901	CH_3 中 C—H 伸缩振动峰	CH_3
1464，1367	CH_3 中 C—H 弯曲振动峰	CH_3
2928，2848	CH_2 中 C—H 伸缩振动峰	CH_2
1473，1392	CH_2 中 C—H 弯曲振动峰	CH_2
1275	C—O—C 不对称伸缩振动峰	C—O—C
1107	C—O—C 对称伸缩振动峰	C—O—C

思考题

（1）本实验中利用什么原理和方法来提高平衡反应的产率？

（2）反应中和后，分出有机层，若在水层加入乙醚或苯，则酯在上层；若加入四氯化碳，则酯在哪一层？

实验 6-8 肉桂酸和氢化肉桂酸的制备及其热性能和红外光谱分析

本实验由 Perkin（柏金）反应制备肉桂酸（3-phenyl-2-propenoic acid），并对肉桂酸进行热性能和红外光谱分析，然后通过催化加氢使肉桂酸还原为氢化肉桂酸。

一、肉桂酸的制备及热性能和红外光谱分析

实验目的

（1）了解 Perkin（柏金）反应的原理。

（2）巩固回流、水蒸气蒸馏、差示扫描量热仪等操作。

实验原理

芳香醛和酸酐在碱性催化剂作用下，发生类似羟醛缩合的反应，生成 α,β-不饱和芳香酸。所用的催化剂一般是相应酸酐的羧酸钾或钠盐，也可用碳酸钾或叔胺。

仪器与药品

仪器：100 mL 三口烧瓶；回流冷凝管；玻璃塞；抽滤瓶；布氏漏斗；表面皿；烧杯；pH 试纸。

药品：苯甲醛，4 mL(4.2 g，0.04 mol)；乙酐，24 mL(26.0 g，0.24 mol)；无水碳酸钾，5.6 g(0.02 mol)；吡啶，2.0 mL；无水碳酸钠，12.0 g(0.039 mol)；活性炭，1.0 g。

或者苯甲醛，2 mL(2.1 g，0.02 mol)；乙酐，8 mL(10.4 g，0.1 mol)；无水碳酸钾❶，2.8 g(0.02 mol)；吡啶，1.0 mL；无水碳酸钠，6.0 g(0.018 mol)；活性炭，0.5 g；浓盐酸。

实验步骤

1. 肉桂酸的制备

在 100 mL 三口瓶中放入 2 mL 苯甲醛（最好是新蒸馏的）、8 mL 乙酐、2.8 g 无水碳酸钾及 1.0 mL 吡啶❷，中口安装水冷凝管，一口插入温度计，温度计水银球应插入反应液中，另一口用玻璃塞塞住。缓慢加热至沸腾❸，并维持沸腾40 min（反应温度为 140 ℃左右）。反应完后待冷却至 100 ℃，加入 40 mL 水，加 6.0 g 无水碳酸钠中和至呈弱碱性❹，进行共沸蒸馏，蒸出未反应的苯甲醛。稍冷后往蒸馏瓶中加活性炭 0.5 g，再煮沸 1~2 min，趁热过滤，稍冷后，滤液用浓盐酸酸化至 pH=2~3，冷却，抽滤，晾干，称重。粗产品可用热水重结晶。

纯肉桂酸为无色结晶，熔点为 133.0 ℃，反式异构体熔点为 135.6 ℃。

2. 肉桂酸的鉴定

(1) 用差示扫描量热仪（DSC）测定熔点。

(2) 用 KBr 压片法测定其红外光谱图，并与肉桂酸标准红外光谱（见图 6-11）比较。

思考题

(1) 具有何种结构的醛能进行 Perkin 反应？

---

❶ 用碳酸钾代替乙酸钾（钠），反应时间可大大缩短。碳酸钾的作用可能与乙酐中微量乙酸作用生成乙酸钾，起催化作用的仍是乙酸钾。

❷ 所用药品应无水，苯甲醛、乙酐要用新蒸馏的，碳酸钾要烘干（120 ℃烘 1 h）。

❸ 因反应时放出二氧化碳，若加热太快，反应物可能冲出。

❹ 中和不能用氢氧化钠代替碳酸钠，因未反应的苯甲醛在此情况下可能起 Cannizzaro 反应，生成的苯甲酸难以分离。

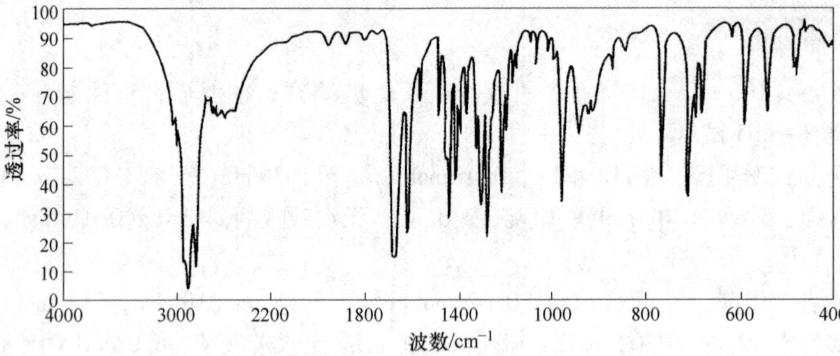

图 6-11　肉桂酸红外光谱

（2）为什么要进行共沸蒸馏？

（3）醛和具有 $R_2CHCOOCOCHR_2$ 结构的酸酐发生 Perkin 反应，能得到不饱和酸吗？为什么？

二、氢化肉桂酸的制备

实验目的

（1）了解催化加氢反应的原理。

（2）掌握 Raney 镍的制备方法及减压蒸馏操作。

实验原理

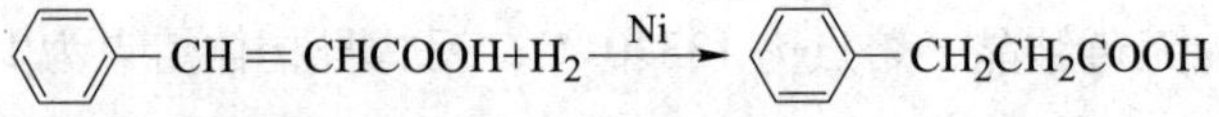

不饱和碳碳键催化加氢还原是一个容易进行并被广泛采用的方法，常用的催化剂有 Pt、Pd、Ni 等。

金属镍是一种价格便宜、使用广泛的催化剂，在实验室中由 50%的镍铝合金通过碱溶液分解来制取 Raney 镍❶。

$$2Ni\text{-}Al+2NaOH+2H_2O \longrightarrow 2Ni+2NaAlO_2+3H_2$$

本实验用高活性的 Raney 镍催化剂，在常温常压下加氢，使肉桂酸加氢变成氢化肉桂酸，反应几乎是定量进行的。

仪器与药品

仪器：250 mL 烧杯；100 mL 圆底烧瓶；储氢桶；平衡瓶；三通活塞；蒸馏装置；表面皿。

---

❶ 根据处理条件不同，可制得活性不同的 Raney 镍。本法制得的是略带碱性的高活性催化剂。

药品：肉桂酸，2.0 g(0.012 mol)；氢氧化钠，9.6 g(0.24 mol)；镍铝合金（含镍40%~50%），6.0 g；无水乙醇，50 mL；氢气，400 mL。

实验步骤

1. Raney 镍的制备

在250 mL烧杯中，加入6.0 g镍铝合金和60 mL蒸馏水，搅拌均匀后，分批加入9.6 g氢氧化钠，搅拌，反应强烈放热并有大量气体产生，控制加碱速度，勿使泡沫逸出。碱加完后，在室温下放置10 min，然后在70 ℃水浴上保温30 min。镍即呈海绵状沉于底部。用倾泻法倾去上层溶液❶，搅拌下用70 mL蒸馏水分三次洗涤，再用70 mL无水乙醇洗涤三次。洗毕，用无水乙醇覆盖备用❷。

2. 肉桂酸的催化氢化

简易常压催化加氢装置如图6-12所示。它是由100 mL圆底烧瓶（氢化反应瓶）、量气筒（储氢筒）、平衡瓶及电磁搅拌器组成的。三通活塞1通过减压阀接氢气钢瓶，通过调节活塞可变换氢气的通路；三通活塞2接真空系统。

在氢化反应瓶中加入2.0 g肉桂酸、24~40 mL无水乙醇及制得的全部Raney镍催化剂，放入磁棒后塞紧插有导气管的橡胶塞，使与氢化系统相连❸，检查整个系统是否漏气。

实验开始前，旋转三通活塞1和2使储氢筒只通过真空系统与大气相通。提高盛有水的平衡瓶的位置，使储氢筒充满水，小心赶尽其中空气（勿使水充入氢化反应瓶），旋转活塞，使氢气钢瓶与储氢筒相连，慢慢打开减压阀，用排水集气法使储氢筒充入氢气❹。待氢气刚充满立即关闭减压阀门，旋转三通活塞1，使储氢筒、钢瓶、氢化反应瓶之间的联系全部中断。旋转三通活塞2，使氢化反应瓶与真空系统相连。抽真空后，旋转三通活塞1和2，使氢化反应瓶只与储氢筒相连，在氢化反应瓶中充满氢气，小心调节三通活塞方向，交替抽真空与充氢气，用氢气置换氢化反应瓶中的空气3~4次❺。最后调节三通活塞1和2，使储

---

❶ 由于溶液密度增加，有时镍很难沉于底部，给倾泻造成困难。这时可用蒸馏水将溶液稀释，静置后处理。

❷ Raney 镍在空气中晾干能自燃，因此制得的Raney 镍应置于溶剂中备用。还需注意，Raney 镍的储存会使活性降低，因此，最好在使用前制备，可得较高的转化率。催化剂制好后，用玻璃棒挑少许于滤纸上，若溶剂挥发后能自燃，表明活性较好，否则需重新制备。

❸ 整个装置应注意保证不漏气，因此，在实验前应预先对整个装置进行试验，以使实验顺利进行，且保证实验的准确性。

❹ 氢气源可以用氢气钢瓶，用氢气钢瓶在充氢时一定要通过减压阀，严格按照使用氢气钢瓶的操作规程进行，也可用电解水生成的氢气或用锌粒与1∶1盐酸在启普发生器中发生反应生成的氢气，经洗涤纯化后可供使用；最简便安全的方法是先将钢瓶中的氢气充入气袋或球胆，再拿进实验室使用。充氢时注意室内通风并熄灭一切火源，严防室内逸散空气而造成爆炸事故。

❺ 氧的存在会抑制氢化进行，所以必须小心地将氢化系统中的空气全部赶除。

氢筒只与氢化反应瓶接通。取下平衡瓶，使平衡瓶的水面与储氢筒的水面相平，记下储氢筒中氢气体积，即可开始氢化反应。

开动搅拌，每隔 5 min 记录一次吸氢体积（量体积时放下平衡瓶使与储氢筒水面相平），作出时间-吸氢体积曲线如图 6-13 所示。

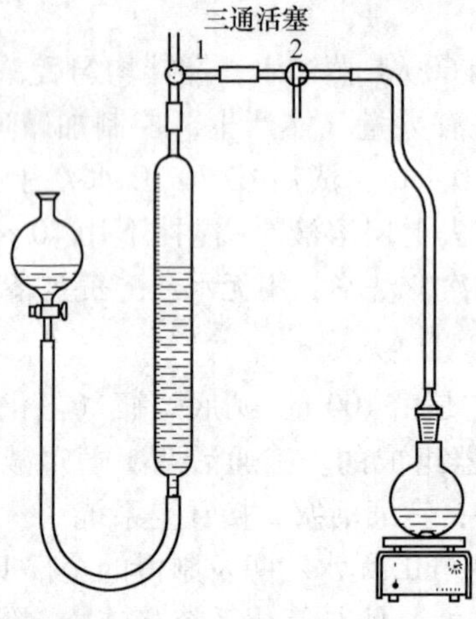

图 6-12　常压催化加氢装置

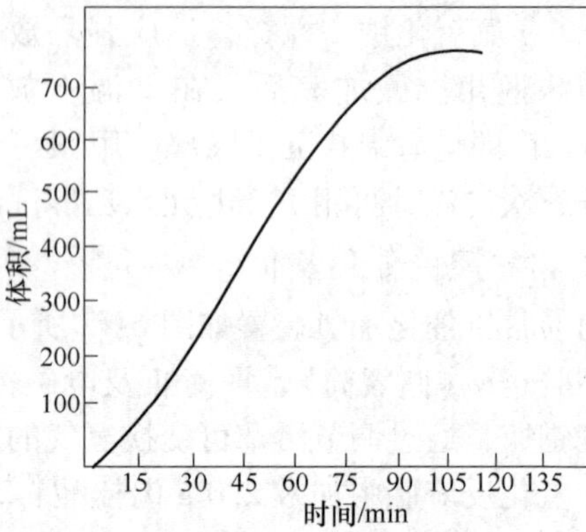

图 6-13　时间-吸氢体积曲线

当储氢筒内氢气体积不再有明显下降时，说明氢化反应已经完成。整个氢化反应时间为 0.5~1 h，加氢百分率可达 95%以上❶。

旋转三通活塞，放掉氢化瓶中的残余氢气。打开氢化反应瓶，用折叠滤纸滤去催化剂。催化剂应放入专门的回收瓶中，切忌随便丢入垃圾缸内，以免引起着火事故。将滤液转入 100 mL 圆底烧瓶中，在水浴上蒸去乙醇，趁热将产品倒在一已称重的表面皿上，冷却后得到氢化肉桂酸白色结晶❷，摊开晾干，称重。

纯氢化肉桂酸的熔点为 48.6 ℃。

思考题

（1）氢化 2.0 g 肉桂酸理论上需多少克氢气？计算氢化百分率。

（2）为什么反应前需用氢气将系统内部的全部空气置换出来？

---

❶ 所吸收的氢气换算成标准状况下体积 V 后，可与理论吸氢的体积比较，得出加氢百分率。

$$V=\frac{273p'V'}{760T'}$$

式中，p'，V'，T' 分别为氢化反应时的大气压、吸氢体积和用绝对温度表示的室温。由于没有考虑水蒸气的分压，故 V 为近似值。

❷ 如需进一步纯化可减压蒸馏，收集 145 ~ 147 ℃/2.40 kPa（18 mmHg）或 194 ~ 197 ℃/10.0 kPa（75 mmHg）的馏分。

实验 6-9 乙酰水杨酸的制备及其热性能和红外光谱分析

乙酰水杨酸（又称阿司匹林，2-ethanoyl hydroxybenzoic acid）是世界上应用最广泛的解热、镇痛、抗炎药和抗血栓药物。

实验目的

（1）了解以水杨酸作原料制备乙酰水杨酸的原理。

（2）巩固重结晶操作技术。

（3）了解 DSC、FT-IR 及 UV 法在有机合成中的应用。

实验原理

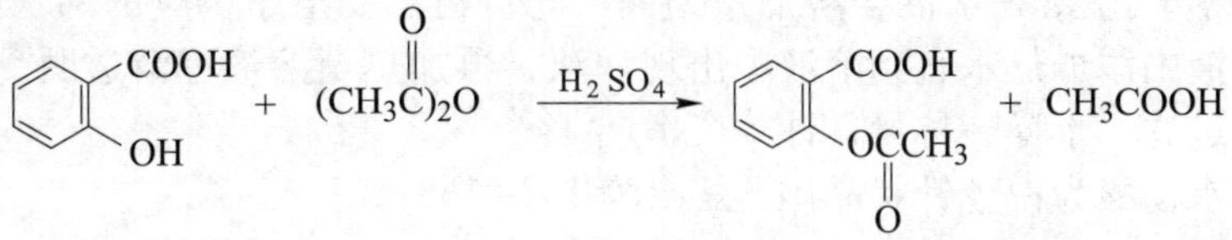

生成乙酰水杨酸的同时，水杨酸分子之间可以发生酯化反应，生成少量的聚合酯：

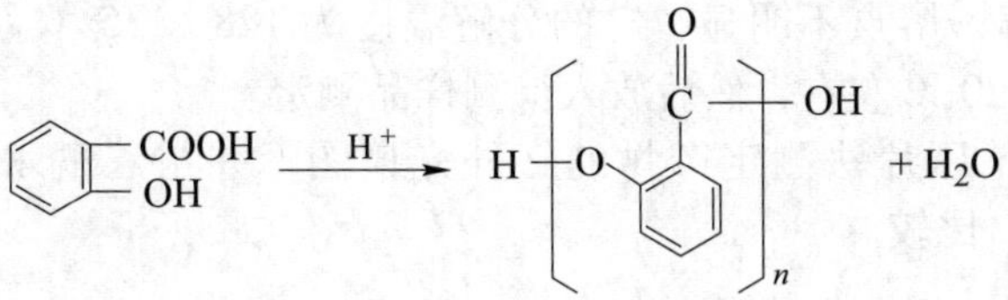

仪器与药品

仪器：100 mL 锥形瓶；烧杯；抽滤瓶；布氏漏斗；表面皿；水浴锅。

药品：水杨酸，1.5 g(0.01 mol)；乙酸酐，4 mL(4.3 g，0.04 mol)；浓硫酸，少量；10%碳酸氢钠水溶液，20 mL；浓盐酸，5 mL；1%三氯化铁溶液，少量。

实验步骤

1. 乙酰水杨酸的合成

在 100 mL 锥形瓶中依次加入 1.5 g 水杨酸、4 mL 乙酸酐[1]和 4 滴浓硫酸[2]，摇匀，使水杨酸溶解[3]。

---

[1] 酚类化合物的酯化也称酰化，常用的酯化试剂有酰氯、酸酐等。与酰氯相比，酸酐和酚类化合物的反应要温和一些。

[2] 添加少量浓硫酸或浓磷酸会加速反应。

[3] 乙酸酐和浓硫酸均具有强腐蚀性，量取时应当心。若不慎溅及皮肤，应立即用大量水冲洗。

将锥形瓶置于 60~70 ℃的热水中，加热 10 min，并不时地振摇，然后停止加热，待反应混合物冷却至室温后，缓缓加入 15 mL 水，边加水边振摇。将锥形瓶放在冰盐浴中冷却，有晶体析出。抽滤，并用少量冷水洗涤，抽干，得乙酰水杨酸粗产品。

注意：由于剩余的乙酸酐发生水解，反应瓶会变热，有时反应混合物甚至沸腾，操作应当心。

将粗产品转入 100 mL 烧杯中，加入 10%碳酸氢钠水溶液（约 12 mL），边加边搅拌，直到不再有二氧化碳产生为止（大约 20 mL）。抽滤，除去不溶性聚合物❶。再将滤液倒入 100 mL 烧杯中，缓缓加入 5 mL 浓盐酸，边加边搅拌，这时会有晶体逐渐析出。将反应混合物置于冰水浴中（或将少许冰块加到烧杯中），使晶体尽量析出。抽滤，用少量冷水洗涤 2~3 次，然后抽滤至干。取少量乙酰水杨酸，溶入几滴乙醇中，并滴加 1~2 滴 1%三氯化铁溶液，如果发生显色反应❷，产物可用乙醇-水混合溶剂重结晶：先将粗产品溶于少量的沸乙醇中，再向乙醇溶液中添加热水直到溶液中出现浑浊，再加热至溶液澄清透明❸，静置慢慢冷却，过滤，干燥，称量，计算产率。

乙酰水杨酸为白色针状晶体，熔点为 132~135 ℃。

2. 乙酰水杨酸的鉴定

（1）在差示扫描量热仪（DSC）上测定熔点，并与文献值进行比较。乙酰水杨酸受热易分解，熔点不明显，它的分解温度为 128~135 ℃。测定时，可先将热载体加热至 120 ℃左右，然后放入待测样品测定。

（2）用 KBr 压片法测定产物的红外光谱图，并与乙酰水杨酸标准红外光谱（见图 6-14）比较。

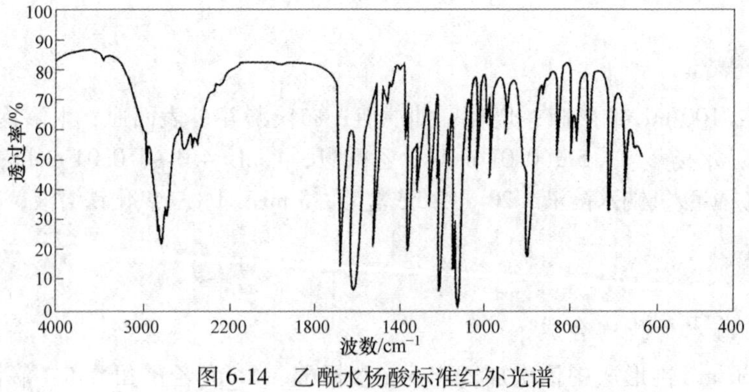

图 6-14 乙酰水杨酸标准红外光谱

❶ 在反应过程中，少量水杨酸自身会发生聚合反应，形成一种聚合物。阿司匹林可以与碳酸氢钠作用形成水溶性盐，从而与聚合物分离。

❷ 酚类化合物能与三氯化铁溶液发生显色反应，这种特殊的显色反应可用来检验酚羟基的存在。

❸ 在乙酰水杨酸重结晶时，溶液不宜加热过久，也不宜用高沸点溶剂，因为在高温下乙酰水杨酸易发生分解。

（3）准确称取 0.1000 g 本实验合成的乙酰水杨酸，加 40 mL 0.1 mol/L NaOH 溶液搅拌数分钟，转移到 100 mL 容量瓶中，用蒸馏水稀释至刻度，摇匀。取 2.0 mL 上述溶液至另一 100 mL 容量瓶中，用蒸馏水稀释至刻度，摇匀。以此稀释液作为试样，在紫外-可见分光光度计上扫描 250~350 nm 范围的紫外吸收光谱，读出 λ_{max} 的吸收值，该溶液在 296.5 nm 左右应有一个吸收峰（见图 6-15）。

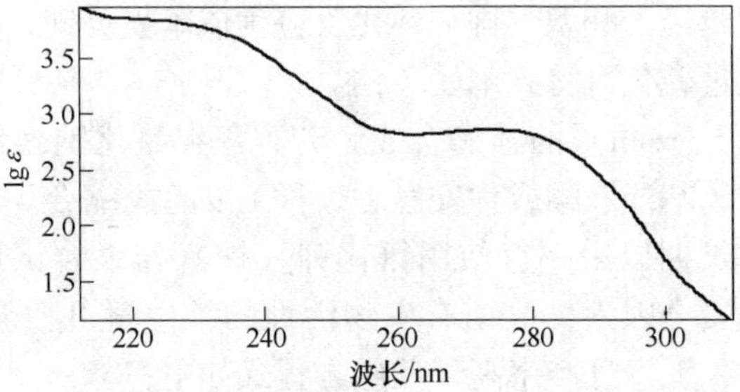

图 6-15　乙酰水杨酸紫外光谱图

思考题

（1）在水杨酸与乙酸酐的反应过程中，浓硫酸起什么作用?

（2）纯的乙酰水杨酸不会与三氯化铁溶液发生显色反应，然而在乙醇-水混合溶剂中经过重结晶的乙酰水杨酸，有时反而会与三氯化铁溶液发生显色反应，这是什么缘故?

（3）水杨酸与乙酸酐的反应结束后，如果不采用碳酸氢钠成盐、盐酸酸化的方法分离聚合物杂质，试拟定一个分离纯化的方案。

实验 6-10　苯妥英钠的制备及红外光谱分析

苯妥英的化学名为 5,5-二苯基乙内酰脲，苯妥英钠是苯妥英的钠盐，溶解性好，生物利用度高。苯妥英钠为白色粉末，无臭、味苦，易溶于水，溶于乙醇，几乎不溶于乙醚和氯仿。微有引湿性，在空气中渐渐吸收二氧化碳，分解成苯妥英。苯妥英钠适于治疗严重癫痫，也可用于三叉神经痛，以及某些类型的心律不齐。

实验目的

（1）了解并掌握辅酶 B_1 催化的安息香缩合反应原理。

（2）了解二苯羟乙酸型重排反应原理。

（3）掌握回流、减压过滤及重结晶操作。

（4）掌握红外光谱的测定方法。

实验原理

实验分三步完成：首先苯甲醛在维生素 B_1 催化下生成二苯基羟乙酮（安息香）；然后再经三氯化铁氧化得到二苯基乙二酮；最后，二苯基乙二酮在碱性条件下与尿素发生二苯羟乙酸型重排和环化反应生成苯妥英钠，酸化后处理得到苯妥英。精制后再通过碱化可得到苯妥英钠。

（1）安息香（benzoin）的辅酶合成。芳香醛在氰化钠（钾）作用下，分子间发生缩合生成二苯基羟乙酮或称安息香，称为安息香缩合。最典型的例子是苯甲醛的缩合反应。长期以来一直使用氰化钾（钠）作缩合试剂，由于氰化物剧毒，存在巨大的不安全因素，改用有生物活性的维生素 B_1（硫胺素）为催化剂后，反应条件温和，无毒且产率高，反应方程式如下：

$$2C_6H_5CHO \xrightarrow{VB_1} C_6H_5-\underset{}{\overset{OH}{\overset{|}{C}H}}-\overset{O}{\overset{\|}{C}}-C_6H_5$$

（2）二苯乙二酮（binzil）的制备。安息香在三氯化铁醋酸水溶液中可以被氧化为二苯乙二酮。冰醋酸在这里既作为溶剂，也作为酸性介质。三氯化铁在酸性介质中能够发挥最强的氧化性。同时三氯化铁容易水解，如果不在酸性介质中，很快就会完全水解成氢氧化物，氢氧化物不溶于水，氧化能力下降。

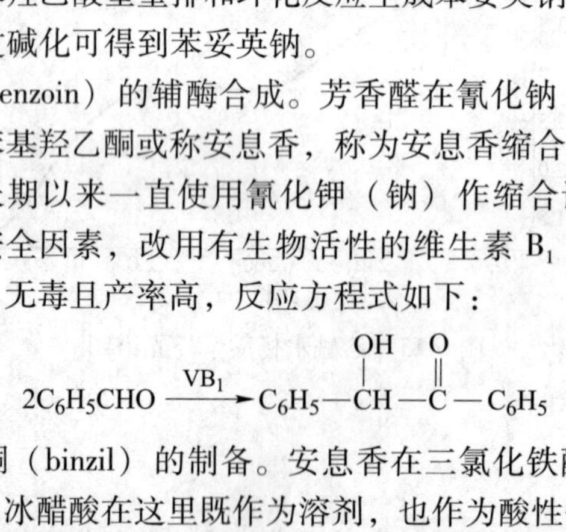

（3）苯妥英钠的制备。以水和乙醇做溶剂，二苯乙二酮在碱性条件下与尿素发生二苯酸重排和环化缩合反应生成苯妥英钠，酸化后得到苯妥英。精制后再通过碱化可以得到苯妥英钠。

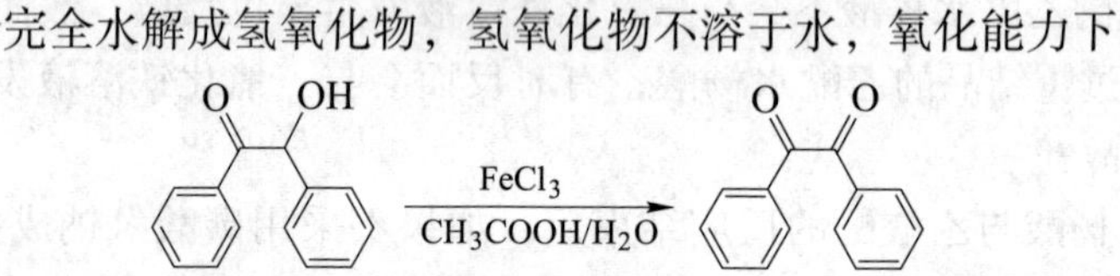

仪器与药品

1. 安息香（benzoin）的辅酶合成

仪器：50 mL 圆底烧瓶；回流冷凝管；烧杯；移液枪；量筒；点滴板；抽滤瓶；布氏漏斗。

药品：苯甲醛，5 mL（9.1 mmol）；维生素 B_1，0.9 g；95%乙醇，7.5 mL；

10%氢氧化钠溶液，2.5 mL。

2. 二苯乙二酮（binzil）的制备

仪器：100 mL 圆底烧瓶；回流冷凝管；烧杯；量筒；搅拌子；点滴板；抽滤瓶；布氏漏斗。

药品：安息香，2.12 g(10.0 mmol)；$FeCl_3 \cdot 6H_2O$，9.0 g(33 mmol)；冰乙酸，10 mL。

3. 苯妥英钠的制备

仪器：100 mL 圆底烧瓶；回流冷凝管；烧杯；量筒；搅拌子；点滴板；抽滤瓶；布氏漏斗。

药品：二苯乙二酮，2 g(9.5 mmol)；尿素，1.14 g(19.0 mmol)；20%氢氧化钠溶液；95%乙醇；15%盐酸。

实验步骤

1. 安息香（benzoin）的辅酶合成

在 50 mL 圆底烧瓶中，加入 0.9 g 维生素 B_1、2.5 mL 蒸馏水和 95%乙醇 7.5 mL，将烧瓶置于冰水浴中冷却。同时取 2.5 mL 10%氢氧化钠溶液加入 100 mL 烧杯中，也置于冰浴中冷却。然后在冰水浴冷却下，将氢氧化钠溶液在 10 min 内滴加至维生素 B_1溶液中，并不断振摇，调节溶液 pH=9~10，此时溶液呈黄色。去掉冰水浴，加入 5 mL 新蒸的苯甲醛，搅拌下加热回流 1.5 h，水浴温度保持在 60~75 ℃，切勿将混合物加热至剧烈沸腾，反应混合物逐渐呈橘黄或橘红色均相溶液。将反应混合物冷至室温，析出浅黄色结晶。将烧瓶置于冰浴中冷却使结晶完全。若产物呈油状物析出，应重新加热使成均相，再慢慢冷却重新结晶。必要时可用玻璃棒摩擦瓶壁或投入晶种。抽滤，用 20 mL 冷水分两次洗涤结晶。粗产物用 95%乙醇重结晶。纯安息香为白色针状结晶，产量约 2 g，熔点为 134~136 ℃。

2. 二苯乙二酮（binzil）的制备

在 100 mL 圆底烧瓶中加入 10 mL 冰乙酸、5 mL 水及 9.0 g $FeCl_3 \cdot 6H_2O$（研成粉末），装上回流冷凝管，搅拌下加热至沸持续 5 min。停止加热，待烧瓶内液体不沸腾后，加入 2.12 g 安息香，继续加热回流 1 h。再加入 40 mL 水煮沸，然后冷却反应液至室温，有黄色固体析出。抽滤，并用冷水洗涤固体 3 次，粗产品约 2 g，产率约 95%。以 $FeCl_3 \cdot 6H_2O$ 为氧化剂的方法所得粗产物的质量较好，通常无须重结晶，其熔点即可达到 94~96 ℃。

3. 苯妥英钠的制备

将 2 g 二苯基乙二酮，1.14 g 尿素置于 100 mL 圆底烧瓶中，加入 20%氢氧化钠溶液 6 mL，95%乙醇 10 mL，回流反应 1 h。反应结束后倒入 75 mL 冷水，放置 30 min。待沉淀完全，滤去黄色的二苯乙炔二脲沉淀，滤液用15%盐酸酸化至pH=6，沉淀完全析出后抽滤，少量冷水洗涤，得到白色苯妥英，熔点为295~298 ℃。将得到的苯妥英粗品加入100 mL烧杯中，按粗品与水为1∶4的比例加入水，水浴加热至40 ℃，加入20% NaOH溶液至全溶，调至pH=11~12，加活性炭少许，在搅拌下加热5 min，趁热减压过滤，冷却后析出结晶，抽滤，少量冷水洗涤，晾干，称重。苯妥英钠熔点为290~299 ℃。

思考题

（1）制备二苯乙二酮时，为何先加入冰醋酸、水和三氯化铁并加热后才加安息香，而不是刚开始投料时一起加入？

（2）为什么用三氯化铁做氧化剂，能否用其他试剂代替？

（3）制备苯妥英为什么在碱性条件下进行？

（4）制备苯妥英时，95%乙醇的作用是什么？

实验 6-11 α-苯乙胺的制备及外消旋体的拆分

α-苯乙胺（1-phenylethylamine）是重要的医药和染料中间体。本实验由鲁卡特反应制备外消旋的α-苯乙胺，然后以（+）-酒石酸作拆分剂进行拆分。

一、α-苯乙胺的制备

实验目的

（1）了解外消旋体α-苯乙胺的制备原理。

（2）巩固萃取、分馏等操作。

实验原理

鲁卡特（Leukart）反应，即苯乙酮与甲酸铵反应得到相应的胺。

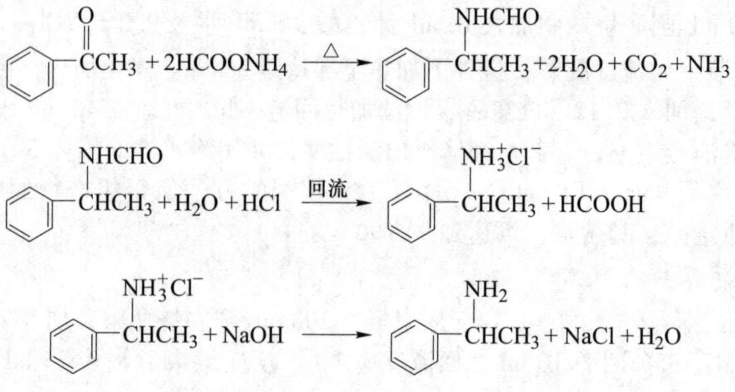

仪器与药品

仪器：蒸馏装置；分馏头；分液漏斗；回流冷凝管；锥形瓶；烧杯。

药品：苯乙酮，11.7 mL(12 g，0.1 mol)；甲酸铵，20 g(0.32 mol)；甲苯；浓盐酸；50%氢氧化钠溶液；粒状氢氧化钠。

实验步骤

在装有分馏头的 50 mL 圆底烧瓶中，加入 11.7 mL 苯乙酮和 20 g 甲酸铵[1]，装上蒸馏装置及温度计，温度计的水银球部位应置于反应混合物中，用电热套缓缓加热。反应混合物开始熔化，当温度升高到 140 ℃时，熔化后的液体呈两相，继续加热反应物使其变成均相，待温度升高到 185 ℃时停止加热，反应约需 1 h。在此过程中，水、苯乙酮及甲酸铵被蒸出，将上层的苯乙酮倒回反应瓶中，然后在 180~185 ℃加热约 1.5 h，将反应混合物冷至室温，加入 10 mL 水，转入分液漏斗中，振荡，把粗产品转入原反应瓶中。水层每次用 5 mL 甲苯萃取两次，合并萃取液并倒回原反应瓶，加入 10 mL 浓盐酸，慢慢加热回流 30 min，冷却后，每次用 10 mL 甲苯萃取两次。

将水层转入圆底烧瓶中，小心加入 20 mL 50%氢氧化钠，进行水蒸气蒸馏，馏出液分为两层，用分液漏斗分离。水层每次用 10 mL 甲苯萃取两次。合并有机层，用粒状氢氧化钠干燥[2]。装上分馏头进行分馏[3]，蒸出甲苯（111 ℃以上）后，收集 180~190 ℃的馏分，得到外消旋的 α-苯乙胺。

纯的 α-苯乙胺的沸点为 187 ℃，折光率为 1.5238，其红外光谱图如图 6-16 所示。

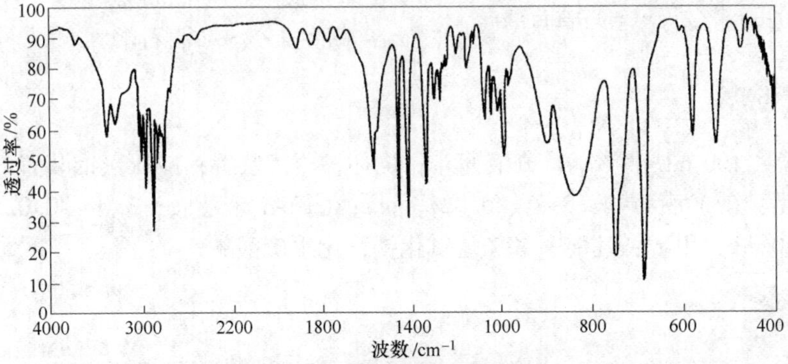

图 6-16 α-苯乙胺的红外光谱图

[1] 甲酸铵易潮解，如潮解已很严重，使用前可先抽滤除去水分，称量宜迅速。

[2] α-苯乙胺能浸蚀软木塞及橡胶塞，并能从空气中吸收 CO_2。

[3] 也可用水泵减压蒸馏蒸出所有溶剂，然后再用油泵减压蒸馏，收集 82~83 ℃/2.40 kPa (18 mmHg)或 87 ℃/3.20 kPa (24 mmHg) 的馏分。

二、外消旋体的拆分

实验目的

（1）了解将外消旋体变为非对映异构体后进行分步结晶的分离方法。

（2）掌握旋光仪的使用方法。

实验原理

在立体异构体中，一对对映体不能用通常的方法进行分离。然而，非对映体由于物理性质上的差异，可以用常用的方法进行分离。因此，要把外消旋体中的对映体分离开来必须用特殊的方法即外消旋体的拆分。拆分的方法很多，最常用的是化学拆分法，其基本原理是先把对映体转化为非对映体，然后用一般的方法进行分离，再把分开的非对映体分别转化为原来的对映体，达到外消旋体拆分的目的。

化学法拆分过程中，关键的是找到一种具有光学活性并能与对映体发生反应的物质，通过对映体与具有光学活性的物质之间的反应将其转化为非对映体。通常将这种具有光学活性的物质称为拆分剂。常用的拆分剂是一些有光学活性的天然化合物，如马钱子碱（又称士的宁）、麻黄碱、酒石酸、樟脑、β-磺酸等。

外消旋 α-苯乙胺具有碱性，可用（+）-酒石酸作拆分剂进行拆分。(+)-酒石酸与（−）-α-苯乙胺反应生成的化合物在甲醇中的溶解度较小，先结晶析出从而得以分离。

(±)-α-苯乙胺+(+)-酒石酸⟶ (+)-α-苯乙胺·(+)-酒石酸 / (−)-α-苯乙胺·(+)-酒石酸

仪器与药品

仪器：100 mL 锥形瓶；分液漏斗；烧杯；蒸馏装置；减压蒸馏装置。

药品：(+)-酒石酸，3. 8 g(0. 027 mol)；(±)-α-苯乙胺，3. 0 g(0. 025 mol)；乙醇，50 mL；甲醇；乙醚；50%氢氧化钠；无水硫酸钠。

实验步骤

在 100 mL 锥形瓶中加入 3. 8 g 酒石酸和 50 mL 甲醇，再慢慢地分批加入3 g(±)-α-苯乙胺，在室温下放置 24 h 后，生成棱柱状晶体，过滤收集晶体[1]，称重。

将滤得的（−）-α-苯乙胺·(+)-酒石酸溶于 10 mL 水中，加入 2 mL 50%氢氧化钠水溶液使其呈碱性，搅拌混合物至固体溶解，将溶液转入分液漏斗中，每次

[1] 滤液可收集起来，留作分出（+）-α-苯乙胺用。

用 10 mL 乙醚萃取三次，合并萃取液，用无水硫酸钠干燥过夜。先在水浴上蒸去乙醚，再进行蒸馏，收集 180~190 ℃馏分；或先减压蒸去乙醚，再继续减压蒸馏收集 81~81.5 ℃/2400 Pa 的馏分。

测定产物的比旋光度❶，纯（-）-α-苯乙胺的比旋光度为-40.3°，计算产物的光学纯度。

思考题

如何从滤液中分出（+）-α-苯乙胺?

实验 6-12 甲基橙的制备及红外光谱分析

甲基橙（methyl orange），化学名：4-{[4-(二甲氨基)苯]偶氮}苯磺酸钠盐（Sodium 4-(4-dimethyl amino phenylazo) benzene sulphonate），它是常用的酸碱指示剂。

实验目的

（1）了解重氮化反应和偶合反应的原理。

（2）掌握冰浴反应操作，巩固重结晶及红外光谱分析操作。

实验原理

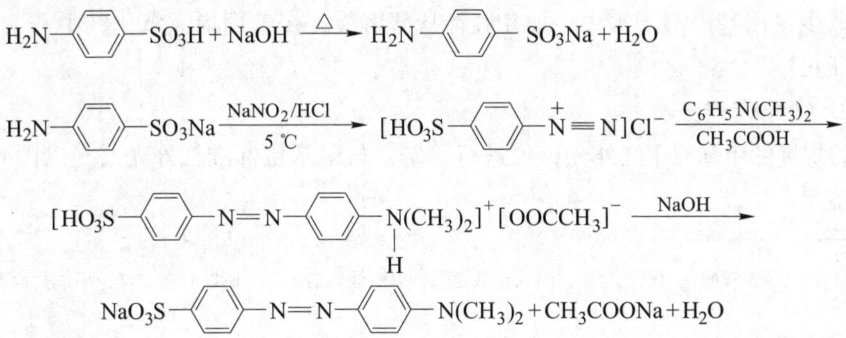

仪器与药品

仪器：烧杯；温度计；抽滤瓶；布氏漏斗；表面皿；淀粉-碘化钾试纸；水浴锅。

药品：对氨基苯磺酸，2.1 g(0.01 mol)；亚硝酸钠，0.8 g(0.012 mol)；

❶ 测比旋光度时可配成甲醇或乙醇溶液。

N,*N*-二甲基苯胺，1. 3 mL(1. 2 g，0. 01 mol)；5%氢氧化钠；冰乙酸；浓盐酸；乙醇。

实验步骤

1. 重氮盐的制备

向 100 mL 烧杯中，加入 10 mL 5%氢氧化钠溶液及 2. 1 g 对氨基苯磺酸晶体[1]，温热溶解。另溶 0. 8 g 亚硝酸钠于 6 mL 水中，加入烧杯内。用冰盐浴冷至 0~5 ℃。在不断搅拌下，将 3 mL 浓盐酸与 10 mL 水配成的溶液缓缓滴加到上述混合液中，并控制温度在 5 ℃以下。快滴加完时，用淀粉-碘化钾试纸检验[2]。将反应液在此温度下放置 15 min，使其反应完全。此时，往往有细小晶体析出[3]。

2. 偶合

在烧杯内混合 1. 3 mL *N*,*N*-二甲基苯胺和 1 mL 冰乙酸，在不断搅拌下，将此溶液慢慢加到上述冷却的重氮盐溶液中。加完后，继续搅拌 10 min，然后慢慢加入 25 mL 5%氢氧化钠溶液，直至反应物变为橙色，这时反应液呈碱性，粗制的甲基橙呈细粒状晶体析出[4]。将反应物在沸水浴上加热 5 min，冷至室温后，再在冷水浴中冷却，使甲基橙晶体完全析出，抽滤、收集晶体，依次用少量水、乙醇洗涤，压干。

若要得到较纯的产品，可用溶有少量氢氧化钠（0. 1~0. 2 g）的沸水（每克粗产物约需 25 mL）进行重结晶。待结晶完全析出后，抽滤收集晶体并依次用少量水、乙醇洗涤[5]，得到橙色的小叶片状甲基橙晶体。

取少量甲基橙溶于水中，加几滴稀盐酸溶液，接着用稀氢氧化钠中和，观察颜色变化。

3. 红外光谱分析

将提纯的甲基橙用红外光谱仪进行测定，与甲基橙标准红外光谱（见图 6-17）比较鉴定。

---

❶ 对氨基苯磺酸是两性化合物，酸性比碱性强，以酸性内盐存在，所以它能与碱作用成盐而不能与酸作用。

❷ 若试纸不显蓝色，仍需补充亚硝酸钠溶液，直至溶液使淀粉-碘化钾试纸呈蓝色为止。

❸ 此时往往析出对氨基苯磺酸的重氮盐，这是因为对氨基苯磺酸的重氮盐在水中电离形成中性内盐：

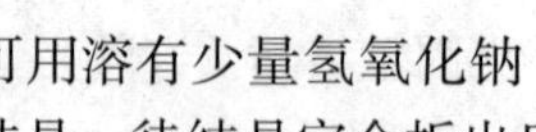

它在低温时难溶于水，因而形成细小晶体析出。

❹ 加入氢氧化钠后，如反应物中含有未反应的 *N*,*N*-二甲基苯胺乙酸盐，便会有难溶于水的 *N*,*N*-二甲基苯胺析出，影响产物纯度。湿的甲基橙在空气中受光的照射后颜色很快变深，故一般得紫红色粗产物。

❺ 重结晶操作应迅速，否则由于产物呈碱性在温度高时变质，颜色会变深。用乙醇洗涤的目的是使其迅速干燥。

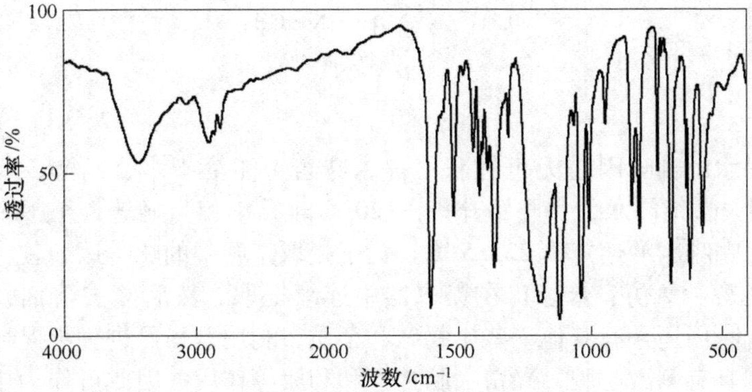

图 6-17　甲基橙标准红外光谱

思考题

（1）什么是偶合反应？结合本实验讨论一下偶合反应的条件。

（2）本实验中，制备重氮盐时为什么要把对氨基苯磺酸变成钠盐？本实验如改为先将对氨基苯磺酸与盐酸混合，再滴加亚硝酸钠溶液进行重氮化反应可以吗？为什么？

（3）试解释甲基橙在酸碱性介质中变色的原因，并用反应式表示。

实验 6-13　从茶叶中提取咖啡因及红外光谱分析

实验目的

（1）了解从茶叶中提取咖啡因的原理。

（2）巩固回流、蒸馏和测定红外光谱的基本操作，学习沙浴的使用方法。

实验原理

茶叶中含有多种生物碱，其中以咖啡碱（又称咖啡因，caffeine）为主，占1%～5%。另外，茶叶中还含有11%～12%的丹宁酸（又称鞣酸）及0.6%的色素、纤维和蛋白质等。咖啡碱是弱碱性化合物，易溶于氯仿（12.5%）、水（2%）和乙醇（2%）等，在苯中的溶解度为1%（热苯为5%）。丹宁酸易溶于水和乙醇，但不溶于苯。

咖啡因是杂环化合物嘌呤的衍生物，它的化学名是1,3,7-三甲基-2,6-二氧嘌呤，其结构式如下：

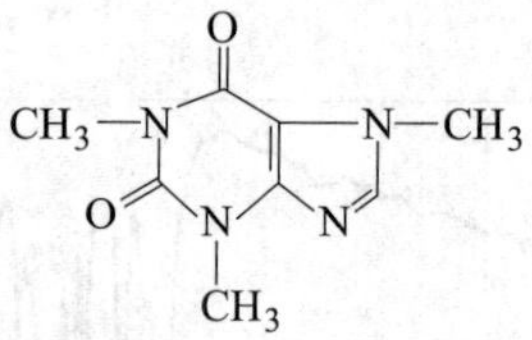

含结晶水的咖啡因是无色针状结晶，味苦，能溶于水、乙醇、氯仿等。在100 ℃时即失去结晶水，并开始升华，120 ℃时升华相当显著，至178 ℃时升华很快。无水咖啡因的熔点为235.5 ℃。为了提取茶叶中的咖啡因，往往利用适当的溶剂（乙醇、氯仿、苯等）在提取器中连续提取，然后蒸去溶剂，即得粗咖啡因。粗咖啡因还含有其他一些生物碱和杂质，利用升华可进一步提纯。

咖啡因具有刺激心脏、兴奋大脑神经和利尿等作用，因此可作为中枢神经兴奋剂，也是复方阿司匹林（A. P. C.）等药物的组分之一。

仪器与药品

仪器：50 mL圆底烧瓶；微量提取器；带钩接头；回流冷凝管；蒸馏装置；玻璃漏斗；蒸发皿；热电偶温度计；沙浴。

药品：茶叶末，约1 g；95%乙醇，10 mL；生石灰，0.5 g。

实验步骤

1. 常量法

实验装置参见图2-31。称取10 g茶叶末放入脂肪提取器的滤纸套筒[1]中，在圆底烧瓶内加入80 mL 95%乙醇，用水浴加热，连续提取2~3 h[2]后待冷凝液刚刚虹吸下去时，立即停止加热。然后改成蒸馏装置。回收提取液中的大部分乙醇，再把残液倾入蒸发皿中，拌入3~4 g生石灰粉[3]，在蒸气浴上蒸干，最后将蒸发皿移至电炉上加热使水分全部除去。冷却后擦去沾在边上的粉末，以免在升华时污染产物。取一只合适的玻璃漏斗，罩在隔以刺有许多小孔的滤纸的蒸发皿上，用沙浴小心加热升华[4]。当纸上出现白色毛状结晶时，暂停加热，冷至100 ℃左右，揭开漏斗和滤纸，仔细地把附在纸上及器皿周围的咖啡因用小刀刮下，残渣经拌和后再用较大的火加热片刻，使升华完全。合并两次收集的咖啡因，测定熔点。若产品颜色不纯，可用少量热水重结晶提纯（或放入微量升华管中再次升华）。

---

❶ 滤纸套大小既要紧贴器壁，又能方便取放，其高度不可超过虹吸管；滤纸包茶叶末时应严紧，防止漏出堵塞虹吸管。纸套上面折成凹形，以保证回流液均匀浸润被萃取物。

❷ 提取液颜色很淡时，即可停止提取。

❸ 生石灰起吸水和中和作用，以除去部分杂质。

❹ 在萃取回流充分的情况下，升华操作的好坏是本实验成败的关键。在升华过程中，始终都需用缓慢间接加热。温度太高会使滤纸炭化变黑，并把一些有色物烘出来，使产品不纯。第二次升华时，火也不能太大，否则会使被烘物大量冒烟，导致产物损失。

2. 半微量法

在 50 mL 圆底烧瓶中加入 10 mL 95%乙醇，瓶口用一带钩接头连接，钩上挂一多孔玻板提取器，内置约 1 g 茶叶末，按图 2-31 安装装置。缓慢加热至沸，连续提取 40 min，停止加热，改成蒸馏装置，进行蒸馏。待瓶内液体剩 2～3 mL 时，停止蒸馏。将残液倒入蒸发皿中，并加入 0. 5 g 氧化钙粉末，拌成糊状，加热至干（需边加热边搅拌）。取一只合适的玻璃漏斗，罩在隔以刺有许多小孔的滤纸的蒸发皿上，用沙浴小心加热升华。约 20 min 升华结束，揭开漏斗和滤纸，仔细地把附在纸上的咖啡因用小刀刮下。

对所得产物进行红外光谱测定，并与咖啡碱标准红外光谱（见图 6-18）进行比较校验。

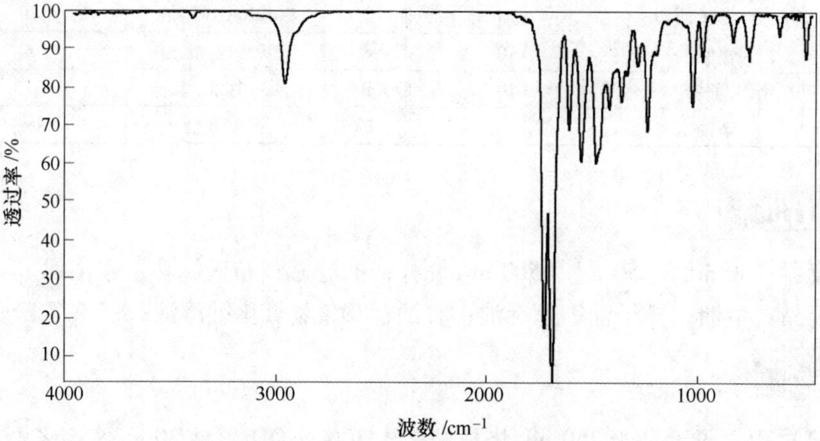

图 6-18　咖啡因标准红外光谱

实验 6-14　透明皂的制备及应用

实验目的

（1）了解透明皂的性能、特点和用途。

（2）熟悉配方中各原料的作用。

（3）掌握透明皂的配制操作技巧。

实验原理

透明皂以牛羊油、椰子油、麻油等含不饱和脂肪酸较多的油脂为原料，与氢氧化钠溶液发生皂化反应，反应式如下：

$$\begin{array}{l}CH_2OOCR_1\\|\\CHOOCR_2\\|\\CH_2OOCR_3\end{array} + 3NaOH \longrightarrow \begin{array}{l}CH_2OH\\|\\CHOH\\|\\CH_2OH\end{array} + R_1COONa + R_2COONa + R_3COONa$$

反应后不用盐析，将生成的甘油留在体系中，以增加透明度，然后加入乙醇、蔗糖作透明剂促使肥皂透明，并加入结晶阻化剂，有效提高透明度，这样可制得透明、光滑的透明皂作为皮肤清洁用品。透明皂配方见表6-5。

表6-5 透明皂配方

编号	组分	质量分数/%	编号	组分	质量分数/%
1	牛油	13	6	S-80（或T-80）	2
2	椰子油	13	7	30%NaOH溶液	20
3	蓖麻油	10	8	95%乙醇	6
4	蔗糖	10	9	甘油	3.5
5	蒸馏水	10	10	香蕉香精	少许

仪器与药品

仪器：50 mL、250 mL、500 mL烧杯；抽滤瓶；布氏漏斗；水浴锅。

药品：牛油；椰子油；蓖麻油；甘油；30%氢氧化钠溶液；95%-乙醇。

实验步骤

（1）用电子天平于250 mL烧杯中称入30%NaOH溶液20 g、95%乙醇6 g和结晶阻化剂2 g混匀备用。

（2）在400 mL烧杯中依次称入牛油13 g、椰子油13 g，放入75 ℃热水浴混合熔化，如有杂质，应用漏斗和加热过滤套趁热过滤，保持油脂澄清。然后加入蓖麻油（长时间加热易使颜色变深）10 g，混溶。快速将步骤（1）烧杯中物料加入到步骤（2）烧杯中，匀速搅拌1.5 h，完成皂化反应（取少许样品溶解在蒸馏水中呈清晰状），停止加热。

（3）同样，另取一个50 mL烧杯，称入甘油3.5 g、蔗糖10 mL、蒸馏水10 mL，搅拌均匀，预热至80 ℃，呈透明状，备用。

（4）将步骤（3）中的物料加入步骤（2）反应完的烧杯中，搅匀，降温至60 ℃，加入香蕉香精，继续搅匀后，出料，倒入冷水冷却的冷模或大烧杯中，迅速凝固，得到透明、光滑的透明皂。

思考题

（1）为什么制备透明皂不用盐析，反而加入甘油？

（2）为什么蓖麻油不与其他油脂一起加入，而在加碱前才加入？

（3）制透明皂时，若油脂不干净怎样处理？

实验 6-15 洗发香波的配制

实验目的

（1）了解洗发香波的组成和作用原理。

（2）掌握洗发香波的配制工艺。

实验原理

1. 洗发香波的主要性质和分类

洗发香波是洗发用化妆洗涤用品，是一种以表面活性剂为主的加香产品。

香波的种类很多，按产品外观的透明度可分为透明型、珠光型和膏状，按功能可分为调理香波、中性香波、油性香波、干性香波、去头皮屑香波、染发香波等。

2. 配制原理

在对洗发香波进行配方设计时要遵循的原则为：有良好的去污性；有合适的黏度；泡沫量多；使洗后的头发富有光泽，容易梳理；对头发、眼睑的安全性高。

洗发香波组分包括去污发泡剂、稳泡剂、增稠剂、油脂剂、螯合剂、珠光剂、防腐剂、香精和色素等。

（1）去污发泡剂。可作为去污发泡剂的表面活性剂有：阴离子型的烷基醚硫酸盐和烷基苯磺酸盐，非离子型的烷基醇酰胺，如椰子油酸二乙醇酰胺等。常用的辅助表面活性剂有：阴离子型的油酰胺基酸钠（雷米邦）、非离子型的聚氧乙烯山梨醇酐单酯（吐温）、两性离子型的十二烷基苯磺酸钠等。

（2）稳泡剂是具有延长和稳定泡沫保持长久的表面活性剂，有烷醇酰胺（尼诺尔）、氧化胺等。

（3）增稠剂的作用是提高香波的黏稠度，香波中使用的增稠剂有无机盐（NaCl 和 NH_4Cl）、脂肪酸聚氧乙烯酯、氧化胺和水溶性胶质。

（4）澄清剂是用来保持和提高透明香波透明度的组分，常用的有乙醇、丙二醇、脂肪醇和柠檬酸酯等。

（5）赋脂剂即油性组分，能使头发光滑流畅，易梳理。赋脂剂多为油、脂、高级醇和酯类组分。

（6）螯合剂的作用是降低钙镁离子在头发上的沉积，常用的螯合剂有 EDTA、EDTA-2Na 和 EDTA-4Na。

（7）珠光剂的作用是使香波产生珠光，常用的珠光剂有乙二醇硬脂酸酯、聚乙二醇硬脂酸酯、鲸蜡醇和硬脂醇也可使用。

（8）防腐剂和抗氧化剂。防腐剂可防止香波腐败变质，常用的有苯甲酸钠、尼泊金甲酯、丙酯及其混合物、布罗波尔、凯松等。抗氧化剂可防止香波某些成分被氧化，使香波酸败，常用的抗氧化剂有 BHT、BHA 和维生素 E 等。

（9）香精和色素。香精的特质香气往往是香波品牌的象征，色素能使香波具有宜人悦目的色彩，蓝绿色为首选色调。本实验给出两个洗发香波的配方，可任选一个或两个进行配制。

仪器与药品

仪器：烧杯（150 mL，50 mL）；量筒（50 mL，25 mL，10 mL）；温度计；电子天平（2 台）；玻璃棒；滴管；pH 试纸；点滴板。

药品：脂肪醇聚氧乙烯醚硫酸钠（AES，70%）；椰子油二乙醇酰胺（尼诺尔或 6501，99%）；乙二醇硬脂酸酯（EGMS）；十二烷基二甲基甜菜碱（BS-12，35%）；苯甲酸钠；20%柠檬酸溶液；香精；色素。

实验步骤

1. 配方一：调理香波

（1）将 40 mL 去离子水加入 150 mL 烧杯中，加热保持水温 60~65 ℃。

（2）控温在 60~65 ℃，加入 4 g AES 并不断搅拌至全部溶解。

（3）控温在 60~65 ℃，连续搅拌下加入 1.5 g 尼诺尔，2.5 mL BS-12 表面活性剂，缓慢搅拌使其溶解。

（4）降温至 40 ℃以下，加入 0.3 g 苯甲酸钠、数滴香精、适量色素。

（5）调节 pH 值，滴加 20%柠檬酸[1]调节 pH=5.5~7.0。

2. 配方二：珠光香波

（1）将 35 mL 去离子水加入 150 mL 烧杯中，加热保持水温 60~65 ℃。

（2）控温在 60~65 ℃，加入 5 g AES 并不断搅拌至全部溶解。

（3）控温在 60~65 ℃，连续搅拌下加入 2 g 尼诺尔，5 mL BS-12 表面活性剂，全部溶解后加入 1 g EGMS 搅拌使其溶解[2]。

（4）降温至 40 ℃以下，加入 0.3 g 苯甲酸钠、数滴香精、适量色素。

（5）调节 pH 值，滴加 20%柠檬酸溶液调节 pH=5.5~7.0。

3. 去污能力演示实验

随机取若干小块被污染的抹布，用自制洗发香波洗涤，观察污渍去除情况。

---

❶ 用柠檬酸调节 pH 值时，柠檬酸需配成 20%的溶液。

❷ 加乙二醇硬脂酸酯时，温度需控制在 60~65 ℃，慢速搅拌，缓慢冷却，否则体系无珠光。

思考题

(1) 洗发香波配方组成的原则是什么？

(2) 洗发香波配制的主要原料是什么？为什么必须控制 pH 值？

(3) 可否用冷水配制洗发香波，如何配制？

实验 6-16 叶绿体色素的提取、分离和理化性质

实验目的

(1) 通过绿色植物色素的提取和分离，了解天然物质分离提纯方法。

(2) 通过柱色谱和薄层色谱分离操作，加深理解微量有机物色谱分离鉴定的原理。

实验原理

绿色植物如菠菜叶中含有叶绿素（绿）、胡萝卜素（橙）和叶黄素（黄）等多种天然色素。叶绿素存在两种结构相似的形式，即叶绿素 a 和叶绿素 b。它们都是吡咯衍生物与金属镁的配合物，是植物进行光合作用所必需的催化剂。植物中叶绿素 a 的含量通常是叶绿素 b 含量的 3 倍。

尽管叶绿素分子中含有一些极性基团，但大的烃基结构使它易溶于醚、石油醚等一些非极性的溶剂。

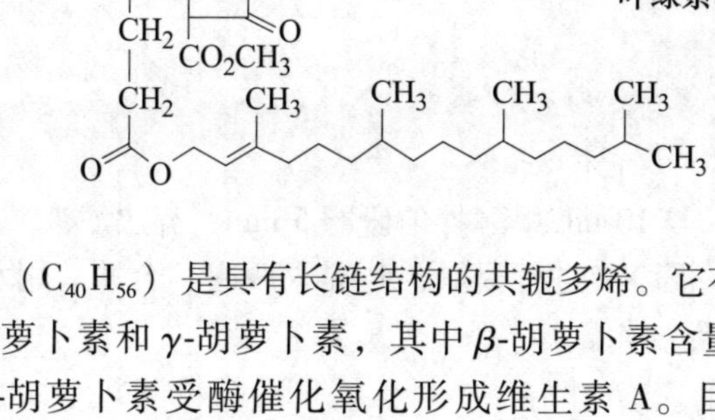

叶绿素a($R=CH_3$)
叶绿素b($R=CHO$)

胡萝卜素（$C_{40}H_{56}$）是具有长链结构的共轭多烯。它有三种异构体，即 α-胡萝卜素、β-胡萝卜素和 γ-胡萝卜素，其中 β-胡萝卜素含量最多，也最重要。在生物体内，β-胡萝卜素受酶催化氧化形成维生素 A。目前，β-胡萝卜素已可进行工业生产，它可作为维生素 A 使用，也可作为食品工业中的色素。

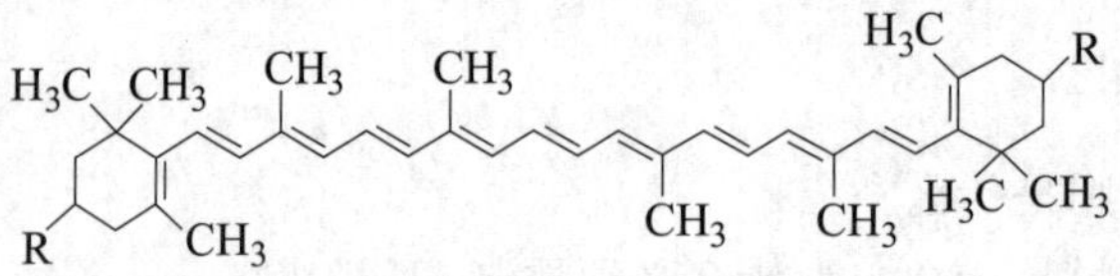

β-胡萝卜素(R=H)；叶黄素(R=OH)

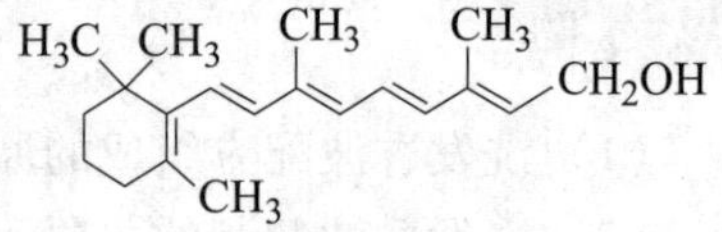

维生素A

叶黄素（$C_{40}H_{56}O_2$）是胡萝卜素的羟基衍生物，它在绿叶中的含量通常是胡萝卜素的两倍。与胡萝卜素相比，叶黄素较易溶于醇，而在石油醚中溶解度较小。

叶绿体色素与类囊体膜相结合成为色素蛋白复合体。这两类色素都不溶于水，而溶于有机溶剂，故可用乙醇、丙酮等有机溶剂提取。提取液可用色谱分析的原理加以分离。因吸附剂对不同物质的吸附力不同，当用适当的溶剂推动时，混合物中各种成分在两相（固定相和流动相）间具有不同的分配系数，所以移动速度不同，经过一定时间后，可将各种色素分开。

当叶绿素分子吸收光量子而转变成激发态时，分子很不稳定，当它变回到基态时发射出红光量子，称为荧光现象。叶绿素是一种二羧酸——叶绿酸与甲醇和叶绿醇形成的复杂酯，因而可与碱起皂化作用，产生的盐可溶于水中，利用此法可将叶绿素与类胡萝卜素分开。叶绿素分子中的镁可被 H^+ 所取代而形成褐色的去镁叶绿素。后者遇铜形成绿色的铜代叶绿素很稳定，在光下不易被破坏，故常用此法制作标本；叶绿素分子的化学性质也很不稳定，易受强光破坏，特别是当叶绿素与蛋白质分离后，破坏更快。

仪器、实验材料与药品

仪器：回流装置；蒸馏装置；研钵；层析板；色谱柱；烧杯；培养皿；锥形瓶。

实验材料：新鲜植物叶片，如菠菜、柳树叶。

药品：95%乙醇（或丙酮）；50%乙酸；乙酸铜粉末；氢氧化钾甲醇溶液，20 g 氢氧化钾用 100 mL 甲醇溶解，盛在具木塞的试剂瓶中；乙酸铜-乙酸溶液，在 100 mL 50%乙酸中溶入乙酸铜 6 g，用时加 4 倍水稀释。

实验步骤

1. 菠菜色素的提取

取 2 g 新鲜菠菜叶，与 10 mL 甲醇拌匀研磨 5 min，弃去滤液。残渣用 10 mL 的石油醚-甲醇（3∶2）混合液进行提取，共提取两次。合并液用水洗后弃去甲醇层，石油醚层进行干燥、浓缩。

2. 薄层层析

将上述的浓缩液点在硅胶 G 的预制板上，分别用石油醚-丙酮（8∶2）和石油醚-乙酸乙酯（6∶4）两种溶剂系统展开，经过显色后，进行观察并计算比移值。

3. 柱层析

取 3 g 中性氧化铝进行湿法装柱。填料装好后，从柱顶加入上述浓缩液，用石油醚-丙酮（9∶1）、石油醚-丙酮（7∶3）和正丁醇-乙醇-水（3∶1∶1）进行洗脱，依次接收各个色素带，即得胡萝卜素（橙黄色溶液）、叶黄素（黄色溶液）、叶绿素 a（蓝绿色溶液）以及叶绿素 b（黄绿色溶液）。

4. H^+和 Cu^{2+}对叶绿素分子中 Mg^{2+}的取代作用

（1）取 2 支试管，第一支试管加叶绿体色素提取液 2 mL，作为对照。第二支试管中加叶绿体色素提取液 5 mL，再加入数滴 50%乙酸，摇匀，观察溶液的颜色变化。

（2）当溶液变褐色后，倒出一半于另一试管中，加入乙酸铜粉末少许，于酒精灯上微微加热，观察溶液的颜色变化，与未加乙酸铜的另一半相比较。

（3）另取乙酸铜溶液 20 mL 左右，加入烧杯中。取新鲜植物叶片 2 片，放入溶液中，用酒精灯缓缓加热，观察并记录叶片的颜色变化，直至颜色不再变化为止。

思考题

（1）菠菜色素的提取过程中可否用乙醇代替甲醇？

（2）是否可用上述方法提取瓜皮中的绿色素？

实验 6-17　手性脯氨酸催化的不对称羟醛缩合反应

不对称合成（asymmetric synthesis），也称手性合成、立体选择性合成、对映选择性合成，是研究向反应物引入一个或多个具手性元素的化学反应的有机合成分支。在其中反应物分子整体中的一个对称的结构单位被一个试剂转化成一个不对称的单位，而产生不等量的立体异构体产物，这表明不对称合成的反应过程具有不对称性的特征。

实验原理

具有 α-氢的醛或酮在酸或碱的催化下，缩合形成 β-羟基醛或 β-羟基酮的反应称为羟醛缩合反应，是一类非常重要的碳碳键形成反应，反应过程中会新生成一个或者两个手性中心。不对称羟醛缩合反应方法有很多，其中 List 等有机化学家研究的有机小分子催化的不对称羟醛缩合反应是条件温和的方法。天然氨基酸类化合物是常用的催化剂，其中脯氨酸应用最广泛。

脯氨酸催化的羟醛缩合反应的可能机理：

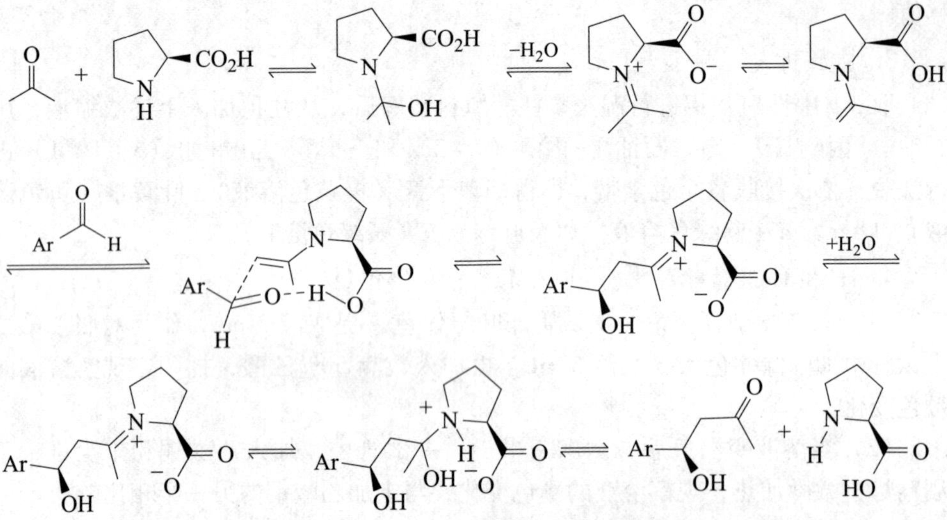

二甲基亚砜中脯氨酸催化的不对称羟醛缩合反应是 List 发现的经典的有机小分子不对称催化反应，采用二甲基亚砜这种非质子偶极溶剂能够有效地促进反应的进行。反应产率为 68%，属于中等产率，对映体过量值 e. e. 为 76%。

随后，Chandrasekhar 等人采用 PEG-400 为溶剂可以极大地提高反应活性，缩短反应时间，然而对映选择性却有所降低，反应产率达到 94%，对映体过量值 e. e. 为 67%。

方法一：

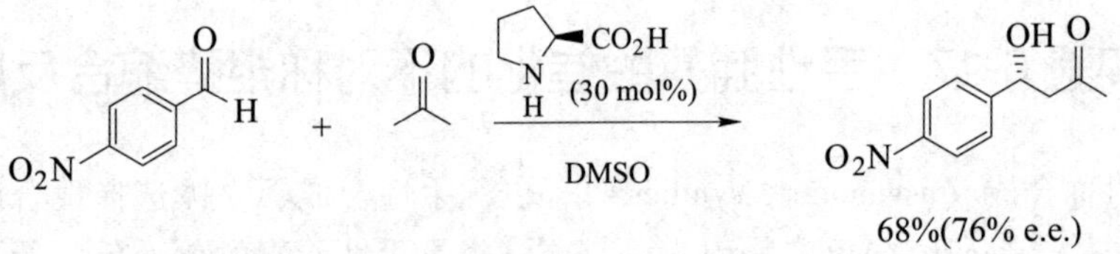

方法二：

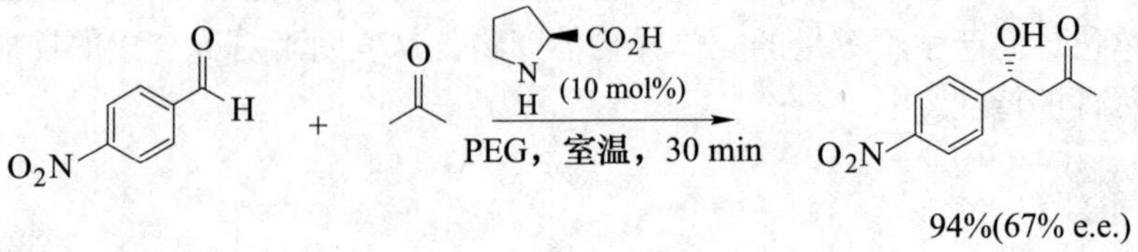

仪器与药品

仪器：旋转蒸发仪；色谱柱；100 mL 三口烧瓶；温度计；球形冷凝管；搅拌棒；烧杯；锥形瓶；分液漏斗；层析板。

方法一药品：脯氨酸；对硝基苯甲醛；丙酮；二甲基亚砜；乙酸乙酯；氯化

铵；无水硫酸钠。

方法二药品：脯氨酸；对硝基苯甲醛；丙酮；聚乙二醇-400；无水乙醚；无水硫酸钠。

实验步骤

方法一：将 0. 17 g(1. 5 mmol) 脯氨酸加入 30 mL 二甲基亚砜/丙酮（4∶1，V/V）中，搅拌 15 min。将 0. 75 g(5. 0 mmol) 对硝基苯甲醛加入上述溶液中，室温搅拌至反应完全（TLC 监测，2~4 h）。在冰水浴冷却下加入 20 mL 饱和氯化铵溶液猝灭反应，水相用 40 mL 乙酸乙酯分两次萃取。合并有机相，饱和食盐水洗涤，有机相用无水硫酸钠干燥。过滤，旋转蒸发浓缩，残余物以硅胶柱层析分离，得到产物（4R)-羟基-4-(4′-硝基苯基)-2-丁酮。

方法二：在反应瓶中加入 0. 05 g(0. 4 mmol) 脯氨酸、10 mL 聚乙二醇-400、1. 20 g(20 mmol) 丙酮，搅拌 5 min，加入 10. 75 g(5. 0 mmol) 对硝基苯甲醛，氮气保护下反应（30 min~2 h）。反应液中加入 25 mL 无水乙醚，搅拌5 min，分出乙醚相，再用 30 mL 乙醚提取两次，合并有机相。饱和食盐水洗涤，无水硫酸钠干燥，旋干有机相，残余物经硅胶柱层析分离，得到产物（4R)-羟基-4（4′-硝基苯基)-2-丁酮。

(4R)-羟基-4(4′-硝基苯基)-2-丁酮，白色或淡棕色针状晶体，$[\alpha]_D^{25}=+44.3°$($c=1.0$ g/100 mL，$CHCl_3$)，e. e. 67%（高效液相色谱，大赛璐 OB-H 色谱柱，异丙醇∶己烷=15∶85)。

思考题

（1）反应中丙酮为什么要过量？反应的立体选择性与哪些因素有关？

（2）什么是对映体过量值 e. e，怎么测定 e. e. 值？有哪些方法可以提高反应的 e. e. 值？

7 设计性实验

设计性实验中，学生根据实验指导中的提示，通过查阅文献，设计实验方案、拟定实验步骤，运用学过的化学知识和实验技能进行仪器的装置、操作条件的选择、产物的鉴定及所需试剂的配制，从而培养和锻炼学生的文献综合能力和独立操作技能。

7.1 化学实验方案设计的基本要求

7.1.1 预习与思考

(1) 设计一个相对完整的化学实验方案一般应包括哪些内容?

(2) 设计一个实验应从哪些方面入手?

(3) 一个最佳化学实验方案应符合哪些要求?

(4) 在设计化学实验方案时，应遵循哪些基本原则?

7.1.2 实验方案设计

一个完整的化学实验方案应包括：实验名称、实验目的、实验原理、实验用品（仪器、药品及规格）、实验步骤（包括实验仪器装配和操作、实验现象记录）及结果处理、问题和讨论。设计一个实验应从以下几方面入手：

(1) 根据实验目的，阐明实验原理，选择合适的仪器和药品。

(2) 根据实验特点，设计实验装置，画出实验装置图。

(3) 根据实验要求，设计可行的操作步骤和观察重点，分析实验中应注意的事项。

(4) 原料易得、操作简便。

(5) 设计多条合成路线，通过对比和归纳，选择出最佳实验方案。

(6) 边实验，边记录现象和数据，实验结束后，写出完整的实验报告。

在设计化学实验方案时，应遵循如下基本原则:

(1) 科学性。科学性是指实验原理、实验操作程序和方法要正确。这是化学实验方案设计的首要原则。

（2）安全性。实验设计时，应尽量避免使用剧毒药品和进行具有一定危险性的实验操作。如果必须使用剧毒药品，应在所设计的实验方案中详细写明注意事项，以防造成环境污染和人身伤害。

（3）可行性。实验设计切实可行，所选用的化学药品、仪器设备和方法等在现有的实验条件下能得到满足。

（4）简约性。实验设计要尽可能简单易行，应选用简单的实验装置，用较少的实验步骤和实验药品，并能在短时间（4 h）内完成实验。

7.2　设计性实验的流程

（1）了解题目。根据给出的相关信息，了解所合成化合物的性质及相关材料。

（2）查阅文献。根据所提示的化合物的信息，通过计算机进行检索或在图书馆进行手检。

（3）确定实验方案。对所查阅文献进行分析，确定最佳实验方案。可以开展讨论或寻求指导教师的帮助。

（4）学生只有在设计性实验方案经指导教师同意后，方可进行设计性实验。

（5）实验完成后，上交实验报告。

实验 7-1　乙酸乙酯的制备

乙酸乙酯（ethyl acetate）是一种用途广泛的精细化工产品，其主要用途有：作为工业溶剂，用于涂料、黏合剂、乙基纤维素、人造革、油毡着色剂、人造纤维等产品中；作为黏合剂，用于印刷油墨、人造珍珠的生产；作为提取剂，用于医药、有机酸等产品的生产；作为香料原料，用于菠萝、香蕉、草莓等水果香精和威士忌、奶油等香料的主要原料。

实验要求及目的

（1）了解有机酸合成酯的一般原理。

（2）通过本实验培养学生的独立工作能力。

（3）熟练掌握回流、蒸馏等基本操作。

设计提示

查阅有机化学实验书籍及有关文献，也可上网查询拟定 $CH_3COOC_2H_5$ 的合成方案。建议本实验由 C_2H_5OH、CH_3COOH 合成 $CH_3COOC_2H_5$，并用红外光谱仪

对合成的 $CH_3COOC_2H_5$进行鉴定。

设计要求

（1）设计的合成方法应简便易行，原料易得。

（2）根据实验室的现有条件设计鉴定方法。

（3）设计的实验方案应包括：实验目的、实验原理、仪器与药品、实验步骤、注意事项等。

设计好的方案经老师审阅批准后方可实验。

相关信息

【英文名】phenoxyacetic acid

【分子式】$C_8H_8O_3$

【CAS 号】141-78-6

【性状】无色至淡黄色液体，遇铁会变成深褐色，有药草的特殊气味。

【结构】

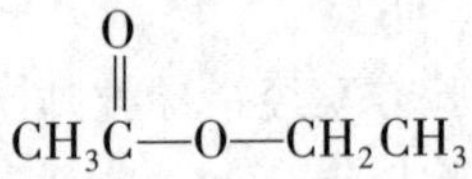

【熔点】-84 ℃

【沸点】76.5~77.5 ℃

【相对分子质量】88.11

实验 7-2　β-胡萝卜素的提取与分离及紫外光谱分析

实验要求及目的

（1）通过本实验进一步培养学生的独立工作能力。

（2）掌握薄层层析及柱层析的基本操作。

（3）了解紫外线-可见光谱的测定方法。

设计提示

查阅有机化学实验书籍及相关文献，拟定β-胡萝卜素的提取与分离方案，并用紫外-可见光谱进行检测。

设计要求

（1）实验原料易得。

（2）设计的提取、分离方法应简便易行。

（3）设计的实验方案应包括：实验目的、实验原理、仪器与药品、实验步骤、注意事项等。

设计好的方案经老师审阅批准后方可实验。

相关信息

【英文名】β-carotene

【分子式】$C_{40}H_{56}$

【CAS 号】7235-40-7

【性状】无色至淡黄色液体，遇铁会变成深褐色，有药草的特殊气味。

【结构】

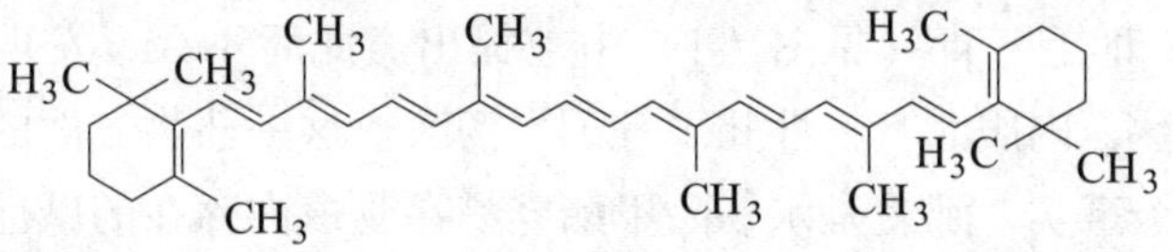

【相对分子质量】536. 87

【熔点】176~184 ℃

【用途】β-胡萝卜素可在体内分解成 2 分子维生素 A，故称 VA 原，它是动物繁殖，特别是黄体机能所需，因此其主要用途是作为饲料添加剂补充动物体内的维生素 A，另外也有部分 β-胡萝卜素用作食品、饮料、化妆品的着色剂。

实验 7-3　冬青油的制备

实验要求及目的

（1）通过本实验进一步培养学生的独立工作能力。

（2）掌握冬青油（水杨酸甲酯）的合成原理。

（3）了解运用各种光谱测试手段鉴定合成化合物的方法。

设计提示

查阅有机化学实验书籍及相关文献，拟定水杨酸甲酯的合成方案，并用红外光谱和紫外-可见光谱进行检测。

设计要求

（1）实验原料易得。

（2）设计的提取、分离方法应简便易行。

（3）设计的实验方案应包括：实验目的、实验原理、仪器与药品、实验步骤、注意事项等。

设计好的方案经老师审阅批准后方可实验。

相关信息

酯类不论是合成的还是天然的，都被广泛用来作为调味品和香料。合成有机化学最有用的特点之一，就是现代化学有能力复制出几乎所有自然界存在的酯类。

冬青油（水杨酸甲酯）是一种天然的酯。1843 年，冬青油首次从冬青植物（gautheria）即毛冬青（见图 7-1）中被提出。此后不久，发现这个化合物有止痛和退热特性，内服时其特性几乎等于水杨酸。这一药物方面的特性很可能是起因于这样一个事实，那就是水杨酸甲酯容易在肠道内存在的碱性条件下水解成水杨酸，水杨酸是有止痛和退热性质的。水杨酸甲酯可以内服或通过皮肤吸收，因此它在制作搽剂方面大有用处。当将其搽在皮肤上时，使人有轻度烧灼感和镇静的感觉，这可能是其酚羟基的作用所致。水杨酸甲酯还具有令人愉快的气味，故在小范围内被用作调味要素。

图 7-1　毛冬青

【英文名】2-hydroxybenzoic acid methyl ester

【分子式】$(OH)C_6H_4COOCH_3$

【CAS 号】119-36-8

【性状】无色至淡黄色液体，遇铁会变成深褐色，有药草的特殊气味。

【结构】

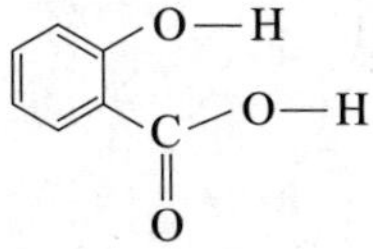

【相对分子质量】152. 15

【熔点】-8. 6 ℃

【沸点】220~224 ℃

【药理毒理】含挥发油，油中主要成分是水杨酸甲酯（96%~99%）。

【用途】主要用于医药、牙膏、驱风油以及食用的沙土型和可乐型香精等。

【物理性质】

（1）色状：无色或微黄色液体；

（2）香气：具有天然冬青香气；

（3）相对密度：20 ℃，1. 180~1. 189；

（4）折光指数：20 ℃，1. 534~1. 538；

（5）旋光度：20 ℃，≤-1. 5%；

（6）水杨酸甲酯含量：98%以上。

【原植物】冬青

落叶灌木，高 1~3 m，生于山坡灌丛中。小枝有细毛。叶互生；叶片卵状披针形（见图 7-1），长 2~4 cm，两面有毛。初夏开花；花数朵簇生叶腋，淡紫色或白色。核果球形，成熟时红色。

【应用性】

（1）毛冬青根的有效成分冬青油的作用为：1）扩张冠状动脉，增加血流量，改善心肌营养；2）降低心肌耗氧量；3）直接作用于外周血管平滑肌，使血管扩张，血压下降，能解除去甲肾上腺素或增压素引起的血管收缩。

（2）抗菌作用：初步实验表明，其对金黄色葡萄球菌、变形杆菌、福氏痢疾杆菌和绿脓杆菌均有抑制作用。

（3）镇咳、祛痰作用：毛冬青根的水煎剂，对小鼠二氧化硫引起的咳嗽有镇咳作用，用小鼠酚红法证明有祛痰作用。

（4）临床上用于治疗冠状动脉粥样硬化性心脏病、脑血栓形成、血栓闭塞性脉管炎、中心性视网膜。

（5）杀虫剂和驱虫剂。

【相关谱图】

水杨酸甲酯的红外光谱图如图 7-2 所示，质谱图如图 7-3 所示。

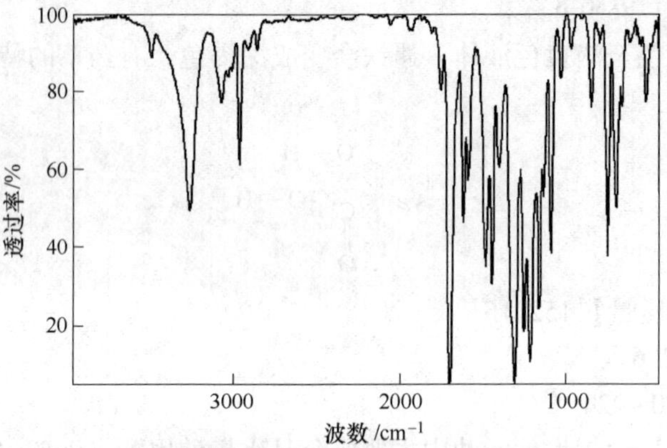

图 7-2　水杨酸甲酯的红外光谱图

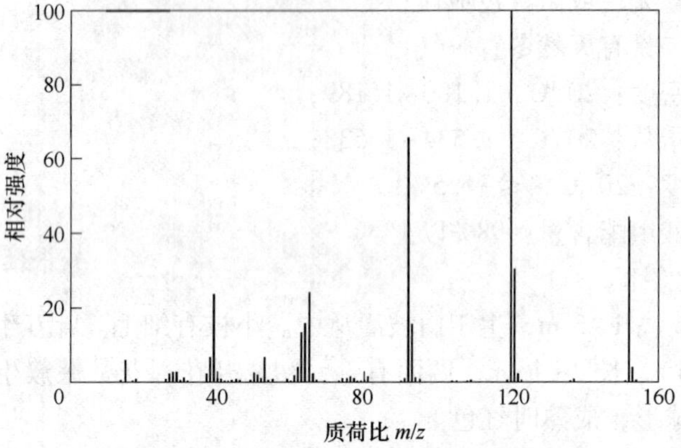

图 7-3　水杨酸甲酯的质谱图

实验 7-4　苯佐卡因的制备

实验要求及目的

（1）通过本实验进一步培养学生的独立工作能力。

（2）掌握苯佐卡因（对氨基苯甲酸乙酯）的合成原理。

（3）了解运用各种光谱测试手段鉴定合成化合物的方法。

设计提示

查阅有机化学实验书籍及相关文献，拟定苯佐卡因的合成方案，并用红外光谱和紫外-可见光谱进行检测。

设计要求

(1) 实验原料易得。

(2) 设计的提取、分离方法应简便易行。

(3) 设计的实验方案应包括：实验目的、实验原理、仪器与药品、实验步骤、注意事项等。

设计好的方案经老师审阅批准后方可实验。

相关信息

苯佐卡因（benzocaine），化学系统命名为对氨基苯甲酸乙酯，无臭，味微苦，服用后有麻痹感，遇光色渐变黄；微溶于水，略溶于脂肪油，易溶于乙醇、氯仿、乙醚，能溶于稀酸。

苯佐卡因可用作局部麻醉剂（local anesthetics）或止痛剂（painkiller）。局部麻醉药是指在身体的限定范围内能暂时、完全和可逆地阻断神经传导，即在意识未消失的情况下使身体的某一部分失去感觉，以便进行外科手术的药物。局部麻醉药普遍用于口腔科、眼科、妇科和外科小手术中以暂时解除疼痛。最早的局部麻醉剂是从秘鲁野生的古柯灌木叶子中提取出来的生物碱——古柯碱，又称柯卡因（cocaine）。但古柯碱有严重的副作用，如在眼科手术中会使瞳孔放大、容易上瘾、对中枢神经系统有危险的作用等。因此，人们开始寻找它的替代品，苯佐卡因就是其中之一。

苯佐卡因是重要的医药中间体，以此为基础可以合成奥索仿（orthoform）、奥索卡因（orhocaine）和新奥索仿（new orthoform）等麻醉药物，此后又合成了许多优良的对氨基苯甲酸酯类的局部麻醉药，像普鲁卡因（procaine）和许多普鲁卡因的类似物。这类麻醉药具有稳定性好、起效快、维持时间长和副作用小等优点，因而得到广泛的使用。苯佐卡因现在主要用于创面、溃疡面及痔疮的镇痛。

【英文名】ethyl p-aminobenzoate

【分子式】$C_9H_{11}NO_2$

【CAS 号】94-09-7

【性状】白色结晶性粉末

【相对分子质量】165. 19

【熔点】88~90 ℃

【结构】

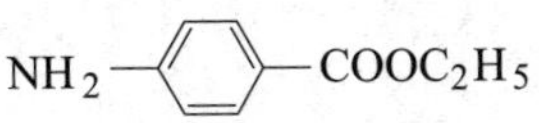

【相关谱图】

对氨基苯甲酸乙酯的红外光谱图如图 7-4 所示，质谱图如图 7-5 所示。

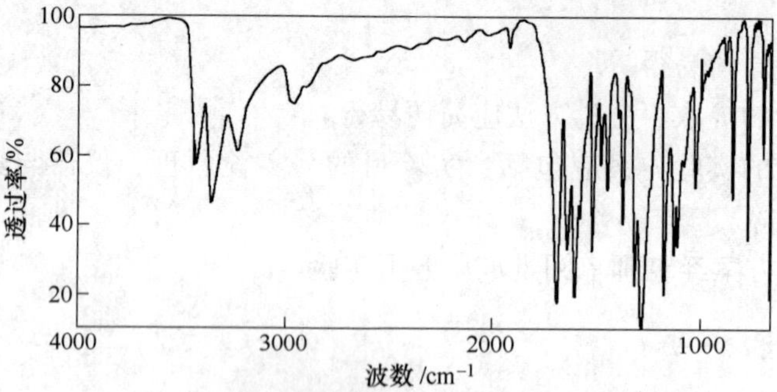

图 7-4　对氨基苯甲酸乙酯的红外光谱图

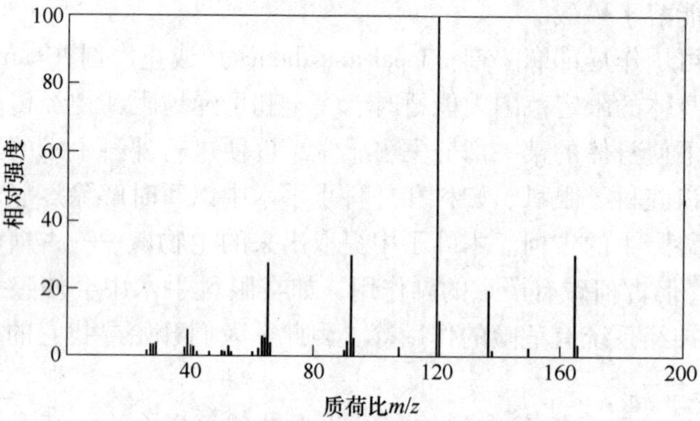

图 7-5　对氨基苯甲酸乙酯的质谱图

8 研究性实验

研究性实验是以研究小组为单位进行的探索性实验。其实验题目可由学生根据指导教师的科研方向自由拟定或由指导教师引导确定。学生通过查阅文献，设计不同的实验方案，拟定实验步骤。由研究小组中不同成员按不同的方法进行试验，并根据试验结果，由学生总结每种试验方法利与弊，认真领会课堂教学中所学的知识，从而培养和锻炼学生的分析问题和解决问题的综合能力以及合作研究的协作能力。

8.1 研究性实验方案设计的基本要求

根据研究题目要求，实验小组共同设计多条合成路线，通过对比和归纳，选择出 2~3 条较佳的合成路线，并确定具体的实验方案。一个完整的化学实验方案应包括：实验名称、实验目的、实验原理、实验用品（仪器、药品及规格）、实验步骤（包括实验仪器装配和操作）以及实验中应注意的事项。要求实验小组中的每一成员，对选择的不同合成路线都要熟悉，并明确实验分工；进行试验时，每条合成路线的工作，既要独立完成，又要坚持实验记录和结果与同组的人员共享；写实验报告时，每人以自己的合成路线为基础，与实验小组其他成员的不同合成路线的实验结果进行比较，共同讨论，重点要探讨比较每条合成路线的优缺点，得出研究结论。

8.2 研究性实验的流程

（1）确定实验题目。与指导教师共同确定实验题目。

（2）组建实验小组。明确小组成员分工以及相互间的协调事宜。

（3）了解相关信息。根据实验题目，理解目标物质的合成、性质及应用背景，明确实验需要的制备及表征技术。

（4）整合文献。结合教材、教师提供的资料及文献，查阅与实验相关的理论、实验方法，设计可行性方案。

（5）制定实验方案。根据文献分析结果，完善合成、纯化、表征、应用等步骤，明确操作要点、所需仪器及预期结果，详细方案提交指导教师审核。

（6）实验开展与实验方案调整。教师审核通过后，按计划分步完成实验操作，实时记录现象与数据；若遇异常，及时分析原因并调整实验步骤。

（7）实验结果分析并撰写实验报告。实验结束后，整理并分析实验数据，撰写实验报告。

实验 8-1 自拟研究性实验

实验要求及目的

（1）培养和锻炼学生分析和解决问题的综合能力以及合作研究的协作能力。

（2）掌握所拟实验的原理。

（3）进一步灵活、合理地使用各种合成仪器及测试手段。

设计提示

学生根据指导教师的科研方向自由拟定或由指导教师引导确定感兴趣实验题目，并组建研究小组。学生通过查阅文献，设计不同的实验方案，拟定实验步骤。经指导教师同意后，以研究小组为单位，明确分工，按不同的方法进行试验，并记录实验结果，最终完成实验报告。在报告中，学生必须总结和比较每种实验方法的利与弊。

设计要求

（1）实验原料易得。

（2）设计的提取、分离方法应简便易行。

（3）设计的实验方案应包括：实验目的、实验原理、仪器与药品、实验步骤、注意事项等。

设计好的方案经老师审阅批准后方可实验。

实验 8-2 香料紫罗兰酮的制备

实验要求及目的

（1）培养学生的研究创新能力。

（2）设计并制备紫罗兰酮。

（3）学习绿色催化剂的筛选与应用。

设计提示

查阅相关文献，确定制备紫罗兰酮的实验条件，以及异构体分离方法，同时确定如何对产物进行鉴别，并确定异构体比例。

设计要求

（1）合成方法简单易行，原料易得，使用绿色高效的催化剂。

（2）设计的实验方案应包括：实验目的、实验原理、仪器与药品、实验步骤、注意事项、改进建议等。

相关信息

紫罗兰酮（ionone），又称紫罗酮、紫罗兰香酮，是紫罗兰、金合欢、桂花等花香型香精的主体香料，在化妆品、香皂中大量使用，也可用作杨梅等果品的食用香精。

紫罗兰酮具有 α、β、γ 三种异构体，其中 α-紫罗兰酮花香强烈，稀释时有类似紫罗兰的香气，β-紫罗兰酮有紫罗兰香气，但柏木香更浓，γ-紫罗兰酮紫罗兰香味更加浓烈刺鼻。它们的结构式如下：

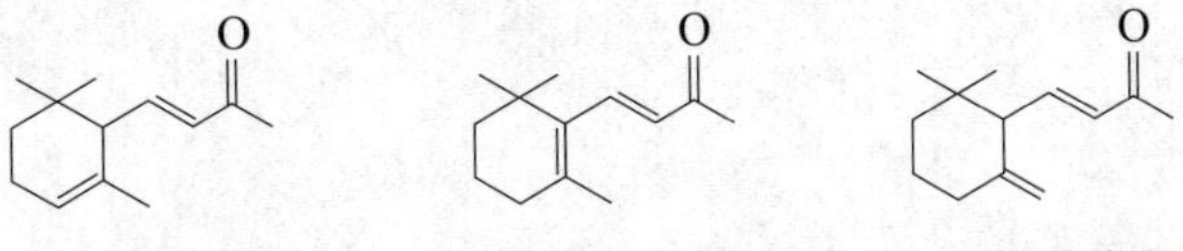

α-紫罗兰酮　　β-紫罗兰酮　　γ-紫罗兰酮

紫罗兰酮可由柠檬醛与丙酮为原料制备：

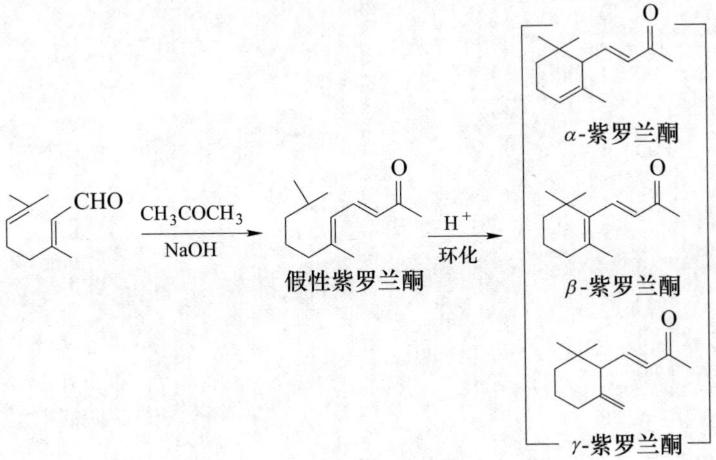

柠檬醛与丙酮的缩合反应通常在碱性醇溶液（如氢氧化钠的乙醇溶液）中进行。假性紫罗兰酮的环化过程则需采用酸性催化剂体系，具体可分为质子

酸（如浓硫酸、85%磷酸）、路易斯酸（如无水三氯化铝、氯化锌）或固体酸（如沸石分子筛）。值得注意的是，催化剂类型、酸强度、反应介质以及操作参数（如温度、时间）的不同，将显著影响异构化产物的区域选择性和立体选择性分布。目标产物的分离纯化可通过多种方式实现，比如硅胶柱色谱法、高效液相色谱法（HPLC）、分步结晶或真空精馏等。

附　　录

附录1　附表

附表1　常见元素的相对原子质量

元素名称及符号	相对原子质量	元素名称及符号	相对原子质量	元素名称及符号	相对原子质量	元素名称及符号	相对原子质量
碳 C	12.01	磷 P	30.97	钙 Ca	48.08	锌 Zn	65.38
氢 H	1.008	硫 S	32.07	钡 Ba	137.33	铬 Cr	51.996
氧 O	15.999	硼 B	10.81	铝 Al	26.98	汞 Hg	200.59
氮 N	14.007	硅 Si	28.086	铁 Fe	55.845	锗 Ge	72.64
氟 F	18.998	锂 Li	6.941	锰 Mn	54.938	锡 Sn	118.71
氯 Cl	35.45	钠 Na	22.99	铜 Cu	63.55	铅 Pb	207.20
溴 Br	79.90	钾 K	39.10	银 Ag	107.868	钯 Pd	106.4
碘 I	126.904	镁 Mg	24.31	金 Au	196.967	铂 Pt	195.08

附表2　常见液体的折射率

物质	折射率		物质	折射率	
	15 ℃	20 ℃		15 ℃	20 ℃
苯	1.5044	1.5011	环已烷	1.0429	1.4266
丙酮	1.3818	1.3591	硝基苯	1.5547	1.5524
甲苯	1.4998	1.4968	正丁醇	—	1.3991
乙酸	1.3776	1.3717	二硫化碳	—	1.6255
氯苯	1.5275	1.5246	丁酸乙酯	—	1.3928
氯仿	1.4485	1.4455	乙酸正丁酯	—	1.3961
四氯化碳	1.4630	1.4604	正丁酸	—	1.3980
乙醇	1.3633	1.3614	溴苯	—	1.5604

附表 3 常见有机物的沸点、密度和水溶性

名称	沸点/℃	相对密度 d_4^{20}	在水中溶解度/[g·(100 g)$^{-1}$]	名称	沸点/℃	相对密度 d_4^{20}	在水中溶解度/[g·(100 g)$^{-1}$]
甲醇	64.96	0.7914	互溶	正丁醇	117.2	0.8098	7.7
乙醇	78.5	0.7893	互溶	二氯甲烷	40.0	1.3266	2.0
乙醚	34.6	0.7138	7.5	甲酸甲酯	31.5	0.9742	30
丙酮	56.2	0.7899	互溶	二氯甲烷	39.8	1.329	2.0
二硫化碳	46.25	1.2632	0.29	甲苯	110.6	0.8669	0.05
乙酸	117.9	1.0492	互溶	硝基乙烷	115.0	1.0448	4.6
乙酸酐	139.5	1.0820	反应，易溶	四氯化碳	76.5	1.5940	0.08
苯	80.2	0.874	0.18	氯仿	61.7	1.4832	1.0(15 ℃)

附表 4 常见共沸物组成

二元共沸体系

共沸物组成		共沸物性质	
A 组分	B 组分	沸点/℃	A 组分质量分数/%
乙醇	水	78.2	95.6
正丙醇	水	88.1	71.8
正丁醇	水	93.0	55.5
糠醛	水	97.0	35.0
苯	水	69.4	91.1
甲苯	水	85.0	79.8
环已烷	水	69.8	91.5
甲酸	水	107.1	77.5
苯	乙醇	67.8	67.6
甲苯	乙醇	76.7	32.0
乙酸乙酯	乙醇	71.8	69.0
四氯化碳	丙酮	56.1	11.5
苯	乙酸	80.1	98.0
甲苯	乙酸	105.4	72.0

续附表 4

三元共沸体系

共沸物组成			共沸物性质			
A 组分	B 组分	C 组分	沸点/℃	A 组分 质量分数/%	B 组分 质量分数/%	C 组分 质量分数/%
水	乙醇	苯	64.6	7.4	18.5	74.1
水	乙醇	乙酸乙酯	70.2	9.0	8.4	82.6
水	丙醇	乙酸乙酯	82.2	21.0	19.5	59.5
水	丙醇	丙醚	74.8	11.7	20.2	68.1
水	异丙醇	甲苯	76.3	13.1	38.2	48.7
水	丁醇	乙酸丁酯	90.7	37.3	27.4	35.3
水	丁醇	丁醚	90.6	29.9	34.6	34.5
水	丙酮	氯仿	60.4	4.0	38.4	57.6
水	乙醇	四氯化碳	61.8	3.4	10.3	86.3
水	乙醇	氯仿	55.2	3.5	4.0	92.5

附录 2　化学试剂的使用知识

(1) 试剂的纯度和等级。市售试剂规格一般分为一级（GR）优级纯试剂、二级（AR）分析纯试剂、三级（CP）化学纯试剂、四级（LR）实验试剂。

优级纯试剂（guaranteed reagent），又称保证试剂，标签颜色为绿色。杂质含量最低，纯度最高，适用于精密分析及科学研究工作。分析纯试剂（analytical reagent），标签颜色为红色，适用于一般的分析研究及教学实验工作。化学纯试剂（chemical pure），标签颜色为蓝色，其纯度与分析纯试剂相差较大，适用于工矿、学校一般分析工作。实验试剂（laboratory reagent），标签颜色为蓝色，只能用于一般性的化学实验及教学工作。

一些作为特殊用途的试剂：基准试剂（PT，绿标签），作为基准物质标定准溶液；光谱纯试剂（SP），为光谱分析中的标准物质，表示光谱纯净；色谱（GC），用作色谱分析的标准物质；指示剂（Ind），配制指示溶液用；生物试剂（BR），用于配制生物化学检验试液；生物染色剂（BS），用于配制微生物标本染色液；其他特殊专用级别的试剂，如电子工业专用高纯化学品（MOS）、指定级（ZD）等。另外，还有工业生产中大量使用的化学工业品（也分为一级品、二级品）及可供食用的食用级产品。按照实验要求购买某一规格试剂与溶剂是化学工作者必须具备的基本知识。

大多数有机试剂与溶剂性质不稳定，久贮易变色、变质，而化学试剂和溶剂的纯度直接关系到反应速率、反应产率及产物的纯度，因此，有时需要对有机试剂进行纯化和处理。具体的纯化处理技术参见相应工具书，如《实验室有机化合物制备与分离纯化技术》、*Purification of Laboratory Chemicals* 等。

（2）试剂使用和储存。化学试剂在储存过程中，会受到温度、光照、空气和水分等外界因素的影响，容易发生潮解、霉变、聚合、氧化、分解、变色、挥发和升华等物理、化学变化，以致失效而无法使用，因此要采取适当的储存条件。有些化学试剂属于易燃、易爆、有腐蚀性、有毒或有放射性的化学品，有些化学试剂有一定的保质期、使用时一定要注意。总之，在使用化学试剂之前一定要对所用的化学试剂的性质、危害性及应急措施有所了解。实验室保存化学试剂时，一般应遵循以下原则。

1）见光或受热易分解的试剂应该放置在阴凉干燥处，有些试剂应存放在棕色试剂瓶中，储放在黑暗且温度低的地方，避光保存，如硝酸、硝酸银等。

2）易燃有机物要远离火源。强氧化剂要与还原性物质隔开存放。钾、钙钠在空气中极易氧化，遇水发生剧烈反应，应放在盛有煤油的广口瓶中以隔绝空气。

3）存放试剂的柜子、库房要经常通风。室温下易发生反应的试剂要低温保存。苯乙烯和丙烯酸甲酯等不饱和化合物在室温下易发生聚合，过氧化氢易发生分解，因此要在 10 ℃以下的环境中保存。

4）化学试剂都要密封保存，如易挥发的试剂（浓盐酸、浓硝酸、液溴等），易被氧化的试剂（亚硫酸氢钠、氢硫酸、硫酸亚铁等），易与水蒸气、二氧化碳作用的试剂（无水氯化钙、苛性钠等）。汞（水银）要存放在瓷瓶中，并用水覆盖封存，以防挥发。

5）氢氟酸不能存放在玻璃瓶中，强氧化剂、有机溶剂不能用带橡胶塞的试剂瓶存放，碱液、水玻璃等不能用带玻璃塞的试剂瓶存放。

（3）试剂危险性。化学药品的危险性包括易燃、易爆、强氧化性、腐蚀性、毒性、致癌性等，有些药品可能会同时存在几种危险。为了保护人类健康与环境，联合国《全球化学品统一分类和标签制度》（简称 GHS）及相关国家标准对化学品分类、安全标签和《化学品安全技术说明书》（简称 SDS）等进行了统一规定，GHS 化学危险品标志如附表 5 所示。《化学品安全技术说明书》描述试剂的物理性质、危险性、安全处置及急救方法等信息，在相关化学试剂数据库或商业试剂网站均可查阅。

附表 5　GHS 化学危险品标志

序号	危险类别	象形图	序号	危险类别	象形图	序号	危险类别	象形图
1	爆炸物质		4	健康危害		7	腐蚀性	
2	可燃气体		5	水环境危害		8	压力气体	
3	氧化剂		6	剧毒物质		9	警告标志	

（4）实验废物处理。所有实验废物要集中收集和处理，不能随意倒入水槽或垃圾桶，不同类型的实验废物要分别倒入指定的容器。倾倒前应反复检查废物成分及容器标签，倾后及时将容器的盖子盖上。

1）废液：回收到指定的回收瓶或废液缸中集中处理，无机废液与有机废液要分开，卤代的有机废液与一般有机废液要分开。

2）固体废物：任何固体废物（如沸石、棉花、废纸、镁屑等）都不能倒入水池中，而要倒入指定的垃圾桶中，最后由值日生在指导老师的指导下统一处理。

3）易燃、易爆的废弃物（如金属钠）应由老师处理，学生切不可自主处理。

参 考 文 献

[1] 胡昱，吕小兰，郭瑛．有机化学实验［M］．北京：化学工业出版社，2022.
[2] 傅玉琴，卢志强，康海霞．有机化学实验［M］．北京：化学工业出版社，2021.
[3] 冒爱荣，吴玉芹．有机化学实验［M］．北京：化学工业出版社，2021.
[4] 黄燕敏．有机化学实验［M］．北京：化学工业出版社，2023.
[5] 马巧焕．有机化学实验［M］．北京：冶金工业出版社，2024.
[6] 程绍玲．有机化学实验［M］．天津：天津大学出版社，2022.
[7] 邱华．有机化学实验［M］．西安：西北工业大学出版社，2023.
[8] 张奇涵，关烨第，关玲．有机化学实验［M］．北京：北京大学出版社，2015.
[9] 王清廉，李瀛，高坤，等．有机化学实验［M］．北京：高等教育出版社，2020.
[10] 高占先，于丽梅，李令东．有机化学实验［M］．北京：高等教育出版社，2024.